世界数学元典丛书系列

U0237728

inite Analysis Introduction（Ⅰ）

穷分析引论（上）

● [瑞士] 欧拉 著

● 张延伦 译

哈尔滨工业大学 出版社

HARBIN INSTITUTE OF TECHNOLOGY PRESS

内 容 简 介

本书是作为微积分预备教程,为弥补初等代数对于微积分的不足,为学生从有穷概念向无穷概念过渡而写,读者对象是准备攻读和正在攻读数学的学生、数学工作者和广大数学爱好者.本书在数学史上地位显赫,是对数学发展影响最大的七部名著之一.

图书在版编目(CIP)数据

无穷分析引论.上/(瑞士)欧拉著;张延伦译.—哈尔滨:
哈尔滨工业大学出版社,2019.9(2024.6重印)
ISBN 978-7-5603-6444-5

Ⅰ.①无… Ⅱ.①欧… ②张… Ⅲ.①无穷级数－数学分析－概论
Ⅳ.①O173

中国版本图书馆 CIP 数据核字(2017)第 007863 号

策划编辑　刘培杰　张永芹
责任编辑　张永芹　杜莹雪
封面设计　孙茵艾
出版发行　哈尔滨工业大学出版社
社　　址　哈尔滨市南岗区复华四道街 10 号　邮编 150006
传　　真　0451-86414749
网　　址　http://hitpress.hit.edu.cn
印　　刷　哈尔滨市工大节能印刷厂
开　　本　787mm×1092mm　1/16　印张 19　字数 400 千字
版　　次　2019 年 9 月第 1 版　2024 年 6 月第 5 次印刷
书　　号　ISBN 978-7-5603-6444-5
定　　价　88.00 元

中译者的话

本书在数学史上地位显赫,是对数学发展影响最大的七部名著之一. 初版(1748 年)至今虽已 **200** 多年,但大数学家 A. Weil 教授 1979 年称道其现实作用说:学生从它所能得到的益处,是现代的任何一本数学教科书都比不上的. 笔者手边的俄、德、英译本依次出版于 1961,1985,1988,这大概可视为其现实作用的一个证明.

欧拉贡献巨大,著述极为多产. 本书是它著作中最杰出的,书中结果几乎或为他自己所得,或为他用自己的方法推出. 他的作法是把最基本的东西解释得尽量清楚,讲明引导他得出结论的思路,而把进一步展开留给读者,使读者有机会驰骋自己的才能. 这大概都是 A. Weil 教授前面那段话的根据.

本书是作为微积分预备教程,为弥补初等代数对于微积分的不足,为帮助学生从有穷概念向无穷概念过渡而写. 读者对象是准备攻读和正在攻读数学的学生、数学工作者和广大数学爱好者.

本书从英译本转译,参考俄、德译本作了些订正和改动.

限于水平,中译文错误难免,敬希指正.

几 段 话

1. 高斯:"学习欧拉的著作,乃是认识数学的最好工具."

2. 拉普拉斯:"读读欧拉,他是我们大家的老师."

3. 波利亚很欣赏欧拉的作法:坦率地告诉人们引导他作出发明的思路.

4. Alberto Dou,S. J 教授将欧拉的许多著作译成了西班牙文.他对本书的英译者说:"《无穷分析引论》是欧拉著作中最杰出的."

5. A. Weil 教授 1979 年在 Rochester 大学的一次讲演中说:"今天的学生从欧拉的《无穷分析引论》中所能得到的益处,是现代的任何一本数学教科书都比不上的."

英译者序(节译)

1979 年 10 月,Andre Weil 教授在 Rochester 大学,以欧拉的生平和工作为题,作了一次报告.报告中他向数学界着力陈述的一点是:今天的学生从欧拉的《无穷分析引论》中所能得到的益处,是现代的任何一本数学教科书都比不上的.我查到了该书的法、德、俄三个语种的译本,但查不到英文全译本,就是在这样的背景下,我着手对该书进行翻译的.

欧拉的序言中说得明白,这是一本微积分预备教程.书中有几处,那里的东西只提了一下,把处理留给了微积分,用微积分处理要简单容易许多.凡这种地方书中都有交待.

关于书名,欧拉原文中的无穷(Infinitorum)是复数.看来这复数主要指:无穷级数、无穷乘积和连分式三种无穷.因而书名应译为《有关几种无穷的分析引论》,不顺口,我译它为《无穷分析引论》.

任教于巴塞罗那大学的 S. J. Alberto Dou 教授将欧拉的很多著作译成了西班牙文,最近译者曾与他谈起过本书.我们就用那次谈话中他的一句话作为这段序言的结束:"在欧拉的著作中《无穷分析引论》最为杰出."

作 者 序

接触到的学生,他们学习无穷分析之所以遇到困难,往往是由于在必须使用无穷这一陌生概念时,初等代数刚学,尚未登堂入室.虽然无穷分析并不要求初等代数的全部知识和技能,问题是有些必备的东西,初等代数或者完全没讲,或者讲得不够详细.本书力求把这类东西讲得既充分又清楚,求得完全弥补初等代数对无穷分析的不足.书中还把相当多的难点化易,使得读者逐步地、不知不觉地掌握到无穷这一思想,有很多通常归无穷分析处理的问题,本书使用了代数方法.这清楚地表明了分析与代数两种方法之间的关系.

本书分上、下两册,上册讲纯分析,下册讲必要的几何知识,这是因为无穷分析的讲解常常伴以对几何的应用.别的书中都讲的一般知识本书上、下册都不讲.本书所讲是别处不讲的,或讲得太粗的,或虽讲但所用方法完全不同的.

整个无穷分析所讨论的都是变量及其函数,因此上册细讲函数,讲了函数的变换、分解和展开为无穷级数.对函数,包括属于高等分析的一些函数进行了分类.首先分函数为代数函数和超越函数.变量经通常的代数运算形成的函数叫代数函数,经别的运算或无穷次代数运算形成的函数叫超越函数.代数函数又分为有理函数和无理函数.对有理函数讲了分解它为因式和部分分式,分解为部分分式之和这种运算在积分学中有着重要应用.对无理函数给出了用适当的代换变它为有理函数的方法.无理函数和有理函数都可以展开成为无穷级数,但这种展开对超越函数用处最大.无穷级数的理论可用于高等分析,为此增加了几章,用于考察很多无穷级数的性质与和.其中有些级数的和不用无穷分析是很难求出的,其和为对数和弧度的级数就是.对数和弧度是超越量,可通过求双曲线下的和圆的面积确定,主要由无穷分析对它们进行研究.接下去从以底为变量的幂转向了以指数为变量的幂.作为以指数为变量之幂的逆,自然而有成果地得到了对数概念.对数不仅本身有着大量应用,而且由它可得到一般量的无穷级数表示.还讲了造对数表的简单方法.类似地,我们考察了弧度.弧度与对数虽然是两种完全不同的量,但它们却有着如此密切的关系,当一种为虚数形式时,可化为另一种,重复了几何中多倍角和等分角正弦和余弦的求法之后,从任意角的正弦余弦导出了极小角的正弦和余弦,并导出了无穷级数.由此,从趋于消失的角其正弦等于角度,余弦等于半径,我们可以通过无穷级数使任何一个角度等于它的正弦或余弦.这里我们得到了如此之多的各种各样的有限的和无穷的这种表达式,以至于无需再对其性质进行研究.对数有着它自己的特殊算法,这种算法应用于整个分析.我们推出了三角函数的算法,使得对三角函数的运算如同对数运算和代数运算一样地容易.从书中有几章的内容可以看出,三角函数算法在解决难题时,其应用范围是何等的广.事实上,这种例子从无穷分析中还可举出很多,日常的数学学习和数学工作中也会遇到很多.

分解分数函数为实部分分式在积分学中有着重要应用,而三角函数算法对分解分式为实部分分式有极大帮助,我们对它进行详细讨论的原因正在于此.接下去的讨论是分数函数展成的无穷级数——递推级数.讨论了它的和、通项和另外一些重要性质.递推级数考虑的是因式乘积的倒数,我们也考虑了展多因式,甚至无穷个因式的乘积为级数.这不仅可导致对无穷多个级数的研究,而且利用级数可表示成无穷乘积,我们找到了一些方便的数值表达式,用这些表达式可以容易地计算出正弦、余弦和正切的对数,利用展因式乘积为级数,我们推出了许多有关拆数为和这类问题的解.倘不利用这一点,看来分析对拆数为和是无能为力的.

本书涉及方面之广,完全可以写成几册书,因而我们力求简单明了,把最基本的东西解释得尽量清楚,而把进一步展开留给读者,使读者有机会驰骋自己的才能,自己来进一步发展分析.我坦率地告诉读者,本书含有许多全新的东西,并且从本书的很多地方可以得到重要的进一步的发现.

下册讨论的问题,一般地说都属于高等几何,处理方法同于上册.一般教科书讲这一部分时都从圆锥曲线开始,本书先讲曲线的一般理论,再讲圆锥曲线,为的是能够应用曲线理论去研究任何一种曲线.本书利用描述曲线的方程,而且只用这种方程来研究曲线.曲线的形状和基本性质都从方程推出.我觉得这种处理方法的优越性,在圆锥曲线上表现得最突出.即或有人对它应用分析方法,那也是显得生硬、不自然的.我们先从二阶曲线的一般方程解释了二阶曲线的一般性质.接下去根据有无伸向无穷的分支,也即是否介于某个有限区域之中,对二阶曲线进行了分类.对于无穷分支,我们进一步考虑分支的条数,并考虑各条分支有无渐近线.这样我们得到了通常的三种圆锥曲线.第一种是椭圆,它介于一个有限区域之中;第二种是双曲线,它有四条伸向无穷的分支,趋向两条渐近线;第三种是抛物线,有两条伸向无穷的分支,没有渐近线.

接下去,对三阶曲线用类似的方法,阐述了其一般性质,并将它分为12类,事实上是把牛顿的72种划分成了12类.对这一方法我们的描述是充分的,不难用它对更高阶曲线进行分类.书中用它对四阶曲线进行了分类.

在分阶进行考察之后,我们转向了寻求曲线的共同性质.讲了曲线的切线和法线的定义方法,也讲了用密切圆半径表示的曲率.虽然这些问题现在一般都用微积分来解决,但本书只在通常代数的基础上对它进行讨论,为的是使读者能够比较容易地从有穷分析过渡到无穷分析.我们也对曲线的拐点、尖点、二重点和多重点进行了研究.讲了如何从方程求出这些点,求法都不难.但我不否认用微分学的方法来求更容易.我们也讲到了关于二阶尖点这有争论的问题.二阶尖点,即有同朝向的两段弧收敛于它的尖点.我们讨论的深度不越出看法一致的范围.

加写了几章,用来讨论具有某些性质的曲线的求法.最后给出了与圆有关的几个问题的解.

几何中有几部分是学习无穷分析所必备的.有鉴于此,我们添上了一个附录,用计算的方式讲立体几何中有关立体和曲面的一些知识.讲了如何用三元方程表达曲面的性质,然后照曲线那样,根据方程的阶数将曲面分了类,并证明了只有一阶曲面才是平面.根据它伸向无穷的部分将二阶曲面分成了六类.对更高阶的曲面也可以用类似的方式进行分类.我们对两个曲面的交线进行了讨论.交线多数都不在一个平面上,我们讲了如何用方程表示交线.最后对曲面的切线和法面进行了一些讨论.

这里声明一点,书中很多东西是别人已经得到了的,恕我没有一一指出.本书力求简短,如果对问题的历史进行讨论,那将突破本书的篇幅限制.作者可聊以自慰的是,对别人已经得到了的东西,其中很多本书是用另一种方法进行讨论的.很希望多数读者从方法新和全新特别是全新的东西中得到益处.

目　　录

第一章　　函　　数

§ 1

常量是固定的保持不变的量.

常量可以取定一个数值,一旦取定即保持常值不变. 在需要用符号表示常量时,使用拉丁字母表中开始部分的字母 a, b, c 等. 这是分析与代数的不同. 代数的考察对象是固定的量,在代数中 a, b, c 等代表已知数,x, y, z 等代表未知数. 而分析中前者代表常量,后者代表变量.

§ 2

变量是不确定的,是可以取不同数值的量.

确定的量都只可以是一个数,变量可以取每一个数. 也即确定的量,或者常量与变量的关系有如单个事物与一类事物. 一类事物包含这类事物的每一个,变量包含每一个确定的量. 变量通常用拉丁字母表中结尾部分的字母 x, y, z 等表示.

§ 3

指定变量为某个确定的值,它就成了常量.

变量可以取任何数,因而它的确定方式是无穷的. 取不遍所有确定的数,这变量就依然是变量,不是常量,这样变量就包容着正数和负数、整数和分数、无理数和超越数等这一切数. 零和虚数也一样地在它的取值范围之中.

§ 4

变量的函数是变量、常量和数用某种方式联合在一起的解析表达式.

只含一个变量 z,余者都为常量,这样的解析表达式叫做 z 的函数. 表达式

$$a + 3z, az - 4z^2, az + b\sqrt{a^2 - z^2}, z^2$$

等就都是 z 的函数.

§5

变量的函数本身也是一个变量.

可以用任何一个确定的值来代替变量,因而函数可以取无穷多个值. 又由于变量可以取虚数值,因而函数可以取任何值. 例如,函数 $\sqrt{9-z^2}$,如果限制 z 只取实数值,那么 $\sqrt{9-z^2}$ 就取不到大于3的值. 如果允许 z 取虚数值,那就没有 $\sqrt{9-z^2}$ 取不到的值. 例如,可以让 z 取 $5\sqrt{-1}$. 但有时会遇到只是像函数的函数,不管变量取什么值,它总保持为常数. 例如

$$z^0, 1^z, \frac{a^2-az}{a-z}$$

它们样子像函数,但实际上都是常量.

§6

函数由变量与常量联合而成. 函数之间的基本区别就在于这联合方式.

联合方式决定于运算,运算规定量之间的关系. 这运算首先是代数运算,即加、减、乘、除、乘方和开方,以及解方程. 其次是超越运算,即指数运算,对数运算,以及积分学提供的大量其他运算等.

这里指出两种简单的函数,一种是倍数,例如

$$2z, 3z, \frac{3}{5}z, az, \cdots$$

再一种是幂,例如

$$z^2, z^3, z^{\frac{1}{2}}, z^{-1}, \cdots$$

它们都只含有单一的一种运算. 下面我们对包含多于一种运算的表达式加以分类,并赋予每类一个名称.

§7

函数分为代数函数和超越函数,前者只含代数运算,后者含有超越运算.

z 的倍数,z 的幂以及由前面所说的代数运算形成的任何一个表达式,例如

$$\frac{a+bz^n-c\sqrt{2z-z^2}}{a^2z-3bz^3}$$

都是代数函数,代数函数常常不能显式表出. 例如由方程

$$Z^5 = az^2Z^3 - bz^4Z^2 + cz^3Z - 1$$

确定的 z 的函数 Z 就不能显式表出. 虽然这个方程解不出,但可以肯定这个 Z 等于 z 和常数构成的某个表达式,因而这个 Z 是 z 的函数. 关于超越函数要指出的一点是,超越运算

必须作用于变量. 如果超越运算只作用于常量, 这样的函数依旧是代数函数. 例如, 记半径为 1 的圆的周长为 c, 这 c 是个超越量. 对这个超越量 c, 表达式

$$c + z, cz^2, 4z^c$$

等仍然是代数函数. 有人对 z^c 是否为代数函数提出疑问, 也有人认为指数为无理数的幂, 如 $z^{\sqrt{2}}$, 不该归入代数函数, 并给它们起了个名字叫半超越函数. 这都无关紧要.

§8

代数函数又分为有理函数和无理函数. 有理函数其变量不受根号作用, 无理函数其变量受到根号的作用.

有理函数只含有加、减、乘、除和整数次的乘方运算. 如

$$a + z, a - z, az, \frac{a^2 + z^2}{a + z}, az^3 - bz^5$$

等就都是 z 的有理函数. 而表达式

$$a + \sqrt{a^2 - z^2}, (a - 2z + z^2)^{\frac{1}{3}}, \frac{a^2 - z\sqrt{a^2 + z^2}}{a + z}$$

就都是无理函数.

无理函数又分为显式的和隐式的. 显式无理函数, 如我们刚举出的例子, 是可以用根号表示出来. 隐式无理函数是从方程产生的. 例如, 方程

$$Z^7 = azZ^2 - bz^5$$

确定的 Z 就是 z 的隐式函数. 代数理论还没有达到能够从该方程求出 Z 的显式表达式这样的完善程度, 允许使用根号也不行.

§9

有理函数又分为整函数和分数函数.

分母中不含变量 z, 且变量 z 的指数中没有负数, 这样的有理函数叫整函数. 分母中含有 z, 或者 z 的指数中有负数, 这样的有理函数叫分数函数. 整函数的一般形状为

$$a + bz + cz^2 + dz^3 + ez^4 + fz^5 + \cdots$$

凡整函数都在该表达式之中, 由于几个分数可以合成为一个分数, 所以分数函数的形状都为

$$\frac{a + bz + cz^2 + dz^3 + ez^4 + fz^5 + \cdots}{\alpha + \beta z + \gamma z^2 + \delta z^3 + \varepsilon z^4 + \zeta z^5 + \cdots}$$

这里须指出一点, 常量 $a, b, c, d, \cdots$ 和 $\alpha, \beta, \gamma, \delta, \cdots$ 可为正数, 可为负数; 可为整数, 可为分数; 可为无理数, 甚至可为超越数. 这都不影响该表达式为分数函数.

§10

接下来我们考虑单值函数和多值函数.

单值函数指,从变量 z 的每一个值都只得到一个确定的函数值;多值函数指,从变量 z 的每一个值都可以得到多于一个确定的函数值. 有理函数中的整函数和分数函数都是单值函数,因为这类表达式,每一个 z 值都只产生一个函数值. 无理函数都是多值的,根号给出两个值. 超越函数就不同了,有单值的,也有多值的,甚至有无穷多值的. 反正弦函数就是无穷多值的,其变量 z 的每一个值都对应无穷多个角度.

我们用字母 P, Q, R, S, T 等表示 z 的单值函数.

§11

二值函数,指从每一个 z 值都得到函数 Z 的两个值.

平方根,例如 $\sqrt{2z + z^2}$,就是二值函数. 对每一个 z 值,表达式 $\sqrt{2z + z^2}$ 都有一正一负两个值. 一般地,如果 Z 由二次方程

$$Z^2 - PZ + Q = 0$$

确定,它就是一个二值函数. 当然,这里假定 P, Q 都是 z 的单值函数. 从这个二次方程我们得到

$$Z = \frac{1}{2}P \pm \sqrt{\left(\frac{1}{4}\right)P^2 - Q}$$

也即每一个确定的 z 值都对应两个确定的 Z 值. 须指出,Z 的两个值必定同为实数或同为虚数,而且由方程的知识我们知道:这两个值,和等于 P,积等于 Q.

§12

三值函数,指每一个 z 值都给出函数的三个确定的值.

三次方程的解就是一个三值函数. 如果 P, Q, R 是 z 的单值函数,且

$$Z^3 - PZ^2 + QZ - R = 0$$

那么 Z 就是 z 的三值函数,因为从 z 的任何一个值都能得到 Z 的三个值. Z 的这三个值,必定或者全为实数,或者一实两虚,且这三个值,和等于 P,积等于 R,两个两个之积的和等于 Q.

§13

四值函数,指每一个 z 值都给出函数的四个确定的值.

四次方程的解就是一个四值函数. 如果 P, Q, R, S 都是 z 的单值函数,且

$$Z^4 - PZ^3 + QZ^2 - RZ + S = 0$$

那么 Z 就是 z 的四值函数,因为 z 的每一个值都对应 Z 的四个值. 这四个值,或者都是实的,或者两实两虚,或者都是虚的. 而且这四个值,和等于 P,积等于 S,两个两个之积的和等于 Q,三个三个之积的和等于 R. 类似地可以定义五值函数、六值函数,等等.

§14

这样一来,如果 Z 由方程

$$Z^n - PZ^{n-1} + QZ^{n-2} - RZ^{n-3} + SZ^{n-4} - \cdots = 0$$

确定,那么 Z 就是 z 的 n 值函数,从 z 的每一个值都可以得到 Z 的 n 个值.

这里应该指出,n 必须为整数. 也即要知道 Z 是 z 的 n 值函数,应先化 Z 的方程为有理形式,这时 Z 的最高次幂的次数为 n,Z 就是 z 的 n 值函数,从 z 的每一个值就可以得到 Z 的 n 个值. 还应记住,$P,Q,R,S,\cdots$ 都应该是单值函数. 如果其中某一个是多值的,那么从 z 的每一个值得到的 Z 值的个数,将比 $P,Q,R,S,\cdots$ 都是单值函数时多很多. Z 值中虚数的个数必定为偶数. 由此我们得到,如果 n 为奇数,则 Z 的值中至少有一个是实的,如果 n 是偶数,Z 可以没有实值.

§15

如果 z 的多值函数 Z 恒有并且只有一个实值,那么这个 Z 就可以被看成单值函数,并且在多数情况下就可以当作单值函数来使用. 如

$$\sqrt[3]{P}, \sqrt[5]{P}, \sqrt[7]{P}, \cdots$$

就是这样的函数,P 为 z 的单值函数时,它们都给出并且只给出一个实值,其余的值都是虚的. 因此形状如 $P^{\frac{m}{n}}$ 的函数,不管 m 为奇数还是偶数,只要 n 是奇数,就可以当作单值函数. 如果 n 为偶数,那么 $P^{\frac{m}{n}}$ 或者没有实根,或者有两个实数. 因此 n 为偶数时,表达式 $P^{\frac{m}{n}}$ 可以被当作二值函数. 这里要求 $\frac{m}{n}$ 为最简单分数.

§16

如果 y 是 z 的函数,那么 z 也就是 y 的函数.

y 是 z 的函数,不管是单值的还是多值的,那就有一个方程. 通过这个方程,y 由 z 和常量决定. 通过这同一个方程,z 也可以由 y 和常量决定. 这样 z 就可以等于由 y 和常量构成的表达式. 这就是说 z 是 y 的函数. 并且我们也可以得出从一个 y 值能确定几个 z 值. 可以有这样的情形,y 是 z 的单值函数,但 z 是 y 的多值函数. 例如,y,z 通过方程 $y^3 = ayz - bz^2$ 相联系时,y 是 z 的三值函数,而 z 是 y 的二值函数.

§17

如果 y 和 x 都是 z 的函数,那么 y 和 x 就也互为对方的函数.

y 是 z 的函数,从而 z 也是 y 的函数;类似地 z 也是 x 的函数. 这两个函数 z 相等,由此得到一个关于 x,y 的方程. 通过这个方程,y 和 x 可互由对方表出,也即互为对方的函数. 由于代数技巧的不足,两个函数 z 往往都不是显式的,但这并不影响它们相等这一性质. 再者,给定两个方程,一个含 y 和 z,一个含 x 和 z,那么用传统的方法消去 z,我们就也得到一个表示 x 和 y 之间关系的方程.

§18

下面我们考虑特殊的几类函数. 先考虑偶函数. z 取 $+k$ 和 $-k$ 时,函数值相等的函数叫偶函数.

z^2 就是 z 的一个偶函数. $z=k$ 和 $z=-k$ 时,表达式 z^2 的值相同,都是 $z^2=k^2$. 类似地,z^4, z^6, z^8,一般地,只要 m 为偶数,不管为正为负,幂 z^m 都为偶函数. 另外,由于当 n 为奇数时,可以把 $z^{\frac{m}{n}}$ 当作单值函数,所以 m 为偶数 n 为奇数时,$z^{\frac{m}{n}}$ 是偶函数. 进一步,由偶次幂以任何方式组成的函数仍然是偶函数,例如

$$Z = a + bz^2 + cz^4 + dz^6 + \cdots$$

$$Z = \frac{a + bz^2 + cz^4 + dz^6 + \cdots}{\alpha + \beta z^2 + \gamma z^4 + \delta z^6 + \cdots}$$

都是 z 的偶函数. 对分数指数也类似

$$Z = a + bz^{\frac{2}{3}} + cz^{\frac{2}{5}} + dz^{\frac{4}{7}} + \cdots$$

$$Z = a + bz^{-\frac{2}{3}} + cz^{-\frac{4}{3}} + dz^{-\frac{2}{5}} + \cdots$$

$$Z = \frac{a + bz^{\frac{2}{7}} + cz^{-\frac{4}{5}} + dz^{\frac{8}{3}}}{\alpha + \beta z^{\frac{2}{3}} + \gamma z^{-\frac{2}{5}} + \delta z^{\frac{4}{7}}}$$

都是 z 的偶函数. 而且这类表达式全是单值函数,因而也称它们为单值偶函数.

§19

$z=+k$ 和 $z=-k$ 时取值完全相同的多值函数称为多值偶函数.

含 Z 和 z 的方程,Z 的最高次数为 n,Z 就是 z 的 n 值函数. 如果 z 的次数都是偶数,那么这种方程确定的就是 Z 的多值偶函数. 如果

$$Z^2 = az^4 Z + bz^2$$

那么 Z 就是 z 的二值偶函数;如果

$$Z^3 - az^2 Z^2 + bz^4 Z - cz^8 = 0$$

那么 Z 就是 z 的三值偶函数. 如果 P,Q,R,S,T 等表示 z 的单值偶函数,那么

$$Z^2 - PZ + Q = 0$$

确定的 Z 就是 z 的二值偶函数

$$Z^3 - PZ^2 + QZ - R = 0$$

确定的 Z 就是 z 的三值偶函数,类推.

§ 20

可见由常量和变量 z 构成的偶函数,不管单值的还是多值的,z 的次数都必须是偶数. 我们已经举过一些这样的单值函数的例子,再如,表达式

$$a + \sqrt{b^2 - z^2}, az^2 + \sqrt[3]{a^6 z^4 - bz^2}, az^{\frac{2}{3}} + \sqrt[3]{z^2 + \sqrt{a^4 - z^4}}$$

等也是这样的函数.

因而可定义偶函数为 z^2 的函数.

如果 $y = z^2$,而 Z 是 y 的函数,那么换 y 为 z^2,Z 就成了指数全为偶数的 z 的函数. 须指出,作为 y 的函数,Z 中不能含有 $\sqrt{y}$ 或类似于 $\sqrt{y}$ 的,使得换 y 为 z^2 时产生 z 的奇次幂. 例如 $y + \sqrt{ay}$ 是 y 的函数,但换 y 为 z^2,它成为 $z^2 + z\sqrt{a}$,不是 z 的偶函数. 排除掉这种情况,我们做成的偶函数就都是 z^2 的函数. 这定义既适用又便于构成偶函数.

§ 21

换 z 为 $-z$ 时,其值变号的函数叫 z 的奇函数.

z 的奇次幂 $z^1, z^3, z^5, z^7, \cdots$ 及 $z^{-1}, z^{-3}, z^{-5}, \cdots$ 都是 z 的奇函数. 当 m,n 都是奇数时,$z^{\frac{m}{n}}$ 也是奇函数. 更一般地,由这类幂组成的表达式,如

$$az + bz^3, az + az^{-1}$$

及

$$z^{\frac{1}{3}} + az^{\frac{3}{5}} + bz^{-\frac{5}{3}}$$

等都是 z 的奇函数. 奇函数的形式及性质的获得都可以比照着偶函数进行.

§ 22

z 的偶函数乘上 z 或 z 的任何一个奇函数,得到的积为 z 的奇函数.

设 P 是 z 的偶函数,则换 z 为 $-z$ 时,P 的值不变,这时换 Pz 的 z 为 $-z$ 得 $-Pz$. 即 Pz 是奇函数. 现在设 P,Q 分别为 z 的偶函数和奇函数,由定义知,换 z 为 $-z$ 时,P 的值不变,Q 的值变为 $-Q$. 因而,换 PQ 的 z 为 $-z$ 时,其值变为 $-PQ$,即 PQ 是奇数. 例如 $a + \sqrt{a^2 + z^2}$ 是偶函数,z^3 是奇函数,所以乘积

$$az^3 + z^3\sqrt{a^2 + z^2}$$

是 z 的奇函数. 类似有

$$z\left(\frac{a + bz^2}{\alpha + \beta z^2}\right) = \frac{az + bz^3}{\alpha + \beta z^2}$$

是 z 的奇函数. 从这里的讨论中可以看到,如果函数 P,Q 一奇一偶,则它们的商 $\frac{P}{Q}$ 和 $\frac{Q}{P}$ 都是奇函数.

§23

两个奇函数,相乘相除,结果都为偶函数.

设 Q,S 都是 z 的奇函数,那么换 z 为 $-z$ 时, Q 变为 $-Q$, S 变为 $-S$. 从而换 z 为 $-z$ 时,积 PQ 和商 $\frac{Q}{S}$ 的值都不变,也即它们都是 z 的偶函数. 显然,任何一个奇函数,其平方是偶函数,立方是奇函数,四次方是偶函数,类推.

§24

如果 y 是 z 的奇函数,则 z 也是 y 的奇函数.

由 y 是 z 的奇函数我们知道,换 z 为 $-z$ 时, y 变为 $-y$. 现在将这个 z 确定为 y 的函数,那么换 y 为 $-y$ 时, z 必定变为 $-z$, 也即 z 是 y 的奇函数. 例如 $y = z^3$, 这 y 是 z 的奇函数,解出 z 得 $z^3 = y$ 或 $z = y^{\frac{1}{3}}$. 这个 z 是 y 的奇函数. 再如 $y = az + bz^3$, 这个 y 是 z 的奇函数. 反之,由方程 $bz^3 + az = y$ 得到的由 y 表示的 z, 也是 y 的奇函数.

§25

如果在确定 y 为 z 的函数的方程里,各项中 y,z 指数之和,同为偶数或同为奇数,则 y 为 z 的奇函数.

在这样的方程中,同时换 z 为 $-z$, 换 y 为 $-y$, 则各项或者都不变,或者都变为负的. 这两种情况下方程都是不变的. 也即在两种情况下, y 由 z 确定的方式跟 $-y$ 由 $-z$ 确定的方式都是一样的. 因此, z 换为 $-z$ 时, y 就换为 $-y$. 也即 y 是 z 的奇函数. 例如,方程

$$y^2 = ayz + bz^2 + c$$
$$y^3 + ay^2z = byz^2 + cy + dz$$

中的 y 都是 z 的奇函数.

§26

如果 Y 是 y 的函数, Z 是 z 的函数,且 Y 同 y 及常数之间的关系跟 Z 同 z 及常数之间,

这两种关系完全相同,那么我们就称 Y,Z 是相似函数.

例如,当

$$Z = a + bz + cz^2, Y = a + by + cy^2$$

时,这 Z,Y 就是相似函数. 类似地,在多值函数情况下,当

$$Z^3 = az^2 Z + b, Y = ay^2 Y + b$$

时,这 Z,Y 也是相似函数. 由此我们得到,当 y 的函数 Y 与 z 的函数 Z 相似时,换 y 为 z,函数 Y 就变成了函数 Z. 这种相似,我们把它说成是 Y 与 y 之间的函数关系同于 Z 与 z 之间的函数关系. 变量 y,z 之间有无依赖关系我们都可以使用这种说法. 例如,y 的函数

$$ay + by^3$$

相似于 $y + n$ 的函数

$$a(y + n) + b(y + n)^3$$

这里我们视 $y + n$ 为 z,又 z 的函数

$$\frac{a + bz + cz^2}{\alpha + \beta z + \gamma z^2}$$

相似于 $\frac{1}{z}$ 的函数

$$\frac{az^2 + bz + c}{\alpha z^2 + \beta z + \gamma}$$

这里我们视 $\frac{1}{z}$ 为 y. 相似函数这一概念在整个高等分析中有着广泛的应用. 一元函数的一般知识先讲这些,进一步的解释将在后面的应用中给出.

第二章　函数变换

§ 27

改变函数形式的方法有两种,一种是替换变量,一种是保持原有变量,直接改写表达式.

从代数中我们知道,同一个量可以有不同的表达式. 例如

$$2 - 3z + z^2, a^3 + 3a^2z + 3az^2 + z^3, \frac{2a^2}{a^2 - z^2}, \frac{1}{\sqrt{1 + z^2} - z}$$

可分别改写为

$$(1 - z)(2 - z), (a + z)^3, \frac{a}{a - z} + \frac{a}{a + z}, \sqrt{1 + z^2} + z$$

这改写成的表达式都与原表达式完全等价,不同的只是形式.

变换函数的再一种方法是替换变量,也称为换元,即用另一个变量 y 代替变量 z. 当然, y 与 z 有着一定的关系. 例如,用 y 替换 $a - z$,则 z 的函数 $a^4 - 4a^3z + 6a^2z^2 - 4az^3 + z^4$ 变为 y 的函数 y^4;令 $z = \frac{a^2 - y^2}{2y^2}$,则 z 的无理函数 $\sqrt{a^2 + z^2}$ 变为 y 的有理函数 $\frac{a^2 + y^2}{2y}$. 下一章讨论这种换元变换,本章讨论不换元的改写表达式变换.

§ 28

将整函数分解成因式,从而将它表示为乘积,这常常带来方便.

分解成因式的整函数,其性质变得明显,一眼就看得出 z 的哪些值使它变为零,例如将函数

$$6 - 7z + z^3$$

表示为乘积

$$(1 - z)(2 - z)(3 + z)$$

那么使该函数变为零的三个值显然是 $z = 1, z = 2$ 和 $z = -3$. 但是要从原式 $6 - 7z + z^3$ 看出这几点性质,可就远非这么容易. 我们用 z 的最高次数来区别因式. 称 z 的最高次数为 1 的因式为线性因式. 线性因式的形状为

$$f + gz$$

称 z 的最高次数为 2 的因式为二次因式,其形状为

$$f + gz + hz^2$$

称 z 的最高次数为 3 的因式为三次因式,其形状为

$$f + gz + hz^2 + iz^3$$

类推. 显然,二次因式是两个线性因式的积,三次因式是三个线性因式的积. 类推,由此可见 z 的最高次数为 n 的整函数含有 n 个线性因式. 这样,即使一个整函数的因式中有二次、三次或更高次的,我们也说得出它的线性因式的总个数.

§ 29

对于 z 的整函数 Z,求出了方程 $Z = 0$ 的所有的根,就等于求出了整函数 Z 的所有线性因式.

如果 $z = f$ 是方程 $Z = 0$ 的根,则 $z - f$ 除得尽 Z,也即 $z - f$ 就是 Z 的因式. 这样,求出了方程 $Z = 0$ 的所有的根

$$z = f, z = g, z = h$$

等,也就把函数 Z 分解成了线性因式,也就有了 Z 的乘积形式

$$Z = (z - f)(z - g)(z - h) \cdots$$

这里有一点要注意,如果 Z 中 z 的最高次幂的系数不是 $+1$,那么乘积 $(z - f)(z - g) \cdots$ 应乘上这个系数才等于 Z. 也即,如果

$$Z = Az^n + Bz^{n-1} + Cz^{n-2} + \cdots$$

则

$$Z = A(z - f)(z - g)(z - h) \cdots$$

如果

$$Z = A + Bz + Cz^2 + Dz^3 + Ez^4 + \cdots$$

$Z = 0$ 的根为 $f, g, h, \cdots$,则

$$Z = A\left(1 - \frac{z}{f}\right)\left(1 - \frac{z}{g}\right)\left(1 - \frac{z}{h}\right) \cdots$$

反之,如果 z 的函数 Z 有因式 $z - f$ 或 $1 - \frac{z}{f}$,那么把 Z 中的 z 换成 f,则因式 $z - f$ 或 $1 - \frac{z}{f}$ 变为零,从而函数 Z 变为零.

§ 30

线性因式可实可虚. 如果函数 Z 有虚因式,则虚因式的个数必为偶数.

整函数 Z 的线性因式由方程 $Z = 0$ 的根给出,实根给出实因式,虚根给出虚因式. 而方程的虚根个数恒为偶数,因而函数 Z,或者没有虚因式,或者有 2 个,或者有 4 个,或者有 6 个,等等. 如果函数 Z 只有两个虚因式,那么这两个虚因式的积必定是实二次因式.

这是因为记全体实因式的积为 P,则这两个虚因式的积 $\frac{Z}{P}$ 必定是实的. 同样,如果函数 Z 有 4 个,6 个或者 8 个虚因式,那么它们的积也恒为实的. 因为这每一个积都等于 Z 除上相应的全体实因式的积.

§31

如果 Q 是 4 个虚线性因式的实乘积,那么这个 Q 可以表示成两个实二次因式的乘积.

这个 Q 的形状为

$$z^4 + Az^3 + Bz^2 + Cz + D$$

假定 Q 不能表示出两个实因式的乘积,那么它必定可以表示成形状为

$$z^2 - 2(p + q\sqrt{-1})z + r + s\sqrt{-1}$$

和

$$z^2 - 2(p - q\sqrt{-1})z + r - s\sqrt{-1}$$

这样两个虚二次因式的和. 这是因为这两个因式的积必须等于实的 $z^4 + Az^3 + Bz^2 + Cz + D$. 从这两个虚二次因式我们得到下面 4 个虚线性因式

I. $z - (p + q\sqrt{-1}) + \sqrt{p^2 + 2pq\sqrt{-1} - q^2 - r - s\sqrt{-1}}$

II. $z - (p + q\sqrt{-1}) - \sqrt{p^2 + 2pq\sqrt{-1} - q^2 - r - s\sqrt{-1}}$

III. $z - (p - q\sqrt{-1}) + \sqrt{p^2 - 2pq\sqrt{-1} - q^2 - r + s\sqrt{-1}}$

IV. $z - (p - q\sqrt{-1}) - \sqrt{p^2 - 2pq\sqrt{-1} - q^2 - r + s\sqrt{-1}}$

为简单起见,我们令

$$t = p^2 - q^2 - r, u = 2pq - s$$

I,III 相乘,积为

$$z^2 - (2p - \sqrt{2t + 2\sqrt{t^2 + u^2}})z + p^2 + q^2 -$$

$$p\sqrt{2t + 2\sqrt{t^2 + u^2}} + q\sqrt{-2t + 2\sqrt{t^2 + u^2}} + \sqrt{t^2 + u^2}$$

是实的. 类似地,II,IV 的积

$$z^2 - (2p + \sqrt{2t + 2\sqrt{t^2 + u^2}})z + p^2 +$$

$$q^2 + p\sqrt{2t + 2\sqrt{t^2 + u^2}} - q\sqrt{-2t + 2\sqrt{t^2 + u^2}} + \sqrt{t^2 + u^2}$$

也是实的. 这样从我们的假定,Q 不能表示为两个实二次因式出发,推出 Q 依然能表示成两个实二次因式的乘积.

§32

不管 z 的整函数 Z 有多少个虚线性因式,我们都可以把它们配成对,使得每一对的乘

积都是实的.

虚根的个数恒为偶数,记为 $2n$. 又虚根对应的全体因式的乘积是实的. 如果只有两个虚根,那么由前一节知它们的积为实;如果有 4 个虚线性因式,由前一节知,它们的积可以表示成两个状如 $fz^2 + gz + h$ 的实二次因式的积. 虽然这证明方法不能推向更高次,但是不管虚线性因式的个数是多少,它们都具有这种性质是无疑的. 因而可以用 n 个实二次因式代替 $2n$ 个虚线性因式. 这样我们得出了结论:z 的整函数可以表示成实线性因式和实二次因式的乘积. 这里没作严格证明,后面给出的一种严格些的证法,是把状如

$$a + bz^n, a + bz^n + cz^{2n}, a + bz^n + cz^{2n} + dz^{3n}$$

等的函数实际地分解成实二次因式.

§33

如果 z 的整函数 Z 在 $z = a$ 时取值 A,在 $z = b$ 时取值 B,那么对 A, B 之间的任何一个值 C,a, b 之间都存在一个 c,使得 $z = c$ 时,Z 取值为 C.

Z 是 z 的单值函数,对 z 的每一个实值,Z 都有一个实值与之对应. 我们这里,$z = a$ 时,Z 取值 A;$z = b$ 时,Z 取值 B. 函数 Z 从 A 变到 B 的过程不能跳过 A, B 之间的任何一个值. 如果方程 $Z - A = 0, Z - B = 0$ 各有一个实根,那么对 A, B 之间的任何一个值 C,方程 $Z - C = 0$ 就也有一个实根.

因此,如果表达式 $Z - A, Z - B$ 各有一个实线性因式,那么对 A, B 之间的任何一个 C,表达式 $Z - C$ 就也有一个实线性因式.

§34

如果整函数 Z 中 z 的最大指数是奇数,记作 $2n + 1$,那么,函数 Z 至少有一个实线性因式.

这个 Z 的形状显然为

$$z^{2n+1} + \alpha z^{2n} + \beta z^{2n-1} + \gamma z^{2n-2} + \cdots$$

$z = \infty$ 时,与第一项相比,其他项都可忽略,我们有 $Z = (\infty)^{2n+1} = \infty$,从而 $Z - \infty$ 有实线性因式 $z - \infty$. 类似地,$z = -\infty$ 时,$z = (-\infty)^{2n+1} = -\infty$,从而 $z + \infty$ 有实线性因式 $z + \infty$. 由 $Z - \infty$ 和 $Z + \infty$ 都有实线性因式,知 $Z + C$ 也必有线性因式,只要 C 在 $+\infty$ 和 $-\infty$ 之间,也即 C 可以是任何一个实数,或正,或负,或者为零. 因此 $C = 0$ 时,函数 Z 有实线性因式 $z - c$,数 c 在 $+\infty$ 和 $-\infty$ 之间,它或正,或负,或者为零.

§35

如果整函数 Z 中 z 的最大指数是奇数,那么,Z 的实线性因式的个数,必定或为 1,或为 3,或为 5,或为 7,等等.

前节证明了,这个 $2n+1$ 次整函数 Z 至少有一个实线性因式 $z-c$. 如果 Z 有另一个因式 $z-d$,那么,用 $(z-c)(z-d)$ 除 Z 得到的商,是 $2n-1$ 次整函数. 由前节知,这商至少有一个实线性因式,即 Z 的实线性因式个数,如果多于 1,那它至少是 3 个. 类似地,如果多于 3 个,那它至少是 5 个,类推,我们得到奇次整函数的实线性因式个数为奇数. 而这个 Z 的线性因式总个数为 $2n+1$,也为奇数,可见它的虚线性因式的个数为偶数.

§ 36

z 的最大指数为偶数 $2n$ 的整函数 Z,其实线性因式的个数,必定或为 2,或为 4,或为 6,等等.

假定这个 Z 有 $2m+1$ 个实线性因式,$2m+1$ 是奇数,那么,用这 $2m+1$ 个因式的积除 Z,得到的商中 z 的最大指数是 $2n-2m-1$,这是个奇数. 因为这个商,从而 Z 有另外一个实线性因式. 即 Z 的实线性因式个数为 $2m+2$,为偶数. 加上前一节的结论,我们又一次证明了整函数的虚根个数为偶数.

§ 37

如果函数 Z 中 z 的最大指数为偶数,且常数 A 的符号为负,那么,这个 Z 至少有两个实线性因式.

这里的这个 Z 形状为

$$z^{2n} \pm \alpha z^{2n-1} \pm \beta z^{2n-2} \pm \cdots \pm \gamma z - A$$

前面讲过,令 $z=\infty$,则 $Z=\infty$,这里令 $z=0$,则 $Z=-A$. 因而 $Z-\infty$ 有实因式 $z-\infty$;$Z+A$ 有因式 $z-0$. 从而由 0 位于 $-\infty$ 与 A 之间,知 $Z+0$ 必有实线性因式 $z-c$,c 在 0 与 ∞ 之间. 又由 $z=-\infty$ 时,$Z=\infty$,得 $Z-\infty$ 有因式 $z+\infty$,$Z+A$ 有因式 $z+0$. 这样,我们得到 $Z+0$ 有实线性因式 $z+d$,d 在 0 与无穷之间. 命题得证. 我们得到了:对于这里的 Z,方程 $Z=0$ 至少有两个实根,一正一负. 例如,方程

$$z^4 + \alpha z^3 + \beta z^2 + \gamma z - a^2 = 0$$

就有一正一负两个实根.

§ 38

分数函数,如果分子中 z 的最高次数比分母中的不小,那么,这个分数函数可以表示成一个整函数与一个新的分数函数这样两部分的和. 这个新的分数函数,分子中 z 的最高次数比分母中的小.

如果分母中 z 的最高次数比分子中的小,那么用分母按通常的方法除分子,除到商中的幂要为负数时停止. 这个商就由一个整函数和一个分数函数组成,且分数函数分子中 z 的最高次数比分母的低. 例如对分数函数 $\dfrac{1+z^4}{1+z^2}$,作除法,得

$$\frac{1+z^4}{1+z^2} = z^2 - 1 + \frac{2}{1+z^2}$$

仿照算术,我们称分子次数比分母次数不小的分数函数为假分数函数,以区别于分子次数小于分母次数的真分数函数. 从而本节所讲可陈述为假分数函数可表示成一个整函数与一个真分数函数的和. 新的表示用通常的除法得到.

§ 39

分母是两个互质因式乘积的分数函数,可分解成分别以这两个因式为分母的两个分数函数之和.

虽然这里的分解方法对真假分数函数都适用,但我们主要是把它用于真分数函数,即可以把分母是两个互质因式的真分数函数,分解成分别以这两个因式为分母的两个新的真分数函数之和,且分法唯一. 我们只举例,不证明,从例子完全可以看清. 考虑分数函数

$$\frac{1 - 2z + 3z^2 - 4z^3}{1 + 4z^4}$$

它的分母 $1 + 4z^4$ 等于乘积

$$(1 + 2z + 2z^2)(1 - 2z + 2z^2)$$

我们要做的是,把该函数分解成分别以 $1 + 2z + 2z^2$ 和 $1 - 2z + 2z^2$ 为分母的两个分数函数的和. 为了求出这两个真分数函数,我们假定它们的分子分别为 $\alpha + \beta z$ 和 $\gamma + \delta z$. 根据假定我们有

$$\frac{1 - 2z + 3z^2 - 4z^3}{1 + 4z^4} = \frac{\alpha + \beta z}{1 + 2z + 2z^2} + \frac{\gamma + \delta z}{1 - 2z + 2z^2}$$

把右端的两个分数函数加起来,结果得

分子为	分母为
$\alpha - 2\alpha z + 2\alpha z^2 + \beta z - 2\beta z^2 + 2\beta z^3 +$ $\gamma + 2\gamma z + 2\gamma z^2 + \delta z + 2\delta z^2 + 2\delta z^3$	$1 + 4z^4$

求得的和,其分母与原分数函数的相等,因而分子也应相等. 由于未知数(即 $\alpha, \beta, \gamma, \delta$)的个数与分子的项数相等,我们唯一地得到如下的四个方程

1) $\alpha + \gamma = 1$

2) $-2\alpha + \beta + 2\gamma + \delta = -2$

3) $2\alpha - 2\beta + 2\gamma + 2\delta = 3$

4) $2\beta + 2\delta = -4$

1) 和 4) 分别给出 $\alpha + \gamma = 1$ 和 $\beta + \delta = -2$. 由 2) 和 4) 得 $\alpha - \gamma = 0$,由 1) 和 3) 得 $\delta - \beta = 1$. 最后我们得到

$$\alpha = \frac{1}{2}, \gamma = \frac{1}{2}, \beta = -\frac{5}{4}, \delta = -\frac{3}{4}$$

从而函数

$$\frac{1 - 2z + 3z^2 - 4z^3}{1 + 4z^4}$$

分解成了

$$\frac{\frac{1}{2} - \frac{5}{4}z}{1 + 2z + 2z^2} + \frac{\frac{1}{2} - \frac{3}{4}z}{1 - 2z + 2z^2}$$

由于引进的未知数的个数恒等于分子的项数,所以一定求得出我们所要的解.但要记住一点,一个前提是分母的因式必须是互质的.

§40

分数函数 $\frac{M}{N}$ 可以分解成 N 的不相同线性因式个数那么多个,状如 $\frac{A}{p - qz}$ 的简分式.

设分数函数 $\frac{M}{N}$ 为真分数函数,即 M,N 都是整函数,且 M 的次数比 N 的小,那么当 N 分解成了不相同线性因式时,表达式 $\frac{M}{N}$ 就可以分解成 N 的不相同线性因式个数那么多个分式,因为每一个因式都是一个部分分式的分母.因此,如果 $p - qz$ 是 N 的一个因式,它必定是一个部分分式的分母,而这个分式分子的次数应该小于分母 $p - qz$ 的次数,所以分子应该是常数.从而我们得到分母 $p + qz$ 对应的简分式为 $\frac{A}{p - qz}$.这种分式全体的和等于分数函数 $\frac{M}{N}$.

例:我们考虑分数函数

$$\frac{1 + z^2}{z - z^3}$$

分母的线性因式为 $z, 1 - z$ 和 $1 + z$,该函数可分解为三个简分式

$$\frac{A}{z} + \frac{B}{1 - z} + \frac{C}{1 + z} = \frac{1 + z^2}{z - z^3}$$

作为分子的常数 A, B, C 待定.求这三个简分式的和,得公分母为 $z - z^3$.由分子的和应该等于 $1 + z^2$,我们得到方程

$$\left.\begin{array}{c} A + Bz - Az^2 + \\ Cz + Bz^2 \\ - Cz^2 \end{array}\right\} = 1 + z^2 = 1 + 0 \cdot z + z^2$$

比较两端,得到关于未知数 A, B, C 的方程

1) $A = 1$
2) $B + C = 0$
3) $-A + B - C = 1$

方程的个数与未知数的个数相等.将 1) 代入 3) 得 $B - C = 2$,从而

$$A = 1, B = 1, C = -1$$

这样我们得到

$$\frac{1 + z^2}{z - z^3}$$

的分解式为

$$\frac{1}{z} + \frac{1}{1 - z} - \frac{1}{1 + z}$$

不管分数函数 $\frac{M}{N}$ 的分母 N 有多少个线性因式,只要它们都不相同,就都可以用这样的方式把它分解为分母因式个数那么多个简分式. 如果分母的因式中有相同的,那时的分解方法与这里的不同,对此,将在后面的内容中作介绍.

§41

分母 N 的每一个线性因式都给出分数函数 $\frac{M}{N}$ 分解式的一个简分式. 这一节我们讲单个简分式的求法.

设 $p - qz$ 是 N 的一个线性因式,即

$$N = (p - qz)S$$

这里 S 是 z 的整函数. 记 $p - qz$ 和 S 所对应的分式分别为 $\frac{A}{p - qz}$ 和 $\frac{P}{S}$,那么由 §39 我们有

$$\frac{M}{N} = \frac{A}{p - qz} + \frac{P}{S} = \frac{M}{(p - qz)S}$$

从而

$$\frac{P}{S} = \frac{M - AS}{(p - qz)S}$$

由该等式知 $\frac{M - AS}{p - qz}$ 等于 P,即 $p - qz$ 是 $M - AS$ 的因式. 由此知 $z = \frac{p}{q}$ 时 $M - AS$ 为零,也即将 M 和 S 中的 z 换为 $\frac{p}{q}$ 时 $M - AS = 0$,从而 $A = \frac{M}{S}$. 这样我们得到了分式 $\frac{A}{p - qz}$ 的分子 A,等于 $z = \frac{p}{q}$ 时 $\frac{M}{S}$ 的值. 当 $\frac{M}{N}$ 的分母 N 分解成了不同的线性因式时,求出对应于每一个因式的简分式,分式 $\frac{M}{N}$ 就等于这些简分式的和.

例如考虑上节举过的例子

$$\frac{1 + z^2}{z - z^3}$$

这里 $M = 1 + z^2, N = z - z^3$. 取线性因式 z,则 $S = 1 - z^2$. 当 $z = 0$ 时,$A = \frac{1 + z^2}{1 - z^2} = 1$,简分式

为 $\frac{1}{z}$；取因式 $1-z$，则 $S = z + z^2$. 当 $1-z = 0$ 时，$A = \dfrac{1+z^2}{z+z^3} = 1$，简分式为 $\dfrac{1}{1-z}$；取因式 $1+z$，

则 $S = z - z^2$. 当 $1+z = 0$ 时，$A = \dfrac{1+z^2}{z-z^2} = -1$，简分式为 $\dfrac{-1}{1+z}$. 最后得

$$\frac{1+z^2}{z-z^3} = \frac{1}{z} + \frac{1}{1-z} - \frac{1}{1+z}$$

与上节求得的结果一致.

§42

P 的次数小于 $(p-qz)^n$ 的次数时，分数函数 $\dfrac{P}{(p-qz)^n}$ 可分解为部分分式的和

$$\frac{A}{(p-qz)^n} + \frac{B}{(p-qz)^{n-1}} + \frac{C}{(p-qz)^{n-2}} + \cdots + \frac{K}{p-qz}$$

这里的分子全部是常数.

由 P 的次数小于 n，知 P 的形状为

$$\alpha + \beta z + \gamma z^2 + \delta z^3 + \cdots + \chi z^{n-1}$$

共 n 项. P 应该等于部分分式和的分子. 部分分式和的分母为 $(p-qz)^n$，分子为

$$A + B(p-qz) + C(p-qz)^2 + D(p-qz)^3 + \cdots + K(p-qz)^{n-1}$$

这分子的次数为 $n-1$，未知数（即 $A,B,C,\cdots,K$）的个数为 n，与 P 的项数相同. 这样由

$$\frac{P}{(p-qz)^n} = \frac{A}{(p-qz)^n} + \frac{B}{(p-qz)^{n-1}} + \frac{C}{(p-qz)^{n-2}} +$$

$$\frac{D}{(p-qz)^{n-3}} + \cdots + \frac{K}{p-qz}$$

我们可以求出 $A,B,C,\cdots$. 下面我们讲它们的求法.

§43

对应于因式 $(p-qz)^2$ 的部分分式的求法.

§41 讲了对应于不相重线性因式的部分分式的求法. 现在我们假定分母 N 有相同的两个线性因式. 即有因式 $(p-qz)^2$. 上一节告诉我们，对应于该因式的部分分式形状为

$$\frac{A}{(p-qz)^2} + \frac{B}{p-qz}$$

记

$$N = (p-qz)^2 S$$

则

$$\frac{M}{N} = \frac{M}{(p-qz)^2 S} = \frac{A}{(p-qz)^2} + \frac{B}{p-qz} + \frac{P}{S}$$

$\dfrac{P}{S}$ 是对应于分母其余因式的部分分式的总和. 由上面等式得

$$\frac{P}{S} = \frac{M - AS - B(p - qz)S}{(p - qz)^2 S}$$

从而

$$P = \frac{M - AS - B(p - qz)S}{(p - qz)^2} = 整函数$$

由此得知 $(p - qz)^2$ 为 $M - AS - B(p - qz)S$ 的因式. 当然 $p - qz$ 也为它的因式. 因此 $p - qz = 0$, 也即 $z = \dfrac{p}{q}$ 时 $M - AS - R(p - qz)S = 0$, 从而

$$M - AS = 0, A = \frac{M}{S}$$

也即 A 等于 $z = \dfrac{p}{q}$ 时 $\dfrac{M}{S}$ 的值. A 求了, 我们再来求 B. 由 $M - AS - B(p - qz)S$ 被 $(p - qz)^2$

除得尽, 知 $p - qz$ 为 $\dfrac{M - AS}{p - qz} - BS$ 的因式. 从而 $z = \dfrac{p}{q}$ 时

$$\frac{M - AS}{p - qz} = BS$$

由此得

$$B = \frac{M - AS}{(p - qz)S} = \frac{1}{p - qz}\left(\frac{M}{S} - A\right)$$

要指出的是, 因为 $M - AS$ 被 $p - qz$ 除得尽, 所以应先做除法, 然后再将 z 换为 $\dfrac{p}{q}$. 或者, 令

$$\frac{M - AS}{p - qz} = T$$

则 B 等于 $z = \dfrac{p}{q}$ 时 $\dfrac{T}{S}$ 的值.

有了 A, B, 我们就可以写出对应于因式 $(p - qz)^2$ 的部分分式

$$\frac{A}{(p - qz)^2} + \frac{B}{p - qz}$$

例1 考虑分数函数

$$\frac{1 - z^2}{z^2(1 + z^2)}$$

这里二重因式为 z^2, $S = 1 + z^2$, $M = 1 - z^2$. 记 z^2 产生的部分分式为

$$\frac{A}{z^2} + \frac{B}{z}$$

则

$$A = \frac{M}{S} = \frac{1 - z^2}{1 + z^2}$$

置 $z = 0$，得

$$A = 1$$

又 $M - AS = -2z^2$. 除它以线性因式 z，得 $T = -2z$. 从而

$$B = \frac{T}{S} = \frac{-2z}{1 + z^2}$$

置 $z = 0$，得

$$B = 0$$

这样由 z^2 产生的是一个单个的部分分式 $\frac{1}{z^2}$.

例 2 考虑分数函数

$$\frac{z^3}{(1 - z)^2(1 + z^4)}$$

二重因式为 $(1 - z)^2$，它产生的部分分式形状为

$$\frac{A}{(1 - z)^2} + \frac{B}{1 - z}$$

这里 $M = z^3, S = 1 + z^4$，则

$$A = \frac{M}{S} = \frac{z^3}{1 + z^4}$$

置 $1 - z = 0$，即 $z = 1$，得

$$A = \frac{1}{2}$$

又

$$M - AS = Z^3 - \frac{1}{2} - \frac{1}{2}z^4 = -\frac{1}{2} + z^3 - \frac{1}{2}z^4$$

除它以 $1 - z$，得

$$T = -\frac{1}{2} - \frac{1}{2}z - \frac{1}{2}z^2 + \frac{1}{2}z^3$$

从而

$$B = \frac{T}{S} = \frac{-1 - z - z^2 + z^3}{2 + 2z^4}$$

置 $z = 1$，得

$$B = \frac{-1}{2}$$

所求部分分式为

$$\frac{1}{2(1 - z)^2} - \frac{1}{2(1 - z)}$$

再讲对应于因式 $(p-qz)^3$ 的部分分式的求法. 即分数函数 $\dfrac{M}{N}$ 的对应于 N 的因式 $(p-qz)^3$ 的部分分式

$$\frac{A}{(p-qz)^3} + \frac{B}{(p-qz)^2} + \frac{C}{p-qz}$$

的求法.

记

$$N = (p-qz)^3 S$$

记 S 产生的分式为 $\dfrac{P}{S}$,则

$$P = \frac{M - AS - B(p-qz)S - C(p-qz)^2 S}{(p-qz)^3} = 整函数$$

因而 $M - AS - B(p-qz)S - C(p-qz)^2 S$ 被 $p-qz$ 除得尽. 从而 $p-qz=0$,也即 $z = \dfrac{p}{q}$ 时它为零. 由此得 $z = \dfrac{p}{q}$ 时 $M - AS = 0$,即 A 等于 $z = \dfrac{p}{q}$ 时 $\dfrac{M}{S}$ 的值.

由求得的 A,$M-AS$ 被 $p-qz$ 除得尽,令

$$\frac{M-AS}{p-qz} = T$$

则 $T - BS - C(p-qz)S$ 被 $(p-qz)^2$ 除得尽. 从而 $p-qz=0$ 时 $T - BS = 0$. 由此得 $z = \dfrac{p}{q}$ 时 $B = \dfrac{T}{S}$,也即 B 等于 $z = \dfrac{p}{q}$ 时 $\dfrac{T}{S}$ 的值.

对求出的 B,$T-BS$ 被 $p-qz$ 除得尽. 令

$$\frac{T-BS}{p-qz} = V$$

则 $V-CS$ 被 $p-qz$ 除得尽,即 $p-qz=0$ 时 $V-CS=0$. 从而 $z = \dfrac{p}{q}$ 时 $C = \dfrac{V}{S}$. 即 C 等于 $z = \dfrac{p}{q}$ 时 $\dfrac{V}{S}$ 的值.

至此 A,B,C 全求了出来,也即求出了由分母的因式 $(p-qz)^3$ 产生的部分分式

$$\frac{A}{(p-qz)^3} + \frac{B}{(p-qz)^2} + \frac{C}{p-qz}$$

例 3 考虑函数

$$\frac{z^2}{(1-z)^3(1+z^2)}$$

分母的三重因式 $(1-z)^2$ 产生的部分分式形状为

$$\frac{A}{(1-z)^3} + \frac{B}{(1-z)^2} + \frac{C}{1-z}$$

对于该分数函数我们有 $M = z^2, S = 1 + z^2$. 首先 $1 - z = 0$ 或 $z = 1$ 时

$$A = \frac{Z^2}{1+z^2} = \frac{1}{2}$$

其次,令

$$T = \frac{M - AS}{1-z} = \frac{\frac{1}{2}z^2 - \frac{1}{2}}{1-z} = -\frac{1}{2} - \frac{1}{2}z$$

得 $z = 1$ 时

$$B = \frac{-\frac{1}{2} - \frac{1}{2}z}{1+z^2} = -\frac{1}{2}$$

再次,令

$$V = \frac{T - BS}{1-z} = \frac{T + \frac{1}{2}S}{1-z}$$

得

$$V = \frac{-\frac{1}{2}z + \frac{1}{2}z^2}{1-z} = -\frac{1}{2}z$$

从而 $z = 1$ 时

$$C = \frac{V}{S} = \frac{-\frac{1}{2}z}{1+z^2} = -\frac{1}{4}$$

我们求得了对应于分母因式 $(1-z)^3$ 的部分分式为

$$\frac{1}{2(1-z)^3} - \frac{1}{2(1-z)^2} - \frac{1}{4(1-z)}$$

§45

现在讲对应于因式 $(p-qz)^n$ 的部分分式的求法,即分数 $\frac{M}{N}$ 的对应于 N 的因式 $(p-qz)^n$ 的部分分式

$$\frac{A}{(p-qz)^n} + \frac{B}{(p-qz)^{n-1}} + \frac{C}{(p-qz)^{n-2}} + \cdots + \frac{K}{p-qz}$$

的求法.

记分母

$$N = (p-qz)^n Z$$

仿照前两节的推导,我们依次得到

1) $A = \dfrac{M}{Z}$,其中 $z = \dfrac{p}{q}$. 记 $P = \dfrac{M - AZ}{p - qz}$,则

2) $B = \dfrac{P}{Z}$,其中 $z = \dfrac{p}{q}$. 记 $Q = \dfrac{P - BZ}{p - qz}$,则

3) $C = \dfrac{Q}{Z}$,其中 $z = \dfrac{p}{q}$. 记 $R = \dfrac{Q - CZ}{p - qz}$,则

4) $D = \dfrac{R}{Z}$,其中 $z = \dfrac{p}{q}$. 记 $S = \dfrac{R - DZ}{p - qz}$,则

5) $E = \dfrac{S}{Z}$,其中 $z = \dfrac{p}{q}$

类推. 照此法依次算出 A, B, C, D 等,我们就求得了 $\dfrac{M}{N}$ 的对应于分母 N 的因式 $(p - qz)^n$ 的部分分式.

例 4 考虑分数函数

$$\frac{1 + z^2}{z^5(1 + z^3)}$$

因式 z^5 产生的部分分式形状为

$$\frac{A}{z^5} + \frac{B}{z^4} + \frac{C}{z^3} + \frac{D}{z^2} + \frac{E}{z}$$

这里

$$M = 1 + z^2, \quad Z = 1 + z^3, \quad \frac{p}{q} = 0$$

依次进行计算得

$$A = \frac{M}{Z} = \frac{1 + z^2}{1 + z^3}$$

将 $z = 0$ 代入,得

$$A = 1$$

记

$$P = \frac{M - AZ}{z} = \frac{z^2 - z^3}{z} = z - z^2$$

则

$$B = \frac{P}{Z} = \frac{z - z^2}{1 + z^3}$$

将 $z = 0$ 代入,得

$$B = 0$$

记

$$Q = \frac{P - BZ}{z} = \frac{z - z^2}{z} = 1 - z$$

则

$$C = \frac{Q}{Z} = \frac{1-z}{1+z^3}$$

将 $z = 0$ 代入，得

$$C = 1$$

记

$$R = \frac{Q - CZ}{z} = \frac{-z - z^3}{z} = -1 - z^2$$

则

$$D = \frac{R}{Z} = \frac{-1 - z^2}{1 + z^3}$$

将 $z = 0$ 代入，得

$$D = -1$$

记

$$S = \frac{R - DZ}{z} = \frac{-z^2 + z^3}{z} = -z + z^2$$

则

$$E = \frac{S}{Z} = \frac{-z + z^2}{1 + z^3}$$

将 $z = 0$ 代入，得

$$E = 0$$

所求部分分式为

$$\frac{1}{z^5} + \frac{0}{z^4} + \frac{1}{z^3} - \frac{1}{z^2} + \frac{0}{z}$$

§45a[①]

一般分数函数 $\frac{M}{N}$ 的部分分式的求法.

先将分母分解成线性因式，这线性因式也可以是虚的，对单重因式，用 §41 的方法逐个求出它们所对应的部分分式. 如果线性因式中有二重的或更多重的，则把相同的集中在一起，写成 $(p - qz)^n$ 的形式. 然后用 §45 的方法求出它对应的部分分式. 这样我们就把对应于每一个线性因式的部分分式都求出来了. 把求得的部分分式加起来，就得到函数 $\frac{M}{N}$ 的部分分式. 这里假定 $\frac{M}{N}$ 为真分式. 如果 $\frac{M}{N}$ 为假分式，则应先把整函数部分分离出来，然后求出真分式部分的部分分式. 最后把两部分加起来就得到 $\frac{M}{N}$ 的最简表达式.

————————

① 欧拉原书误编了两个 §46，参照俄译本改这第一个 §46 为 §45a，保留下一个 —— 中译者.

说明一点,对假分式也可以先不分离出整函数部分,而直接求部分分式. 事实上,从前面给出的部分分式求法中我们看到,分子 M 乘上或除上分母的整倍数,对结果都不产生影响.

例 5 求函数

$$\frac{1}{z^3(1-z)^2(1+z)}$$

的最简表达式.

先取单因式 $1+z$. 此时 $\frac{p}{q}=-1,M=1,Z=z^3-2z^4+z^5$. 对应于 $1+z$ 的部分分式形状为 $\frac{A}{1+z}$.

由 $A=\dfrac{1}{z^3-2z^4+z^5}$,将 $z=-1$ 代入,得 $A=-\dfrac{1}{4}$,即 $1+z$ 产生的部分分式为

$$\frac{-1}{4(1+z)}$$

再取重因式 $(1-z)^2$,此时 $\dfrac{p}{q}=1,M=1,Z=z^3+z^4$. 对应于该重因式的部分分式形状为

$$\frac{A}{(1-z)^2}+\frac{B}{1-z}$$

由 $A=\dfrac{1}{z^3+z^4}$,将 $z=1$ 代入,得 $A=\dfrac{1}{2}$.

记

$$P=\frac{M-\frac{1}{2}Z}{1-z}=\frac{1-\frac{1}{2}z^3-\frac{1}{2}z^4}{1-z}=1+z+z^2+\frac{1}{2}z^3$$

则

$$B=\frac{P}{Z}=\frac{1+z+z^2+\frac{1}{2}z^3}{z^3+z^4}$$

将 $z=1$ 代入,得

$$B=\frac{7}{4}$$

即 $(1-z)^2$ 产生的部分分式为

$$\frac{1}{z(1-z)^2}+\frac{7}{4(1-z)}$$

最后取三重因式 z^3,此时

$$\frac{p}{q}=0,M=1,Z=1-z-z^2+z^3$$

所求部分分式的形状为

$$\frac{A}{z^3} + \frac{B}{z^2} + \frac{C}{z}$$

由

$$A = \frac{M}{Z} = \frac{1}{1 - z - z^2 + z^3}$$

将 $z = 0$ 代入,得

$$A = 1$$

记

$$P = \frac{M - Z}{z} = 1 + z - z^2$$

则

$$B = \frac{P}{Z} = \frac{1 + z - z^2}{1 - z - z^2 + z^3}$$

将 $z = 0$ 代入,得

$$B = 1$$

记

$$Q = \frac{P - Z}{z} = 2 - z^2$$

则

$$C = \frac{Q}{Z}$$

将 $z = 0$ 代入,得

$$C = 2$$

结果得函数

$$\frac{1}{z^3(1 - z)^2(1 + z)}$$

的分解式为

$$\frac{1}{z^3} + \frac{1}{z^2} + \frac{2}{z} + \frac{1}{2(1 - z)^2} + \frac{7}{4(1 - z)} - \frac{1}{4(1 + z)}$$

没有整函数部分,因为函数不是假分式.

第三章　　函数的换元变换

§46

如果 y 是 z 的函数,而 z 由一个新的变量 x 决定,那么 y 就也可以由 x 决定.

y 本来是 z 的函数,现在引进一个新的变量 x,使得 y 和 z 都由这个 x 决定. 例如

$$y = \frac{1 - z^2}{1 + z^2}$$

令

$$z = \frac{1 - x}{1 + x}$$

将 z 的这个表达式代入 y 本来的表达式,得

$$y = \frac{2x}{1 + x^2}$$

每给定一个 x 值,都可以求出由它确定的 z 值和 y 值. 这样一来,就可以独立地求出这个 z 值和对应于这个 z 值的 y 值. 例如令 $x = \frac{1}{2}$,则 $z = \frac{1}{3}$,$y = \frac{4}{5}$;令原来的表达式 $\frac{1 - z^2}{1 + z^2}$ 中的 $z = \frac{1}{3}$,我们也得到 $y = \frac{4}{5}$.

我们在两种情况下引进新变量. 一是原表达式中根号下有 z,我们要使新变量摆脱根号,即有理化. 一是 y 和 z 的关系由高次方程给出,y 不能由 z 显式表出,我们要使 y,z 都能由新变量方便地表出. 换元的作用我们已经说得够清楚了,通过下面讲的,大家会更清楚.

§47

如果 $y = \sqrt{a + bz}$,为了使 z 和 y 的表达式都有理化,我们用下面的方法求新变量 x.

令 $\sqrt{a + bz} = bx$,y 和 z 的表达式就都是有理的了. 首先由 $y = bx$ 得 $a + bz = b^2 x^2$,从而 $z = bx^2 - \frac{a}{b}$. 这样我们就把 y 和 z 都表示成了 x 的有理函数. 置 $y = \sqrt{a + bz}$ 中的 $z = bx^2 -$

$\dfrac{a}{b}$，我们就得到 $y = bx$.

§48

如果 $y = (a + bz)^{\frac{m}{n}}$，为了有理地表示出这个 y，我们用下面的方法求新变量 x.

令 $y = x^m$，则 $(a + bz)^{\frac{m}{n}} = x^m$，从而 $(a + bz)^{\frac{1}{n}} = x$. 由此得 $a + bz = x^n$，从而 $z = \dfrac{x^n - a}{b}$.

这样换元公式为 $z = \dfrac{x^n - a}{b}$，从而 $y = x^m$ 就使得 y 和 z 都由 x 有理表出. 虽然 y, z 本来都不能由对方有理地表出，但它们都是新变量 x 的有理函数，x 就是针对这一目的而引入的.

§49

设

$$f = \left(\frac{a + bz}{f + gz} \right)^{\frac{m}{n}}$$

做变量替换，使 y 和 z 的表达式都是有理的.

看得出，令 $y = x^m$ 就可以导出所要的代换，事实上，由

$$\left(\frac{a + bz}{f + gz} \right)^{\frac{m}{n}} = x^m$$

得

$$\frac{a + bz}{f + gz} = x^n$$

解出 z，得

$$z = \frac{a - fx^n}{gx^n - b}$$

将这个 z 代入原表达式，得 $y = x^m$. 由此我们也看到，如果

$$\left(\frac{\alpha + \beta y}{\gamma + \delta y} \right)^n = \left(\frac{a + bz}{f + gz} \right)^m$$

那么令左右端都等于 x^{mn}，我们就分别得到 y 和 z 的有理表达式，结果为

$$y = \frac{\alpha - \gamma x^m}{\delta x^m - \beta}, z = \frac{a - fx^n}{gx^n - b}$$

这已经是容易处理的了.

§50

当 $y = \sqrt{(a + bz)(c + dz)}$ 时，求 y 和 z 的有理表达式的求法.

令
$$\sqrt{(a + bz)(c + dz)} = (a + bz)x$$
两边平方得到 z 的一个线性方程,解出 z 就得到 z 的有理表达式. 具体地,两边平方得
$$c + dz = (a + bz)x^2$$
解出 z,得
$$z = \frac{c - ax^2}{bx^2 - d}$$
将
$$a + bz = \frac{bc - ad}{bx^2 - d}$$
代入
$$y = \sqrt{(a + bz)(c + dz)} = (a + bz)x$$
得到 y 的有理表达式
$$y = \frac{(bc - ad)x}{bx^2 - d}$$
这样我们用代换
$$z = \frac{c - ax^2}{bx^2 - d}$$
就做到将无理函数
$$y = \sqrt{(a + bz)(c + dz)}$$
变换成了有理函数
$$y = \frac{(bc - ad)x}{bx^2 - d}$$
例如
$$y = \sqrt{a^2 - z^2} = \sqrt{(a + z)(a - z)}$$
这里 $b = +1, c = a, d = -1$. 采用代换
$$z = \frac{a - ax^2}{1 + x^2}$$
得
$$y = \frac{2ax}{1 + x^2}$$
也即根号下为两个实线性因式时,用这里的代换就可以把根号去掉. 如果根号下的两个因式是虚的,我们可以用下一节的方法.

§51

$y = \sqrt{p + qz + rz^2}$,求 z 的代换,使 y 的表达式为有理函数.

这里 z 的代换随 p, r 为正或为负而不同. 我们先假定 p 为正,并令 $p = a^2$. p 可以不是

完全平方数,其方根的无理性不影响我们的代换.

Ⅰ. $y = \sqrt{a^2 + bz + cz^2}$

令

$$\sqrt{a^2 + bz + cz^2} = a + xz$$

两边平方得

$$b + cz = 2ax + x^2 z$$

解出 z 得

$$z = \frac{b - 2ax}{x^2 - c}$$

将这个 z 代入 $y = a + xz$ 中,得

$$y = a + xz = \frac{bx - ax^2 - ac}{x^2 - c}$$

求得的 y 和 z 都是 x 的有理函数.

Ⅱ. $y = \sqrt{a^2 z^2 + bz + c}$

令

$$\sqrt{a^2 z^2 + bz + c} = az + x$$

两边平方得

$$bz + c = 2axz + x^2$$

解出 z 得

$$z = \frac{x^2 - c}{b - 2ax}$$

从而

$$y = az + x = \frac{- ac + bx - ax^2}{b - 2ax}$$

Ⅲ. p 和 r 同为负数

若非 $q^2 > 4pr$,则 y 恒为虚数;若 $q^2 > 4pr$,则 $p + qz + rz^2$ 可分解为两个实线性因式的积,就成了上一节的情况. 但把这里的 y 改写为

$$y = \sqrt{a^2 + (b + cz)(d + ez)}$$

往往更方便. 此时我们令

$$y = a + (b + cz)x$$

两边平方得

$$d + ez = 2ax + bx^2 + cx^2 z$$

解出 z 得

$$z = \frac{d - 2ax - bx^2}{cx^2 - e}$$

从而

$$y = \frac{- ae + (cd - be)x - acx^2}{cx^2 - e}$$

有时将 y 改写成

$$y = \sqrt{a^2 z^2 + (b + cz)(d + ez)}$$

也带来方便. 此时我们令

$$y = az + (b + cz)x$$

两边平方得

$$d + ez = 2axz + bx^2 + cx^2 z$$

解出 z 得

$$z = \frac{bx^2 - d}{e - 2az - cx^2}$$

从而

$$y = \frac{-ad + (be - cd)x - abx^2}{e - 2ax - cx^2}$$

例 1 考虑无理函数

$$y = \sqrt{-1 + 3z - z^2}$$

将它改写成

$$y = \sqrt{1 - 2 + 3z - z^2} = \sqrt{1 - (1 - z)(2 - z)}$$

令

$$y = 1 - (1 - z)x$$

两边平方得

$$-2 + z = -2x + x^2 - x^2 z$$

解出 z 得

$$z = \frac{2 - 2x + x^2}{1 + x^2}$$

从而

$$1 - z = \frac{-1 + 2x}{1 + x^2}$$

$$y = 1 - (1 - z)x = \frac{1 + x - x^2}{1 + x^2}$$

　　上面我们用不定代数法(或称丢番图法)找到了我们所要的几种代换. 在另一些情况下,用有理代换变换不出有理表达式. 下面我们介绍用于另一些情况的其他种类的代换.

§52

　　y 为 z 的函数,它们的关系由方程

$$ay^\alpha + bz^\beta + cy^\gamma z^\delta = 0$$

规定. 求一个新变量 x,使得 y 和 z 都能由新变量显式地表出.

由于没有求解方程

$$ay^{\alpha} + bz^{\beta} + cy^{\gamma}z^{\delta} = 0$$

的通用方法,所以既不能把 y 表示成 z 的函数,也不能把 z 表示成 y 的函数. 这是一种不便,下面我们提供一种克服这种不便的方法. 令

$$y = x^m z^n$$

则

$$ax^{\alpha m}z^{\alpha n} + bz^{\beta} + cx^{\gamma m}z^{\gamma n+\delta} = 0$$

现在我们来决定 n,使得可以解出 z. 决定的方法有三种:

I. 令 $\alpha n = \beta$,即 $n = \dfrac{\beta}{\alpha}$. 除方程以 $z^{\alpha n} = z^{\beta}$ 得

$$ax^{\alpha m} + b + cx^{\gamma m}z^{\gamma n-\beta+\delta} = 0$$

解出 z 得

$$z = \left(\frac{-ax^{\alpha m} - b}{cx^{\gamma m}}\right)^{\frac{1}{\gamma n-\beta+\delta}}$$

或

$$z = \left(\frac{-ax^{\alpha m} - b}{cx^{\gamma m}}\right)^{\frac{\alpha}{\beta\gamma-\alpha\beta+\alpha\delta}}$$

从而

$$y = x^m\left(\frac{-ax^{\alpha m} - b}{cx^{\gamma m}}\right)^{\frac{\beta}{\beta\gamma-\alpha\beta+\alpha\delta}}$$

II. 令 $\beta = \gamma n + \delta$,即 $n = \dfrac{\beta-\delta}{\gamma}$. 然后除方程以 z^{β},得

$$ax^{\alpha m}z^{\alpha n-\beta} + b + cx^{\gamma m} = 0$$

解出 z 得

$$z = \left(\frac{-b - cx^{\gamma m}}{ax^{\alpha m}}\right)^{\frac{1}{\alpha n-\beta}} = \left(\frac{-b - cx^{\gamma m}}{ax^{\alpha m}}\right)^{\frac{\gamma}{\alpha\beta-\alpha\delta-\beta\gamma}}$$

从而

$$y = x^m\left(\frac{-b - cx^{\gamma m}}{ax^{\alpha m}}\right)^{\frac{\beta-\delta}{\alpha\beta-\alpha\delta-\beta\gamma}}$$

III. 令 $\alpha n = \gamma n + \delta$,即 $n = \dfrac{\delta}{\alpha-\gamma}$. 然后除方程以 $z^{\alpha n}$,得

$$ax^{\alpha m} + bz^{\beta-\alpha n} + cx^{\gamma m} = 0$$

解出 z 得

$$z = \left(\frac{-ax^{\alpha m} - cx^{\gamma m}}{b}\right)^{\frac{1}{\beta-\alpha n}} = \left(\frac{-ax^{\alpha m} - cx^{\gamma m}}{b}\right)^{\frac{\alpha-\gamma}{\alpha\beta-\beta\gamma-\alpha\delta}}$$

从而

$$y = x^m\left(\frac{-ax^{\alpha m} - cx^{\gamma m}}{b}\right)^{\frac{\delta}{\alpha\beta-\beta\gamma-\alpha\delta}}$$

用这三种方法我们都求得了 x 的函数 y 和 z. 下一步是如何决定 m,可指定它为任何非零整数,以使得表达式最为方便.

例 2 设函数 y 由方程

$$y^3 + z^3 - cyz = 0$$

规定. 试将 y 和 z 都表示成 x 的函数.

这里

$$a = -1, b = -1, \alpha = 3, \beta = 3, \gamma = 1, \delta = 1$$

用第一种方法, 取 $m = 1$, 则

$$z = \left(\frac{x^3 + 1}{cx}\right)^{-1}, y = x\left(\frac{x^3 + 1}{cx}\right)^{-1}$$

或

$$z = \frac{cx}{1 + x^3}, y = \frac{cx^2}{1 + x^3}$$

y 和 z 都是有理函数.

用第二种方法得

$$z = \left(\frac{cx - 1}{x^3}\right)^{\frac{1}{3}}, y = x\left(\frac{cx - 1}{x^3}\right)^{\frac{2}{3}}$$

或

$$z = \frac{1}{x}\sqrt[3]{cx - 1}, y = \frac{1}{x}\sqrt[3]{(cx - 1)^2}$$

用第三种方法得

$$z = (cx - x^3)^{\frac{2}{3}}, y = x(cx - x^3)^{\frac{1}{3}}$$

§53

前面我们使用的是反向推导法, 我们看到了, 反向推导法可以用 x 有理表示出由一些方程联系起来的 y 和 z.

事实上, 假定结果为

$$z = \left(\frac{ax^\alpha + bx^\beta + cx^\gamma + \cdots}{A + Bx^\mu + Cx^\gamma + \cdots}\right)^{\frac{p}{r}}$$

$$y = \left(\frac{ax^\alpha + bx^\beta + cx^\gamma + \cdots}{A + Bx^\mu + Cx^\gamma + \cdots}\right)^{\frac{q}{r}}$$

则

$$y^p = x^p z^q \text{ 或 } x = yz^{-\frac{q}{p}}$$

将这个 x 代入

$$z^{r:p} = \frac{ax^\alpha + bx^\beta + cx^\gamma + \cdots}{A + Bx^\mu + Cx^\gamma + \cdots}$$

得

$$z^{r:p} = \frac{ay^\alpha z^{-\frac{\alpha q}{p}} + by^\beta z^{-\frac{\beta q}{p}} + cy^\gamma z^{-\frac{\gamma q}{p}} + \cdots}{A + By^\mu z^{-\frac{\mu q}{p}} + Cy^\gamma z^{-\frac{\gamma q}{p}} + \cdots}$$

或

$$Az^{\frac{r}{p}} + By^{\mu}z^{\frac{(r-\mu q)}{p}} + Cy^{\gamma}z^{\frac{(r-\gamma q)}{p}} + \cdots = ay^{\alpha}z^{-\frac{\alpha q}{p}} + by^{\beta}z^{-\frac{\beta q}{p}} + cy^{\gamma}z^{-\frac{rq}{p}} + \cdots$$

两边乘 $z^{\frac{aq}{p}}$，得

$$Az^{\frac{(aq+r)}{p}} + By^{\mu}z^{\frac{(aq-\mu q+r)}{p}} + Cy^{v}z^{\frac{(aq-\gamma q+r)}{p}} + \cdots = ay^{\alpha} + by^{\beta}z^{\frac{(aq-\beta q)}{p}} + cy^{\gamma}z^{\frac{(aq-\gamma q)}{p}} + \cdots$$

令

$$\frac{aq+r}{p} = m, \frac{\alpha q - \beta q}{p} = n, p = \alpha - \beta$$

则

$$q = n, r = \alpha m - \beta m - \alpha n$$

从而得到方程

$$Az^{m} + By^{\mu}z^{\frac{m-\mu n}{\alpha-\beta}} + Cy^{\gamma}z^{\frac{m-\gamma n}{\alpha-\beta}} + \cdots = ay^{\alpha} + by^{\beta}z^{n} + cy^{\gamma}z^{\frac{(\alpha-\gamma)n}{\alpha-\beta}} + \cdots$$

解方程得

$$z = \left(\frac{ax^{\alpha} + bx^{\beta} + cx^{\gamma} + \cdots}{A + Bx^{\mu} + Cx^{\gamma} + \cdots}\right)^{\frac{\alpha-\beta}{\alpha m-\beta m-\alpha n}}$$

$$y = x\left(\frac{ax^{\alpha} + bx^{\beta} + cx^{\gamma} + \cdots}{A + Bx^{\mu} + Cx^{\gamma} + \cdots}\right)^{\frac{n}{\alpha m-\beta m-\alpha n}}$$

或者令

$$\frac{aq+r}{p} = m, \frac{aq-\mu q+r}{p} = n, p = \mu$$

则

$$m - n = \mu \frac{q}{p} = q, \frac{q}{p} = \frac{m-n}{\mu}, \frac{r}{p} = m - \frac{\alpha m - \alpha n}{\mu}, r = \mu m - \alpha m + \alpha n$$

从而得到方程

$$Az^{m} + By^{\mu}z^{n} + Cy^{\gamma}z^{\frac{m-\gamma(m-n)}{\mu}} + \cdots = ay^{\alpha} + by^{\beta}z^{\frac{(\alpha-\beta)(m-n)}{\mu}} + cy^{\gamma}z^{\frac{(\alpha-\gamma)(m-n)}{\mu}} + \cdots$$

解方程得

$$z = \left(\frac{ax^{\alpha} + bx^{\beta} + cx^{\gamma} + \cdots}{A + Bx^{\mu} + Cx^{\gamma} + \cdots}\right)^{\frac{\mu}{\mu m-\alpha m+\alpha n}}$$

$$y = x\left(\frac{ax^{\alpha} + bx^{\beta} + cx^{\gamma} + \cdots}{A + Bx^{\mu} + Cx^{\gamma} + \cdots}\right)^{\frac{m-n}{\mu m-\alpha m+\alpha n}}$$

§54

用新变量 x 有理地表示依赖关系为

$$ay^{2} + byz + cz^{2} + dy + ez = 0$$

的 y 和 z 的一种方法.

令方程中的 $y = xz$，然后除以 z，得

$$ax^{2}z + bxz + cz + dx + e = 0$$

解出 z,得

$$z = \frac{-dx - e}{ax^2 + bx + c}$$

从而

$$y = \frac{-dx^2 - ex}{ax^2 + bx + c}$$

另外,y 与 z 的依赖关系为

$$ay^2 + byz + cz^2 + dy + ez + f = 0$$

时,可用对一个变量加上或减去某个常数的方法,使得 f 消失,成为刚讲过的形式,也就可以使用刚讲过的方法.

§55

用新变量 x 有理地表示依赖关系为

$$ay^3 + by^2z + cyz^2 + dz^3 + ey^2 + fyz + gz^2 = 0$$

的 y 和 z 的一种方法.

令方程中的 $y = xz$,然后除方程以 z^2,得

$$ax^3z + bx^2z + cxz + dz + ex^2 + fx + g = 0$$

解出 z,得

$$z = \frac{-ex^2 - fx - g}{ax^3 + bx^2 + cx + d}$$

从而

$$y = \frac{-ex^3 - fx^2 - gx}{ax^3 + bx^2 + cx + d}$$

不难看出,本节所讲的用新变量有理地表示 y 和 z 的方法,可以用到决定 y,z 关系的更多的高次方程上去. 虽然这些情况都包含在 §53 之中,但由于通用公式使用上的不便,下面我们再考虑几类常见的重要情况.

§56

用新变量表示依赖关系为

$$ay^2 + byz + cz^2 = d$$

的 y 和 z 的一种方法.

令方程中的 $y = xz$,得

$$(ax^2 + bx + c)z^2 = d$$

从而

$$z = \sqrt{\frac{d}{ax^2 + bx + c}}$$

$$y = x\sqrt{\dfrac{d}{ax^2 + bx + c}}$$

类似地，如果

$$ay^3 + by^2 z + cyz^2 + dz^3 = ey + fz$$

那么令方程中的 $y = xz$，得

$$(ax^3 + bx^2 + cx + d)z^2 = ex + f$$

从而

$$z = \sqrt{\dfrac{ex + f}{ax^3 + bx^2 + cx + d}}$$

$$z = x\sqrt{\dfrac{ex + f}{ax^3 + bx^2 + cx + d}}$$

本节是下节的特例.

§57

用新变量 x 表示依赖关系为

$$ay^m + by^{m-1}z + cy^{m-2}z^2 + dy^{m-3}z^3 + \cdots = \alpha y^n + \beta y^{n-1}z + \gamma y^{n-2}z^2 + \delta y^{n-3}z^3 + \cdots$$

的 y 和 z 的一种方法.

令方程中的 $y = xz$，假定 m 大于 n，用 z^n 除方程，得

$$(ax^m + bx^{m-1} + cx^{m-2} + dx^{m-3} + \cdots)z^{m-n} = \alpha x^n + \beta x^{n-1} + \gamma x^{n-2} + \delta x^{n-3} + \cdots$$

从而

$$z = \left(\dfrac{\alpha x^n + \beta x^{n-1} + \gamma x^{n-2} + \delta x^{n-3} + \cdots}{ax^m + bx^{m-1} + cx^{m-2} + dx^{m-3} + \cdots}\right)^{\frac{1}{m-n}}$$

$$y = x\left(\dfrac{\alpha x^n + \beta x^{n-1} + \gamma x^{n-2} + \delta x^{n-3} + \cdots}{ax^m + bx^{m-1} + cx^{m-2} + dx^{m-3} + \cdots}\right)^{\frac{1}{m-n}}$$

表示 y, z 关系的方程，只要各项中 y, z 指数的和只有两种，就可以应用这里的方法.
我们这里 y, z 指数的和是 m 和 n 两种.

§58

表示 y, z 关系的方程，如果各项中 y, z 指数的和只有成算术级数的高、中、低三种，则可以用解二次方程的方法将这 y, z 用新变量 x 表示出来.

令方程中的 $y = xz$，再用 z 的最低次幂除方程，对结果应用二次方程的求根公式，就可以把 z 用 x 表示出来，下面用例子作具体说明.

例3 设

$$ay^3 + by^2 z + cyz^2 + dz^3 = 2ey^2 + 2fyz + 2g^2 + hy + iz$$

令方程中的 $y = xz$，再除以 z 得

$$(ax^3 + bx^2 + cx + d)z^2 = 2(ex^2 + fx + g)z + hx + i$$

这是 z 的二次方程,用求根公式得

$$z = \frac{ex^2 + fx + g \pm \sqrt{(ex^2 + fx + g)^2 + (ax^3 + bx^2 + cx + d)(bx + i)}}{ax^3 + bx^2 + cx + d}$$

将这个 z 代入 $y = xz$,就得到 y 的表达式.

例 4 设

$$y^5 = 2az^3 + by + cz$$

令方程中的 $y = xz$,再用 z 除,得

$$x^5 z^4 = 2az^2 + bx + c$$

从而

$$z^2 = \frac{a \pm \sqrt{a^2 + bx^6 + cx^5}}{x^5}$$

最后得

$$z = \frac{\sqrt{a \pm \sqrt{a^2 + bx^6 + cx^5}}}{x^2\sqrt{x}}$$

$$y = \frac{\sqrt{a \pm \sqrt{a^2 + bx^6 + cx^5}}}{x\sqrt{x}}$$

例 5 设

$$y^{10} = 2ayz^6 + byz^3 + cz^4$$

各项中 y, z 指数的和为 $10, 7, 4$ 三种. 令方程中的 $y = xz$,再用 z^4 除,得

$$x^{10}z^6 = 2axz^3 + bx + c$$

或

$$z^6 = \frac{2axz^3 + bx + c}{x^{10}}$$

从而

$$z^3 = \frac{ax \pm x\sqrt{a^2 + bx^9 + cx^8}}{x^{10}}$$

最后得

$$z = \frac{\sqrt[3]{a \pm \sqrt{a^2 + bx^9 + cx^8}}}{x^3}$$

$$y = \frac{\sqrt[3]{a \pm \sqrt{a^2 + bx^9 + cx^8}}}{x^2}$$

这几个例子已经把这种方法讲得很清楚了.

第四章　　函数的无穷级数展开

§ 59

对于 z 的分数函数和无理函数,人们常常寻求它们的整函数那样的,但项数无穷的表达式

$$A + Bz + Cz^2 + Dz^3 + \cdots$$

即使是超越函数,用这种无穷表达式表示出来,其性质也更清楚.

整函数的性质是最为清楚的. 如果一个函数展成了 z 的幂,并整理成形状

$$A + Bz + Cz^2 + Dz^3 + \cdots$$

那么即使项数无穷,这也是函数的性质最易掌握的形式. 显然,变量 z 的任何一个非整函数都不能用状如

$$A + Bz + Cz^2 + Dz^3 + \cdots$$

的有限项表示出来,否则它就是整函数了. 但是可以用这种形状的无穷多项把一个非整函数表示出来. 如果对这一点有怀疑,那么通过下面对具体函数的展开,这一怀疑会消除的. 为更具一般性,我们不限制 z 的指数必须为正整数,允许它为任何实数. 这样 z 的任何一个函数,就都可以用状如

$$Az^{\alpha} + Bz^{\beta} + Cz^{\gamma} + Dz^{\delta} + \cdots$$

的表达式表示出来,其中指数 $\alpha, \beta, \gamma, \delta, \cdots$ 为任何实数.

§ 60

连续进行除法可以化分数函数

$$\frac{a}{\alpha + \beta z}$$

为无穷级数

$$\frac{a}{\alpha} - \frac{a\beta z}{\alpha^2} + \frac{a\beta^2 z^2}{\alpha^3} - \frac{a\beta^3 z^3}{\alpha^4} + \frac{a\beta^4 z^4}{\alpha^5} - \cdots$$

这是一个几何级数,邻项的比都为 $-1 : \dfrac{\beta z}{\alpha}$.

这一级数也可以用比较系数的方法求得.

令

$$\frac{a}{\alpha + \beta z} = A + Bz + Cz^2 + Dz^3 + Ez^4 + \cdots$$

去分母,得

$$a = (\alpha + \beta z)(A + Bz + Cz^2 + Dz^3 + \cdots)$$

展开,得

$$a = \alpha A + \alpha Bz + \alpha Cz^2 + \alpha Dz^3 + \alpha Ez^4 + \cdots + \\ \beta Az + \beta Bz^2 + \beta Cz^3 + \beta Dz^4 + \cdots$$

比较零次幂的系数得 $a = \alpha A$ 或 $A = \dfrac{a}{\alpha}$. 由 z 的其余各次幂的系数都应该为零,得

$$\alpha B + \beta A = 0$$
$$\alpha C + \beta B = 0$$
$$\alpha D + \beta C = 0$$
$$\alpha E + \beta D = 0$$

类推.

知道了任何一个系数都可以求出它后面的一个. 例如系数 P 已知,它后面的一个为 Q,则 $\alpha Q + \beta P = 0$,从而 $Q = -\dfrac{\beta P}{\alpha}$. 由于已知第一个系数为 $A = \dfrac{a}{\alpha}$,从它我们可以依次求出 $B, C, D, \cdots$. 结果与连续进行除去所得一致. 我们看到在 $\dfrac{\alpha}{\alpha + \beta z}$ 展成的无穷级数中 z^n 的系数为 $\pm \dfrac{a\beta^n}{\alpha^{n+1}}$,$n$ 为偶数时取正号,n 为奇数时取负号. 也即 z^n 的系数为 $\dfrac{a}{\alpha}(-\dfrac{\beta}{\alpha})^n$.

§61

类似上一节,连续进行除法也可以化分数函数

$$\frac{a + bz}{\alpha + \beta z + \gamma z^2}$$

为无穷级数.

这里除法太繁,且从得到的级数中找不到简单的规律,所以我们采用比较系数法. 令

$$\frac{a + bz}{\alpha + \beta z + \gamma z^2} = A + Bz + Cz^2 + Dz^3 + Ez^4 + \cdots$$

两边乘 $\alpha + \beta z + \gamma z^2$,得

$$a + bz = \alpha A + \alpha Bz + \alpha Cz^2 + \alpha Dz^3 + \alpha Ez^4 + \cdots + \\ \beta Az + \beta Bz^2 + \beta Cz^3 + \beta Dz^4 + \cdots + \\ \gamma Az^2 + \gamma Bz^3 + \gamma Cz^4 + \cdots$$

比较系数得 $\alpha A = a$,$\alpha B + \beta A = b$. 从而 $A = \dfrac{a}{\alpha}$,$B = \dfrac{b}{\alpha} - \dfrac{a\beta}{\alpha^2}$. 接下去的系数可以从下面的方程求得

$$\alpha C + \beta B + \gamma A = 0$$
$$\alpha D + \beta C + \gamma B = 0$$
$$\alpha E + \beta D + \gamma C = 0$$
$$\alpha F + \beta E + \gamma D = 0$$

类推.

我们看到,知道了相邻的两个系数,就可以求出它们下面的一个.例如相邻的两个系数 P, Q 已知,它们下面的一个为 R,则

$$\alpha R + \beta Q + \gamma P = 0 \text{ 或 } R = \frac{-\beta Q - \gamma P}{\alpha}$$

由于开始的两个系数 A, B 已经求出,所以接下来的 $C, D, E, F, \cdots$ 都可求得.这样我们就求出了等于分数函数 $\dfrac{a + bz}{\alpha + \beta z + \gamma z^2}$ 的无穷级数 $A + Bz + Cz^2 + Dz^3 + \cdots$.

例 分数函数为

$$\frac{1 + 2z}{1 - z - z^2}$$

记它展成的级数为

$$A + Bz + Cz^2 + Dz^3 + \cdots$$

这里

$$a = 1, b = 2, \alpha = 1, \beta = -1, \gamma = -1$$

从而

$$A = 1, B = 3$$

接下去我们有

$$C = B + A$$
$$D = C + B$$
$$E = D + C$$
$$F = E + D$$

类推.

我们看到,每一个系数都是它前两个系数的和.即如果 P, Q 是相邻的两个系数,则它们后面的那个系数 $R = P + Q$.由于 A, B 已经求得,所以分数函数

$$\frac{1 + 2z}{1 - z - z^2}$$

展成的无穷级数为

$$1 + 3z + 4z^2 + 7z^3 + 11z^4 + 18z^5 + \cdots$$

可以无休止地写下去.

§62

关于分数函数展开为无穷级数的讨论,已经够清楚了.我们已经找到了由一个或相

40

邻几个系数决定下一个系数的规律. 展成级数为

$$A + Bz + Cz^2 + \cdots + Pz^n + Qz^{n+1} + Rz^{n+2} + Sz^{n+3} + \cdots$$

分母为 $\alpha + \beta z$ 时, 任何一个系数 Q 都由它的前一个系数 P 决定, P,Q 间关系为

$$\alpha Q + \beta P = 0$$

分母为 $\alpha + \beta z + \gamma z^2$ 时, 任何一个系数 R 都由它的前两个系数 Q 和 P 决定, P,Q,R 间关系为 $\alpha R + \beta Q + \gamma P = 0$; 分母是四项式 $\alpha + \beta z + \gamma z^2 + \delta z^3$ 时, 任何一个系数 S 由它的前三个系数 P,Q,R 决定, P,Q,R,S 间关系为

$$\alpha S + \beta R + \gamma Q + \delta P = 0$$

对次数更高的分母, 这关系类似. 也即对任何一个分数函数, 根据它的分母, 我们都可以立即写出一个公式, 根据这个公式, 展成级数的项可由它的前几项决定. 著名数学家 A·棣美弗详细考察了这类级数, 并给它起了一个名字叫递推级数, 意思是从前面的项可传递式地堆出后面的项.

§63

在这些级数的形成过程中都要求分母中的常数项 α 不为零. 如果 $\alpha = 0$, 则第一项 $A = \dfrac{a}{\alpha}$, 因而所有的项都为无穷. $\alpha = 0$ 的情形留待以后讨论.

任何一个分母第一项不为零的分数函数, 我们都可以把它展成无穷级数. 而任何一个这样的函数我们都可以把它化成分母第一项为 1 的分数函数

$$\frac{a + bz + cz^2 + dz^3 + \cdots}{1 - \alpha z - \beta z^2 - \gamma z^3 - \delta z^4 - \cdots}$$

分母中第一项之外各项都带负号, 这是为了使得在无穷级数的系数公式中不含负号. 设该函数的递推级数为

$$A + Bz + Cz^2 + Dz^3 + Ez^4 + \cdots$$

则系数

$$A = a$$
$$B = \alpha A + b$$
$$C = \alpha B + \beta A + c$$
$$D = \alpha C + \beta B + \gamma A + d$$
$$E = \alpha D + \beta C + \gamma B + \delta A + e$$

类推. 可见每一个系数都是它前几个系数的加权组合加上分子中的一个数. 如果分子的项数有限, 那么可以加上去的数很快被用尽. 这以后, 一个系数由前几个系数决定的规律就固定了. 为了这规律不被破坏, 还要求这分数函数为真分数函数. 否则, 整函数部分的各项应回到相应的项上去, 或者从相应的项中减去. 这都使固定规律被破坏. 例如, 假分式 $\dfrac{1 + 2z - z^3}{1 - z - z^2}$ 的展开级数为

$$1 + 3z + 4z^2 + 6z^3 + 10z^4 + 16z^5 + 26z^6 + 42z^7 + \cdots$$

按固定规律,每一个系数都应该是其前两个系数的和,但这里第四项 $6z^3$ 的系数就不是.

§64

对分母是二项式的幂的公式,我们单独地讨论它的递推级数. 先看分数函数

$$\frac{a + bz}{(1 - az)^2}$$

它的展开级数为

$$a + 2\alpha az + 3\alpha^2 az^2 + 4\alpha^3 az^3 + 5\alpha^4 az^4 + \cdots +$$
$$bz + 2\alpha bz^2 + 3\alpha^2 bz^3 + 4\alpha^3 bz^4 + \cdots$$

z^n 的系数为 $(n + 1)\alpha^n a + n\alpha^{n-1}b$. 这是一个递推级数,每一项都由其前两项推出. 把分母展成 $1 - 2\alpha z + \alpha^2 z^2$,就可以清楚地看出这递推规则. 令 $\alpha = 1, z = 1$,则这里的级数成为一般的算术级数

$$a + (2a + b) + (3a + 2b) + (4a + 3b) + \cdots$$

邻项差都相等. 算术级数都是递推级数. 如果 $A + B + C + D + E + F + \cdots$ 是算术级数,则

$$C = 2B - A, D = 2C - B, E = 2D - C, \cdots$$

§65

再看函数

$$\frac{a + bz + cz^2}{(1 - \alpha z)^3}$$

由

$$\frac{1}{(1 - \alpha z)^3} = (1 - \alpha z)^{-3} = 1 + 3\alpha z + 6\alpha^2 z^2 + 10\alpha^3 z^3 + 15\alpha^4 z^4 + \cdots$$

得该函数展成的无穷级数为

$$a + 3\alpha az + 6\alpha^2 az^2 + 10\alpha^3 az^3 + 15\alpha^4 az^4 + \cdots +$$
$$bz + 3\alpha bz^2 + 6\alpha^2 bz^3 + 10\alpha^3 bz^4 + \cdots +$$
$$cz^2 + 3\alpha cz^3 + 6\alpha^2 cz^4 + \cdots$$

其中 z^n 的系数为

$$\frac{(n + 1)(n + 2)}{1 \cdot 2}\alpha^n a + \frac{n(n + 1)}{1 \cdot 2}\alpha^{n-1}b + \frac{(n - 1)n}{1 \cdot 2}\alpha^{n-2}c$$

令 $\alpha = 1, z = 1$,则该无穷级数成为一般二阶级数,其二阶差分为常数. 记这一般二阶级数为

$$A + B + C + D + E + \cdots$$

它是一个递推级数,每一项都由其前三项决定,关系式是

$$D = 3C - 3B + A, E = 3D - 3C + B, F = 3E - 3D + C, \cdots$$

由于算术级数的二阶差分也为常数,都等于零. 所以算术级数的项也满足这个关系式.

§ 66

类似地,考虑函数

$$\frac{a + bz + cz^2 + dz^3}{(1 - \alpha z)^4}$$

它展成的无穷级数中 z^n 的系数为

$$\frac{(n + 1)(n + 2)(n + 3)}{1 \cdot 2 \cdot 3} \alpha^n a + \frac{n(n + 1)(n + 2)}{1 \cdot 2 \cdot 3} \alpha^{n-1} b +$$

$$\frac{(n - 1)n \cdot (n + 1)}{1 \cdot 2 \cdot 3} \alpha^{n-2} c + \frac{(n - 2)(n - 1)n}{1 \cdot 2 \cdot 3} \alpha^{n-3} d$$

令 $\alpha = 1, z = 1$,这个级数就代表三阶差分都为常数的所有这种三阶代数级数. 事实上,由分母为 $1 - 4z + 6z^2 - 4z^3 + z^4$ 的分数函数所产生的三阶级数

$$A + B + C + D + E + F + \cdots$$

都是递推的,其项间关系都是

$$E = 4D - 6C + 4B - A, F = 4E - 6D + 4C - B, \cdots$$

更低阶级数的项也都满足这一关系.

§ 67

用这一方法可以证明,其差分最终为常数的这种代数级数,不管是几阶的,都是递推级数. 项的形成规则由分母 $(1 - z)^n$ 决定. n 比级数的阶数大 1. 由于

$$a^m + (a + b)^m + (a + 2b)^m + (a + 3b)^m + \cdots$$

是 m 阶级数,依照递推级数的性质我们有

$$0 = a^m - \frac{n}{1}(a + b)^m + \frac{n(n - 1)}{1 \cdot 2}(a + 2b)^m - \frac{n(n - 1)(n - 2)}{1 \cdot 2 \cdot 3} \cdot$$

$$(a + 3b)^m + \cdots \pm \frac{n}{1}[a + (n - 1)b]^m \mp (a + nb)^m$$

双重符号处,n 为偶数时取上面的,n 为奇数时取下面的. n 为大于 m 的整数时这个方程恒成立. 由此可以看出递推级数的范围之广.

§ 68

分母不是二项式的幂,而是多项式的幂时,级数的性质要用另一种方法来阐明. 设函数为

$$\frac{1}{(1 - \alpha z - \beta z^2 - \gamma z^3 - \delta z^4 - \cdots)^{m+1}}$$

展成的无穷级数为

$$1 + \frac{m+1}{1}\alpha z + \frac{(m+1)(m+2)}{1\cdot 2}\alpha^2 z^2 +$$

$$\frac{(m+1)(m+2)(m+3)}{1\cdot 2\cdot 3}\alpha^3 z^3 + \cdots +$$

$$\frac{m+1}{1}\beta z^2 + \frac{(m+1)(m+2)}{1\cdot 2}2\alpha\beta z^3 + \cdots + \frac{m+1}{1}\gamma z^3 + \cdots +$$

$$\vdots$$

为便于考察,记这个级数为

$$1 + Az + Bz^2 + Cz^3 + \cdots + Kz^{n-3} + Lz^{n-2} + Mz^{n-1} + Nz^n + \cdots$$

在这样的记法之下,任何一个系数 N 都由它的前若干个系数决定. 这"若干"等于字母 α, $\beta, \gamma, \delta, \cdots$ 的个数,关系式为

$$N = \frac{m+n}{n}\alpha M + \frac{2m+n}{n}\beta L + \frac{3m+n}{n}\gamma K + \frac{4m+n}{n}\delta J + \cdots$$

这规律依赖于 z 的指数,不固定,但接近于递推级数的项由分母决定的规律. 这一不固定的规律只适用于分子为 1 或某个常数的情形,如果分子包含 z 的另外一个或几个幂,那时这规律要复杂得多. 学了微积分再去考察它就变得容易了.

§ 69

到现在为止,我们一直假定分母的常数项不为零,并令它为 1. 现在我们允许分母的常数项为零,看看级数是怎样的. 此时分数函数的形状为

$$\frac{a + bz + cz^2 + \cdots}{z(1 - \alpha z - \beta z^2 - \cdots)}$$

去掉分母的因式 z,函数的剩下部分为

$$\frac{a + bz + cz^2 + \cdots}{1 - \alpha z - \beta z^2 - \cdots}$$

记它展成的递推级数为

$$A + Bz + Cz^2 + Dz^3 + \cdots$$

用 z 除,得

$$\frac{a + bz + cz^2 + \cdots}{z(1 - \alpha z - \beta z^2 - \cdots)} = \frac{A}{z} + B + Cz + Dz^2 + Ez^3 + \cdots$$

类似地,我们有

$$\frac{a + bz + cz^2 + \cdots}{z^2(1 - \alpha z - \beta z^2 - \cdots)} = \frac{A}{z^2} + \frac{B}{z} + C + Dz + Ez^2 + \cdots$$

一般地,我们有

$$\frac{a + bz + cz^2 + \cdots}{z^m(1 - \alpha z - \beta z^2 - \cdots)} = \frac{A}{z^m} + \frac{B}{z^{m-1}} + \frac{C}{z^{m-2}} + \frac{D}{z^{m-3}} + \cdots$$

m 为任何正整数.

§70

我们可以用另一个变量 x 来代换分数函数中的 z. 这代换的方式有无穷多种,因而一个分数函数可展成的递推级数也有无穷多个. 例如函数

$$y = \frac{1+z}{1-z-z^2}$$

其递推级数为

$$y = 1 + 2z + 3z^2 + 5z^3 + 8z^4 + \cdots$$

如果令 $z = \dfrac{1}{x}$,则

$$y = \frac{x^2 + x}{x^2 - x - 1} = \frac{-x(1+x)}{1 + x - x^2}$$

由

$$\frac{1+x}{1+x-x^2} = 1 + 0 \cdot x + x^2 - x^3 + 2x^4 - 3x^5 + 5x^6 - \cdots$$

得

$$y = -x + 0 \cdot x^2 - x^3 + x^4 - 2x^5 + 3x^6 - 5x^7 + \cdots$$

如果令 $z = \dfrac{1-x}{1+x}$,则

$$y = \frac{-2 - 2x}{1 - 4x - x^2}$$

从而

$$y = -2 - 10x - 42x^2 - 178x^3 - 754x^4 - \cdots$$

我们可以得到表示这个 y 的无数个这样的递推级数.

§71

利用定理

$$(P+Q)^{\frac{m}{n}} = P^{\frac{m}{n}} + \frac{m}{n}P^{\frac{m-n}{n}}Q + \frac{m(m-n)}{n \cdot 2n}P^{\frac{m-2n}{n}}Q^2 + \frac{m(m-n)(m-2n)}{n \cdot 2n \cdot 3n}P^{\frac{m-3n}{n}}Q^3 + \cdots$$

可以把无理函数展成无穷级数,只要 $\dfrac{m}{n}$ 不是整数,定理中的项数就是无穷的. 取确定的 m 和 n,我们得到

$$(P+Q)^{\frac{1}{2}} = P^{\frac{1}{2}} + \frac{1}{2}P^{-\frac{1}{2}}Q - \frac{1 \cdot 1}{2 \cdot 4}P^{-\frac{3}{2}}Q^2 + \frac{1 \cdot 1 \cdot 3}{2 \cdot 4 \cdot 6}P^{-\frac{5}{2}}Q^3 - \cdots$$

$$(P+Q)^{-\frac{1}{2}} = P^{-\frac{1}{2}} - \frac{1}{2}P^{-\frac{3}{2}}Q + \frac{1 \cdot 3}{2 \cdot 4}P^{-\frac{5}{2}}Q^2 - \frac{1 \cdot 3 \cdot 5}{2 \cdot 4 \cdot 6}P^{-\frac{7}{2}}Q^3 + \cdots$$

$$(P+Q)^{\frac{1}{3}} = P^{\frac{1}{3}} + \frac{1}{3}P^{-\frac{2}{3}}Q - \frac{1 \cdot 2}{3 \cdot 6}P^{-\frac{5}{3}}Q^2 + \frac{1 \cdot 2 \cdot 5}{3 \cdot 6 \cdot 9}P^{-\frac{8}{3}}Q^3 - \cdots$$

$$(P + Q)^{-\frac{1}{3}} = P^{-\frac{1}{3}} - \frac{1}{3}P^{-\frac{4}{3}}Q + \frac{1 \cdot 4}{3 \cdot 6}P^{-\frac{7}{3}}Q^2 - \frac{1 \cdot 4 \cdot 7}{3 \cdot 6 \cdot 9}P^{-\frac{10}{3}}Q^3 + \cdots$$

$$(P + Q)^{\frac{2}{3}} = P^{\frac{2}{3}} + \frac{2}{3}P^{-\frac{1}{3}}Q - \frac{2 \cdot 1}{3 \cdot 6}P^{-\frac{4}{3}}Q^2 + \frac{2 \cdot 1 \cdot 4}{3 \cdot 6 \cdot 9}P^{-\frac{7}{3}}Q^3 - \cdots$$

等等.

§ 72

前节级数的每一项都可由它的前一项求出. 如果 $(P + Q)^{\frac{m}{n}}$ 产生的级数的某一项为
$$MP^{\frac{m - Kn}{n}}Q^K$$
则下一项为
$$\frac{m - Kn}{(K + 1)n}MP^{\frac{m - (K + 1)n}{n}}Q^{K+1}$$

我们看到,后项比前项,P 的指数减 1,Q 的指数加 1,在一些情况下把 $(P + Q)^{\frac{m}{n}}$ 表示成 $P^{\frac{m}{n}}(1 + \frac{Q}{P})^{\frac{m}{n}}$ 更为方便,乘 $(1 + \frac{Q}{P})^{\frac{m}{n}}$ 的级数以 $P^{\frac{m}{n}}$,就得到 $(P + Q)^{\frac{m}{n}}$ 的级数;再一点,如果 m 不仅可为整数,而且可为分数,则可取 n 恒为 1. 这样,如果记 z 的函数 $\frac{Q}{P}$ 为 Z,则

$$(1 + Z)^m = 1 + \frac{m}{1}Z + \frac{m(m - 1)}{1 \cdot 2}Z^2 + \frac{m(m - 1)(m - 2)}{1 \cdot 2 \cdot 3}Z^3 + \cdots$$

将该式中的 m 换为 $m - 1$,得

$$(1 + z)^{m-1} = 1 + \frac{m - 1}{1}Z + \frac{(m - 1)(m - 2)}{1 \cdot 2}Z^2 + \frac{(m - 1)(m - 2)(m - 3)}{1 \cdot 2 \cdot 3}Z^3 + \cdots$$

规律性更明显.

§ 73

先令 $Z = \alpha z$,则

$$(1 + \alpha z)^{m-1} = 1 + \frac{m - 1}{1}\alpha z + \frac{(m - 1)(m - 2)}{1 \cdot 2}\alpha^2 z^2 +$$
$$\frac{(m - 1)(m - 2)(m - 3)}{1 \cdot 2 \cdot 3}\alpha^3 z^3 + \cdots$$

记它为

$$1 + Az + Bz^2 + Cz^3 + \cdots + Mz^{n-1} + Nz^n + \cdots$$

那么任何一个系数 N 由它的前一项决定的公式为

$$N = \frac{m - n}{n}\alpha M$$

$n = 1$ 时 $M = 1$,得

$$N = A = \frac{m-1}{1}\alpha$$

$n = 2$ 时 $M = A = \frac{m-1}{1}\alpha$，得

$$N = B = \frac{m-2}{2}\alpha M = \frac{(m-1)(m-2)}{1\cdot 2}\alpha^2$$

类似地

$$C = \frac{m-3}{3}\alpha B = \frac{(m-1)(m-2)(m-3)}{1\cdot 2\cdot 3}\alpha^3$$

与原级数一致.

§74

令 $Z = \alpha z + \beta z^2$，则

$$(1 + \alpha z + \beta z^2)^{m-1} = 1 + \frac{m-1}{1}(\alpha z + \beta z^2) + \frac{(m-1)(m-2)}{1\cdot 2}(\alpha z + \beta z^2)^2 + \cdots$$

展开按 z 的升幂排列,得

$$(1 + \alpha z + \beta z^2)^{m-1} = 1 + \frac{m-1}{1}\alpha z + \frac{(m-1)(m-2)}{1\cdot 2}\alpha^2 z^2 +$$
$$\frac{(m-1)(m-2)(m-3)}{1\cdot 2\cdot 3}\alpha^3 z^3 + \cdots + \frac{m-1}{1}\beta z^2 +$$
$$\frac{(m-1)(m-2)}{1\cdot 2}2\alpha\beta z^3 + \cdots$$

记它为

$$1 + Az + Bz^2 + Cz^3 + \cdots + Lz^{n-2} + Mz^{n-1} + Nz^n + \cdots$$

那么任何一个系数 N 由它的前两个系数决定的公式是

$$N = \frac{m-n}{n}\alpha M + \frac{2m-n}{n}\beta L$$

从第一项为1出发,利用该公式我们可求出所有的项. 我们有

$$A = \frac{m-1}{1}\alpha$$

$$B = \frac{m-2}{2}\alpha A + \frac{2m-2}{2}\beta$$

$$C = \frac{m-3}{3}\alpha B + \frac{2m-3}{3}\beta A$$

$$D = \frac{m-4}{4}\alpha C + \frac{2m-4}{4}\beta B$$

等等.

§75

若 $Z = \alpha z + \beta z^2 + \gamma z^3$,则

$$(1 + \alpha z + \beta z^2 + \gamma z^3)^{m-1} = 1 + \frac{m-1}{1}(\alpha z + \beta z^2 + \gamma z^3) +$$

$$\frac{(m-1)(m-2)}{1 \cdot 2} + (\alpha z + \beta z^2 + \gamma z^3)^2 + \cdots$$

展开按 z 的升幂排列得

$$(1 + \alpha z + \beta z^2 + \gamma z^3)^{m-1} = 1 + \frac{m-1}{1}\alpha z + \frac{(m-1)(m-2)}{1 \cdot 2}\alpha^2 z^2 +$$

$$\frac{(m-1)(m-2)(m-3)}{1 \cdot 2 \cdot 3}\alpha^3 z^3 + \cdots + \frac{m-1}{1}\beta z^2 +$$

$$\frac{(m-1)(m-2)}{1 \cdot 2}2\alpha\beta z^3 + \cdots + \frac{m-1}{1}\gamma z^3 + \cdots$$

为使系数由前几项决定的公式易于表示,记它为

$$1 + Az + Bz^2 + Cz^3 + \cdots + Kz^{n-3} + Lz^{n-2} + Mz^{n-1} + Nz^n + \cdots$$

这样每一项的系数由它的前三项系数决定的公式为

$$N = \frac{m-n}{n}\alpha M + \frac{2m-n}{n}\beta L + \frac{3m-n}{n}\gamma K$$

第一项为 1,它前面的项为零,利用公式我们得到

$$A = \frac{m-1}{1}\alpha$$

$$B = \frac{m-2}{2}\alpha A + \frac{2m-2}{2}\beta$$

$$C = \frac{m-3}{3}\alpha B + \frac{2m-3}{3}\beta A + \frac{3m-3}{3}\gamma$$

$$D = \frac{m-4}{4}\alpha C + \frac{2m-4}{4}\beta B + \frac{3m-4}{4}\gamma A$$

$$E = \frac{m-5}{5}\alpha D + \frac{2m-5}{5}\beta C + \frac{3m-5}{5}\gamma B$$

等等.

§76

一般地,记

$$(1 + \alpha z + \beta z^2 + \gamma z^3 + \delta z^4 + \cdots)^{m-1} = 1 + Az + Bz^2 + Cz^3 + Dz^4 + Ez^5 + \cdots$$

则

$$A = \frac{m-1}{1}\alpha$$

$$B = \frac{m-2}{2}\alpha A + \frac{2m-2}{2}\beta$$

$$C = \frac{m-3}{3}\alpha B + \frac{2m-3}{3}\beta A + \frac{3m-3}{3}\gamma$$

$$D = \frac{m-4}{4}\alpha C + \frac{2m-4}{4}\beta B + \frac{3m-4}{4}\gamma A + \frac{4m-4}{4}\delta$$

$$E = \frac{m-5}{5}\alpha D + \frac{2m-5}{5}\beta C + \frac{3m-5}{5}\gamma B + \frac{4m-5}{5}\delta A + \frac{5m-5}{5}\varepsilon$$

类推.

　　每一项都由它的前若干项确定,这"若干"等于分母中系数 $\alpha, \beta, \gamma, \delta, \cdots$ 的个数. 这里所得与 §68 是一致的,那里我们把类似地表达式

$$(1 - \alpha z - \beta z^2 - \gamma z^3 - \cdots)^{-m-1}$$

展成了无穷级数. 将 m 换为 $-m$,将系数 $\alpha, \beta, \gamma, \delta, \cdots$ 前面的符号都换成负的,这里的结果跟那里就完全一样了. 对这里的规律我们不做证明,利用微分学的某些原理进行证明要容易得多. 通过前面那么多例子,大家对它的成立不会怀疑的.

第五章　　多元函数

§77

到现在为止,我们考察过的都是一个变量的函数.只要这一个变量确定了,函数就完全确定.现在我们要考察两个或更多个变量的函数.变量是彼此独立的,一个变量确定了,其他变量仍保持为变量.比如记这种变量为 x,y,z,则 x,y,z 的每一个都可以取任何确定的值,彼此之间完全独立.我们把 z 换成任何一个确定的值,x,y 依旧如 z 代换之前,是不确定的.我们也称函数为因变量,称函数的变量为自变量.自变量彼此独立,自变量都取了确定的值,因变量,也即函数的值才确定.

§78

变量 x,y,z 以任何方式所构成的表达式是 x,y,z 的一个二元或更多元函数.

表达式 $x^3 + xyz + az^2$ 是三个变元 x,y,z 的函数,一个变元,比如 z 确定了,也即把 z 换成了常数,这个表达式仍然是变量 x 和 y 的函数.进一步,y,z 都确定了,那么它仍然还是 x 的函数.多元函数,只要有一个变量没确定,它就仍然是个函数.任何一个变量的确定方式都有无穷多种,所以一个二元函数,当一个变量用无穷多种方式中的一种确定下来之后,另一个变量依然还有无穷多种确定方式.也即它有无穷多个无穷种确定方式.对三元函数就再多一层无穷.类推下去,每多一个变元就多一层无穷.

§79

跟一元函数一样,多元函数也首先分为代数函数和超越函数.

只包含代数运算的表达式叫代数函数,含有超越运算的表达式叫超越函数.这超越运算涉及的变量,可以是全体,可以是几个,也可以只是一个,至少一个.表达式 $z^2 + y\log z$ 就是 y 和 z 的超越函数,因为它包含 $\log z$.如果指定 z 为常数,它就成了 y 的代数函数,不再是超越函数了.对超越函数暂不做进一步的划分.

§80

代数函数分为有理函数和无理函数. 有理函数又分为整函数和分数函数.

跟第一章的区分方法一样, 变量完全不受无理性影响的代数函数叫有理函数. 分母中不含变量的有理函数叫整函数; 分母中含有变量的有理函数叫分数函数. 两个变量 x, y 的整函数, 其一般形状为

$$\alpha + \beta y + \gamma z + \delta y^2 + \varepsilon yz + \zeta z^2 + \eta y^3 + \vartheta y^2 z + \iota yz^2 + \chi z^3 + \cdots$$

二元分数函数的一般形状为 $\dfrac{P}{Q}$, P, Q 都是二元整函数. 最后无理函数可以是显式的, 也可以是隐式的. 显式的, 是借助根号完全解出来的, 隐式的由解不出的方程给出. 方程

$$V^5 = (ayz + z^3)V^2 + (y^4 + z^4)V + y^5 + 2ayz^3 + z^5$$

给出的 V 就是 y 和 z 的隐式无理函数.

§81

多元函数也可以是多值的.

有理函数是单值的, 因为变量都确定了的时候, 它只取一个值. 设 $P, Q, R, S, \cdots$ 都是变量 x, y, z 的单值函数, 则满足方程

$$V^2 - PV + Q = 0$$

的 V 就是 x, y, z 的二值函数, 因为不管 x, y, z 取什么值, 函数 V 都有两个确定的值. 如果

$$V^3 - PV^2 + QV - R = 0$$

则 V 是三值函数, 如果

$$V^4 - PV^3 + QV^2 - RV + S = 0$$

则 V 是四值函数. 类似地我们可以确定更多值的函数.

§82

一个变元 z 的函数, 我们令它为零, 得到一个或几个 z 值. 类似地, 两个变元 y, z 的函数, 我们令它为零, 每个变元就都由另一个决定. 这样就使得本来是独立的两个变元, 每一个都成了另一个的函数. 同样地, 令三个变元 x, y, z 的函数为零, 可以使每一个变元都由另外两个决定, 也即使得每一个变元都是另外两个变元的函数. 我们不令函数等于零, 而令它等于某个常数, 甚至等于另外某个函数, 那么由得到的这个方程, 不管它含有几个变量, 每一个变量就都可以由其余的变量确定, 因而都是其余变量的函数. 变量相同, 方程不同, 确定的函数不同.

§83

与一元函数不同的一点是,多元函数可分为齐次函数和非齐次函数.

各项次数都相同的函数叫齐次函数,相应地,各项次数不都相同的函数叫非齐次函数. 单个变元的次数为1;一个变元的乘方或两个不同变元的乘积,它们的次数都是2;三个变元,不管相同与否,其乘积的次数都是3;类推. 常数没有次数. 我们看几个具体的例子. $\alpha y, \beta z$ 的次数都是1;$\alpha y^2, \beta yz, \gamma z^2$ 的次数都是2;$\alpha y^3, \beta y^2 z, \gamma yz^2, \delta z^3$ 的次数都是3;$\alpha y^4, \beta y^3 z, \gamma y^2 z^2, \delta yz^3, \varepsilon z^4$ 的次数都是4.

§84

我们先看齐次整函数,只看二元的,多元类似.

各项次数都相同的整函数叫齐次整函数. 一到四次的齐次整函数的一般形状依次为

$$\alpha y + \beta z$$
$$\alpha y^2 + \beta yz + \gamma z^2$$
$$\alpha y^3 + \beta y^2 z + \gamma yz^2 + \delta z^3$$
$$\alpha y^4 + \beta y^3 z + \gamma y^2 z^2 + \delta yz^3 + \varepsilon z^4$$

更高次的类推. 我们把常数的次数看作是零.

§85

分数函数是齐次的,指分子分母都是齐次的.

分式 $\dfrac{ay^2 + bz^2}{\alpha y + \beta z}$ 是 y, z 的齐次分数函数. 分数函数的次数等于分子的次数减去分母的次数. 我们的这个例子的次数是1. 分式 $\dfrac{y^5 + z^5}{y^2 + z^2}$ 的次数是3. 如果分子分母的次数相同,则分数函数的次数为零. 例如 $\dfrac{y^3 + z^3}{y^2 z}, \dfrac{y}{z}, \dfrac{\alpha z^2}{y^2}, \dfrac{\beta y^3}{z^3}$ 都是零次的. 如果分母的次数大于分子的,那么分数函数的次数是负的. 例如:$\dfrac{y}{z^2}$ 是 -1 次的;$\dfrac{y+z}{y^4 + z^4}$ 是 -3 次的;$\dfrac{1}{y^5 + ayz^4}$ 是 -5 次的,这里分子的次数是零. 次数相同的齐次函数相加相减,结果仍为齐次函数,次数不变. 例如,表达式

$$\alpha y + \frac{\beta z^2}{y} + \frac{\gamma y^4 - \delta z^4}{y^2 z + yz^2}$$

是一次的,而

$$\alpha + \frac{\beta y}{z} + \frac{\gamma z^2}{y^2} + \frac{y^2 + z^2}{y^2 - z^2}$$

是零次的.

§86

齐次函数的概念也可以用到无理函数上去. 如果 P 是 n 次齐次函数,则 $\sqrt{P}$ 的次数为 $\frac{1}{2}n$,$\sqrt[3]{P}$ 的次数为 $\frac{1}{3}n$. 一般地,$P^{\frac{\mu}{\nu}}$ 的次数为 $\frac{\mu}{\nu}n$. 函数

$$\sqrt{y^2 + z^2}, \sqrt[3]{y^9 + z^9}, (yz + z^2)^{\frac{3}{4}}, \frac{y^2 + z^2}{\sqrt{y^4 + z^4}}$$

的次数依次为 $1,3,\frac{3}{2}$ 和 0,而表达式

$$\frac{1}{y} + \frac{y\sqrt{y^2 + z^2}}{z^3} - \frac{y}{\sqrt[3]{y^6 - z^6}} + \frac{y\sqrt{z}}{z^2\sqrt{y} + \sqrt{y^5 + z^5}}$$

的次数为 -1.

§87

上节所讲也可用于判断隐式无理函数是否为齐次的. 设 V 由方程

$$V^3 + PV^2 + QV + R = 0$$

给出,其中,P,Q,R 都是 x,y 的函数. 首先必须 P,Q,R 全是齐次函数,V 才可能是齐次函数. 其次,如果 V 是 n 次函数,则 V^2 的次数是 $2n$,V^3 的次数是 $3n$. 再次,由方程中每项的次数应该相同,知 V 的次数为 n 时必须 P 的次数为 n,Q 的为 $2n$,R 的为 $3n$. 反之,如果 P,Q,R 分别是 $n,2n$ 和 $3n$ 次齐次函数,我们可以断定 V 的次数为 n. 例如

$$V^5 + (y^4 + z^4)V^3 + ay^8V - z^{10} = 0$$

所决定的 V 是 y,z 的二次齐次函数.

§88

代换 $y = uz$ 变 y,z 的 n 次齐次函数为 z^n 与 u 的一个函数的乘积.

代换 $y = uz$ 给每一项增加了 y 的次数那么多个 z. 由于每项中 y,z 次数的和为 n,所以变换后每项中 z 的总次数为 n,即每项都含 z^n. 因而函数 V 被 z^n 除得尽,商为单个变元 u 的函数.

这对整函数尤其清楚,例如

$$V = \alpha y^3 + \beta y^2 z + \gamma yz^2 + \delta z^3$$

时,置 $y = uz$,则

$$V = z^3(\alpha u^3 + \beta u^2 + \gamma u + \delta)$$

在分数函数情况下,这也是明显的,例如对 -1 次函数

$$V = \frac{\alpha y + \beta z}{y^2 + z^2}$$

置 $y = uz$,得

$$V = z^{-1} \cdot \frac{\alpha u + \beta}{u^2 + 1}$$

即使对无理函数,这一规则也照样适用. 例如,对 $-\frac{3}{2}$ 次函数

$$V = \frac{y + \sqrt{y^2 + z^2}}{z\sqrt{y^3 + z^3}}$$

令 $y = uz$,得

$$V = z^{-\frac{3}{2}} \cdot \frac{u + \sqrt{u^2 + 1}}{\sqrt{u^3 + 1}}$$

经过这样的变换,二元函数变成了一元函数, z 的幂成了对 u 的函数无影响的因式.

§ 89

代换 $y = uz$ 变两个变元 y, z 的零次齐次函数 V 为一元函数.

此时 V 化为 z 的零次幂 $z^0 = 1$ 与 u 的函数的乘积,即 z 在变换后的表达式中消失. 例如令 $y = uz$,则

$$V = \frac{y + z}{y - z}$$

变为

$$V = \frac{u + 1}{u - 1}$$

无理函数

$$V = \frac{y - \sqrt{y^2 + z^2}}{z}$$

变为

$$V = u - \sqrt{u^2 + 1}$$

§ 90

两个变元 y, z 的齐次整函数,可以表示成其次数那么多个,状如 $\alpha y + \beta z$ 的因式的乘积.

由于函数是齐次的,所以代换 $y = uz$ 变它为 z^n 与 u 的一个整函数的乘积. u 的这个整函数可以分解成 $\alpha u + \beta$ 状的线性因式的乘积. 由这线性因式的个数与 z^n 所含 z 的个数相等,可以乘这每个因式以 z,再利用 $uz = y$,这样对每个因式我们都得到 $\alpha uz + \beta z = \alpha y + \beta z$.

注意,线性因式可以是实的,也可以是虚的,即 α,β 可实可虚.

由此知,二次齐次函数

$$ay^2 + byz + cz^2$$

有两个 $\alpha + \beta z$ 状的因式;函数

$$ay^3 + by^2z + cyz^2 + dz^3$$

有三个 $\alpha y + \beta y$ 状的因式. 更高次的齐次整函数类似.

§91

由上节知,一、二、三次齐次整函数依次可表成

$$\alpha y + \beta z$$
$$(\alpha y + \beta z)(\gamma y + \delta z)$$
$$(\alpha y + \beta z)(\gamma y + \delta z)(\varepsilon y + \zeta z)$$

一般地,凡二元齐次整函数都可表示成,其次数那么多个,状如 $\alpha y + \beta z$ 的线性因式的乘积. 这线性因式,可以照一元整函数那样,用解方程的方法求得. 但三元和更多元的函数,则不具备这种性质.

$$ay^2 + byz + cyx + dxz + ex^2 + fz^2$$

分解不成

$$(\alpha y + \beta z + \gamma x)(\delta y + \varepsilon z + \zeta x)$$

更多元的函数,一般地,也分解不成线性因式的积.

§92

各项次数不都相同的函数叫非齐次函数. 非齐次函数可以按各项次数的种数分类. 我们把含有两种次数的函数,也即两个不同次数的齐次函数之和称为二齐函数. 例如

$$y^5 + 2y^3z^2 + y^2 + z^2$$

就是一个二齐函数,它含有 5 和 2 两种次数,是一个五次与一个二次齐次函数之和. 类似地,我们把含有三种次数的函数,也即三个不同次数的齐次函数之和称为三齐函数.

$$y^6 + y^2z^2 + z^4 + y - z$$

就是一个三齐函数.

分数函数和无理函数,例如

$$\frac{y^3 + ayz}{by + z^2}, \frac{a + \sqrt{y^2 + z^2}}{y^2 - bz}$$

它们拆不成齐次函数的和,因而不能用各项次数的种数分类.

§93

用适当的变量代换可以把有的非齐次函数化成齐次函数. 我们给不出可以做到这一

点的比较普遍一点的条件,只限于举几个例子. 例如函数

$$y^5 + z^2 y + y^3 z + \frac{z^3}{y}$$

代换 $z = x^2$ 化它为

$$y^5 + x^4 y + y^3 x^2 + \frac{x^6}{y}$$

是 x, y 的五次齐次函数. 又例如函数

$$y + y^2 x + y^3 x^2 + y^5 x^4 + \frac{a}{x}$$

代换 $x = \frac{1}{z}$ 化它为

$$y + \frac{y^2}{z} + \frac{y^3}{z^2} + \frac{y^5}{z^4} + az$$

是 y, z 的一次齐次函数. 例子还可举出一些,但代换都不这么简单,要复杂得多.

§94

再一种方法,是按项的最高次数对整函数进行分类. 例如整函数

$$x^2 + y^2 + z^2 + ay - a^2$$

项的最高次数为 2,是二次整函数;整函数

$$y^4 + yz^3 - ay^2 z + abyz - a^2 y^2 + b^4$$

是四次整函数. 这是很重要的一种分类方法,讨论曲线时通常都用它.

§95

整函数还可分为可约和不可约两种. 可以表示成两个或更多个函数之积的整函数称为可约的. 例如

$$y^4 - z^4 + 2az^3 - 2byz^2 - a^2 z^2 + 2abzy - b^2 y^2$$

可分解成

$$(y^2 + z^2 - az + by)(y^2 - z^2 + az - by)$$

是可约整函数. 前面讲了,二元齐次整函数都是其次数那么多个状如 $\alpha y + \beta z$ 的因式之积,因而它们都是可约的. 不能表示成有理因式之积的整函数,称为不可约的. 易知

$$y^2 + z^2 - a^2$$

没有有理因式,是不可约的. 从除法的角度看,有除式的为可约的,无除式的为不可约的.

第六章　　指数和对数

§96

超越函数属积分学范畴,但有几种却可以,也应该放在积分学前面讲,它们用得最多,也为进一步学习所必需. 先考虑指数函数,即指数是变数,这样的幂. 显然,这种幂不是代数函数,代数函数中指数是常数. 指数函数,可以指数为变数,底为常数,如 a^z;也可以底和指数都是变数,如 y^z;指数本身也可以是指数函数,如 $a^{a^z}, a^{x^z}, y^{a^z}, x^{y^z}$. 我们只讲指数为变数底为常数一种,即 a^z. 明白了这一种,别的也就清楚了.

§97

考虑指数函数 a^z,a 为常数,指数 z 为变数,因而可以是任何确定的数. 先让 z 依次取正整数,得 $a^1, a^2, a^3, a^4, a^5, a^6, \cdots$;再让 z 依次取负整数 $-1, -2, -3, \cdots$,得 $\dfrac{1}{a}, \dfrac{1}{a^2}, \dfrac{1}{a^3}$, $\dfrac{1}{a^4}, \cdots$;$z = 0$,得 $a^0 = 1$;让 z 为分数,例如 $\dfrac{1}{2}, \dfrac{1}{3}, \dfrac{2}{3}, \dfrac{1}{4}, \dfrac{3}{4}, \cdots$,得

$$\sqrt{a}, \sqrt[3]{a}, \sqrt[3]{a^2}, \sqrt[4]{a}, \sqrt[4]{a^3}, \cdots$$

这是方根,方根可以不止一个值,但我们视 a^z 为单值函数,因而只考虑其正的实数值. 例如 $a^{\frac{5}{2}}$,它既等于 $-a^2\sqrt{a}$,又等于 $+a^2\sqrt{a}$,但我们只取后者,即认为它在 a^2 与 a^3 之间. z 为无理数时,考虑方式类似,但理解起来要困难些. 例如 $a^{\sqrt{7}}$ 的值在 a^2 与 a^3 之间. 对 z 的虚数值我们不考虑.

§98

指数函数 a^z 的值依赖于常数 a. $a = 1$,对任何的 z 值都有 $a^z = 1$. $a > 1$:a^z 的值随 z 的增大而增大,且 $z = \infty$ 时,a^z 也趋向无穷;$z = 0$,则 $a^z = 1$;$z < 0$ 时,a^z 的值小于1,且 $z = -\infty$ 时,$a^z = 0$. $0 < a < 1$:对大于零的 z,a^z 的值随 z 的增大而减小;对小于零的 z,a^z 的值随 z 的增大而增大. $a < 1$,则 $\dfrac{1}{a} > 1$. 记 $\dfrac{1}{a} = b$,则 $a^z = b^{-z}$. 因而 $a < 1$ 的情形可由 $a > 1$ 的情

形推出.

§ 99

$a = 0$,则 a^z 的值是跳跃式的:z 为正数,即 z 大于零时恒有 $a^z = 0$;$z = 0$ 时 $a^0 = 1$;z 为负数时,a^z 为无穷大,例如 $z = -3$,则 $a^z = 0^{-3} = \frac{1}{0^3} = \frac{1}{0}$,是无穷大. 也即 $a = 0$,则 a^z 的值从 0 跳到 1,再从 1 跳到无穷大.

a 取负值,则 a^z 的跳跃更频,例如 a 取 -2:z 依次取整数时,a^z 的值正负交替. 此时
$$a^{-4}, a^{-3}, a^{-2}, a^{-1}, a^0, a^1, a^2, a^3, a^4, \cdots$$
的值为
$$+\frac{1}{16}, -\frac{1}{8}, +\frac{1}{4}, -\frac{1}{2}, 1, -2, +4, -8, +16, \cdots$$
z 取分数值时,$z^z = (-2)^z$ 时实时虚,例如 $a^{\frac{1}{2}} = \sqrt{-2}$ 是虚数,而
$$a^{\frac{1}{3}} = \sqrt[3]{-2} = -\sqrt[3]{2}$$
是实数;如果指数 z 取无理数,则 a^z 可能为实数可能为虚数,何时为实何时为虚,事先不能确定.

§ 100

上节我们看到,a 为负值时,a^z 的值或正或负,或实或虚,不定. 又 a 在 $0,1$ 之间的情形可化为 $a > 1$ 的情形. 所以我们取 a 为正数,为大于 1 的数. 令 $y = a^z$,让 z 取 $-\infty$ 到 $+\infty$ 的所有实数,则 y 取 0 到 $+\infty$ 的所有正实数. $z = +\infty$,则 $y = +\infty$;$z = 0$,则 $y = 1$;$z = -\infty$,则 $y = 0$. 反之,对 y 的任何一个正值,都有 z 的一个实数值与之对应,使得 $a^z = y$. 对 y 的负值,则没有实的 z 值与之对应.

§ 101

这样,记 $y = a^z$,则 y 是 z 的函数,即每一个 z 值都确定一个 y 值. 从指数的性质我们可以看到 y 对 z 的依赖方式. 例如,$y^2 = a^{2z}$,$y^3 = a^{3z}$,一般地 $y^n = a^{nz}$. 由此得 $\sqrt{y} = a^{\frac{1}{2}z}$,$\sqrt[3]{y} = a^{\frac{1}{3}z}$,$\frac{1}{y} = a^{-z}$,$\frac{1}{y^2} = a^{-2z}$,$\frac{1}{\sqrt{y}} = a^{-\frac{1}{2}z}$,等等. 进一步,若 $v = a^x$,则
$$vy = a^{x+z}, \quad \frac{v}{y} = a^{x-z}$$
根据上述性质,每给定一个 z 值都可确定一个 y 值.

取 $a = 10$,那么 z 为整数时,我们能直接写出 y,例如
$$10^1 = 10, 10^2 = 100, 10^3 = 1\,000, 10^4 = 10\,000, 10^0 = 1$$

$$10^{-1} = \frac{1}{10} = 0.1, 10^{-2} = \frac{1}{100} = 0.01, 10^{-3} = \frac{1}{1\,000} = 0.001$$

z 取分数值时,可用求根的方法得到 y 值. 例如 $10^{\frac{1}{2}} = \sqrt{10} = 3.162\,277$ 等.

§ 102

前面我们看到,给定了数 a,那么对每一个 z 值,我们都能求得一个 y 值,使得 $y = a^z$. 现在倒过来,对每一个 y 值,要我们求出一个 z 值,使得 $a^z = y$,也即把 z 看成是 y 的函数. 此时称 z 为 y 的对数. 讨论对数时,我们都假定 a 是一个固定的数,称它为底,有了底,我们称等式 $a^z = y$ 中幂 a^z 的指数 z 为 y 的对数. 通常记 y 的对数为 $\log y$. 如果

$$a^z = y, \text{则 } z = \log y$$

由此我们知道,对数的底虽然由我们指定,但是它应该大于 1. 还有,只有正数的对数是实数.

§ 103

1 的对数为 0,即不管取什么数为底,我们都有 $\log 1 = 0$,这是因为在决定 $z = \log y$ 的方程 $a^z = y$ 中,$y = 1$ 时恒有 $z = 0$.

大于 1 的数的对数为正. 例如

$$\log a = 1, \log a^2 = 2, \log a^3 = 3, \log a^4 = 4, \cdots$$

可以推出底是什么,是其对数为 1 的那个数. 小于 1 的正数的对数为负. 例如

$$\log \frac{1}{a} = -1, \log \frac{1}{a^2} = -2, \log \frac{1}{a^3} = -3, \cdots$$

负数的对数,不是实数,而是虚数. 这我们前面指出过.

§ 104

类似地,如果 $\log y = z$,则 $\log y^2 = 2z, \log y^3 = 3z$,一般地 $\log y^n = nz$,将 $z = \log y$ 代入,得

$$\log y^n = n\log y$$

即 y 的幂的对数等于指数乘上 y 的对数. 例如

$$\log \sqrt{y} = \frac{1}{2}\log y, \log \frac{1}{\sqrt{y}} = \log y^{-\frac{1}{2}} = -\frac{1}{2}\log y$$

等. 可见知道了一个数的对数,我们就可以求出它任何一个幂的对数. 如果知道了两个数的对数. 例如

$$\log y = z, \log v = x$$

那么由 $a^z = y$ 和 $a^x = v$,我们得到

$$\log(vy) = x + z = \log v + \log y$$

即两数积的对数等于两数对数的和. 类似地, 我们有

$$\log \frac{y}{v} = z - x = \log y - \log x$$

即商的对数等于分子的对数减去分母的对数. 根据已知的几个数的对数, 利用上述规则, 可以求出很多数的对数.

§ 105

从前面讲的我们看到, 一个数, 如果不是底的幂, 它的对数就不能是有理数. 也即, 如果 b 不是底 a 的幂, 则 b 的对数就不能是有理数. 在 b 不是底 a 的幂时, b 的对数也不能是无理数. 假定 $\log b = \sqrt{n}$, 即 $a^{\sqrt{n}} = b$, 但在 a 和 b 都是有理数时, 这是不可能的. 我们首先要知道的是有理数和整数的对数, 分数和无理数的对数可从有理数和整数的对数得到. 有理数和无理数之外的是超越数, 因而不是底的幂的数, 其对数是超越数. 即对数是超越量.

§ 106

当对数是超越数时, 我们只能用小数近似地表示它. 这小数的位数取得越多, 近似程度就越好. 下面是一种用计算平方根来求对数近似值的方法. 我们知道, 若

$$\log y = z, \log v = x, \text{则} \log \sqrt{vy} = \frac{x + z}{2}$$

现在我们来求数 b 的对数的近似值. 假定 b 在 a^2 和 a^3 之间, 这两个数的对数分别为 2 和 3. 我们先求出 a^2, a^3 的几何平均数 $a^{\frac{5}{2}}$ 或 $a^2 \sqrt{a}$. 这时 b 必定或者在 a^2 与 $a^2 \sqrt{a}$ 之间, 或者在 $a^2 \sqrt{a}$ 与 a^3 之间. 在哪两个数之间, 我们就再求哪两个数的几何平均数. 这样, 我们就把 b 所在的区间进一步缩小. 重复下去, b 所在的区间就越来越小. 最终就可以得到 b 的具有我们所要的那么多位小数的近似值. 由于区间端点的对数都计算出来了, 所以 b 的对数也就有了.

例 1 设对数的底 $a = 10$, 即取常用对数, 我们来求 5 的对数的近似值. 5 在 1 与 10 之间, 1 和 10 的对数分别为 0 和 1. 下面我们逐次地求平方根, 直至达到数 5.

$$A = 1.000\,000, \log A = 0.000\,000\,0$$

$$B = 10.000\,000, \log B = 1.000\,000\,0, C = \sqrt{AB}$$

$$C = 3.162\,277, \log C = 0.500\,000\,0, D = \sqrt{BC}$$

$$D = 5.623\,413, \log D = 0.750\,000\,0, E = \sqrt{CD}$$

$$E = 4.216\,964, \log E = 0.625\,000\,0, F = \sqrt{DE}$$

$$F = 4.869\,674, \log F = 0.687\,500\,0, G = \sqrt{DF}$$

$$G = 5.232\ 991, \log G = 0.718\ 750\ 0, H = \sqrt{FG}$$
$$H = 5.048\ 065, \log H = 0.703\ 125\ 0, J = \sqrt{FH}$$
$$J = 4.958\ 069, \log J = 0.695\ 312\ 5, K = \sqrt{HJ}$$
$$K = 5.002\ 865, \log K = 0.699\ 218\ 7, L = \sqrt{JK}$$
$$L = 4.980\ 416, \log L = 0.697\ 265\ 6, M = \sqrt{KL}$$
$$M = 4.991\ 627, \log M = 0.698\ 242\ 1, N = \sqrt{KM}$$
$$N = 4.997\ 242, \log N = 0.698\ 730\ 4, O = \sqrt{KN}$$
$$O = 5.000\ 052, \log O = 0.698\ 974\ 5, P = \sqrt{NO}$$
$$P = 4.998\ 647, \log P = 0.698\ 852\ 5, Q = \sqrt{OP}$$
$$Q = 4.999\ 350, \log Q = 0.698\ 913\ 5, R = \sqrt{OQ}$$
$$R = 4.999\ 701, \log R = 0.698\ 944\ 0, S = \sqrt{OR}$$
$$S = 4.999\ 876, \log S = 0.698\ 959\ 2, T = \sqrt{OS}$$
$$T = 4.999\ 963, \log T = 0.698\ 966\ 8, V = \sqrt{OT}$$
$$V = 5.000\ 008, \log V = 0.698\ 970\ 7, W = \sqrt{TV}$$
$$W = 4.999\ 984, \log W = 0.698\ 968\ 7, X = \sqrt{VW}$$
$$X = 4.999\ 997, \log X = 0.698\ 969\ 7, Y = \sqrt{VX}$$
$$Y = 5.000\ 003, \log Y = 0.698\ 970\ 2, Z = \sqrt{XY}$$
$$Z = 5.000\ 000, \log Z = 0.698\ 970\ 0$$

最后,这几何平均收敛于 $Z = 5.000\ 000$. 从而得到底为 10 时,5 的对数为

$$0.698\ 970\ 0$$

因而近似地有

$$10^{\frac{69\ 897}{100\ 000}} = 5$$

Briggs 和 Vlasc 制造数学史上第一本对数表时,用的就是这种方法. 当然后来人们找到了几种更简捷的方法.

§ 107

一种底决定一种对数,有多少种底,就有多少种对数. 底的个数无穷,因而对数的种数也无穷. 但每两种对数的比都为常数. 设两种对数的底为 a 和 b,又设数 n 以 a 为底的对数为 p,以 b 为底的对数为 q,即 $a^p = n, b^q = n$. 从而 $a^p = b^q$,进而 $a = b^{\frac{q}{p}}$. 即两种对数的比 $\dfrac{q}{p}$ 是一个与 n 无关的常数. 这样,有了一个数的一种对数,利用这个常数,即可算出它的另一种对数. 这是一条"黄金"规则. 知道了所有数的一种对数,利用这条"黄金"规则,就可以算出所有数的另一种对数. 例如有了以 10 为底的对数,我们就可以算出以任何别

的数为底的对数. 设这别的数为 2, 记数 n 以 10 为底的对数为 p, 以 2 为底的对数为 q. 由以 10 为底 $\log 2 = 0.301\,030\,0$, 以 2 为底, $\log 2 = 1$, 得

$$0.301\,030\,0 : 1 = p : q$$

从而

$$q = \frac{p}{0.301\,030\,0} = 3.321\,927\,7 \cdot p$$

也即常用对数乘上 3.321 927 7, 就是以 2 为底的对数.

§108

相异两数, 其对数的比, 是一个与底无关的常数.

设数 M 和 N 以 a 为底的对数分别为 m 和 n. 即 $M = a^m$, $N = a^n$, 则 $a^{mn} = M^n = N^m$, 从而 $M = N^{\frac{m}{n}}$. 这个等式中不含 a, 即比 $\frac{m}{n}$ 与底 a 无关. 如果对另一个底 b, 数 M 和 N 的对数分别为 μ 和 ν, 经由同样的推导, 得 $M = N^{\frac{\mu}{\nu}}$. 由 $N^{\frac{m}{n}} = N^{\frac{\mu}{\nu}}$ 得 $\frac{m}{n} = \frac{\mu}{\nu}$ 或 $m : n = \mu : \nu$. 我们已经看到, 同一个数的不同幂的任何一种对数的比, 都等于指数的比. 例如 γ^m 和 y^n 的任何一种对数的比都等于 $m : n$.

§109

造对数表, 可以用前面讲的计算对数的方法, 当然也可以用别的更方便的方法. 但由于合数的对数等于其因数的对数之和, 所以要造对数表, 只需算出质数的对数, 有了质数的对数, 合数的对数用简单的加法即可得到. 例如有了 3 和 5 的对数, 则

$$\log 15 = \log 3 + \log 5, \log 45 = 2\log 3 + \log 5$$

前面我们已经算出了以 10 为底时

$$\log 5 = 0.698\,970\,0$$

且 $\log 10 = 1$. 从而由

$$\log \frac{10}{5} = \log 2 = \log 10 - \log 5$$

得

$$\log 2 = 1 - 0.698\,970\,0 = 0.301\,030\,0$$

有了 2 和 5 的对数, 那么所有只以 2, 只以 5, 或只以 2 和 5 为因数的合数, 诸如 4, 8, 16, 32, 64, $\cdots$ 和 20, 40, 80, 25, 50, $\cdots$, 它们的对数就都可以用加法得到.

§110

用对数表可以从数查对数, 也可以从对数查数. 两相结合使得对数表在数值计算中

大显身手. 假定给了六个数 c, d, e, f, g, h, 要我们计算的不是这六个数的积, 而是

$$\frac{c^2 d \sqrt{e}}{f \sqrt[3]{gh}}$$

这样一个复杂表达式的值. 这个表达式的对数为

$$2\log c + \log d + \frac{1}{2}\log e - \log f - \frac{1}{3}\log g - \frac{1}{3}\log h$$

算出来的这个对数, 它所对应的数就是我们所要的数. 对数把求幂求根两种运算转换成了乘法和除法. 因而求复杂的幂和根时, 对数表显示其特别的作用.

例 2 我们计算 $2^{\frac{7}{12}}$ 的值. 它的对数为 $\frac{7}{12}\log 2$, 乘 2 的对数 0.301 030 0 以 $\frac{7}{12}$, 即 $\frac{1}{12} + \frac{1}{2}$, 我们得到 $\log 2^{\frac{7}{12}} = 0.175\ 600\ 8$. 对应于这个对数的数为 1.498 307. 这就是 $2^{\frac{7}{12}}$ 的近似值.

例 3 某地现有人口 100 000, 年增长率为 $\frac{1}{30}$. 求百年后该地人口数.

为简便计, 记现有人口数为 n, 即

$$n = 100\ 000$$

一年后人口数为

$$\left(1 + \frac{1}{30}\right)n = \frac{31}{30}n$$

两年后人口数为 $\left(\frac{31}{30}\right)^2 n$, 三年后人口数为 $\left(\frac{31}{30}\right)^3 n$, 百年后人口数为

$$\left(\frac{31}{30}\right)^{100}n = \left(\frac{31}{30}\right)^{100}100\ 000$$

百年后人口数的对数为

$$100 \cdot \log \frac{31}{30} + \log 100\ 000$$

由

$$\log \frac{31}{30} = \log 31 - \log 30 = 0.014\ 240\ 439$$

得

$$100\log \frac{31}{30} = 1.424\ 043\ 9$$

加上 $\log 100\ 000 = 5$, 得所求人口数的对数为

$$6.424\ 043\ 9$$

对应的人口数为

$$265\ 487\ 4$$

即百年后人口数是现有人口数的 26 倍半稍多.

例 4 一场洪水使得某地只剩下了 6 个人, 人们希望该地 200 年后人口数为 1 000 000. 问

人口的年增长率应该是多少?

设年增长率为 $\frac{1}{x}$,则 200 年后人口数为

$$\left(\frac{1+x}{x}\right)^{200} \cdot 6 = 1\ 000\ 000$$

由此得

$$\frac{1+x}{x} = \left(\frac{1\ 000\ 000}{6}\right)^{\frac{1}{200}}$$

取对数,得

$$\log \frac{1+x}{x} = \frac{1}{200}\log \frac{1\ 000\ 000}{6} = \frac{1}{200} \cdot 5.221\ 848\ 7 = 0.026\ 109\ 2$$

查对数表,得

$$\frac{1+x}{x} = \frac{1\ 061\ 963}{1\ 000\ 000}$$

从而

$$1\ 000\ 000 = 61\ 963x$$

最后得 x 的近似值为 16. 即年增长率为 $\frac{1}{16}$,就能达到人们预期的目标. 现在我们假定保持这个增长速度 400 年,那时人口数将为

$$1\ 000\ 000 \cdot \frac{1\ 000\ 000}{6} = 166\ 666\ 666\ 666$$

这么多人,整个地球恐怕都负担不了.

例 5 百年人口增加一倍,问这年增长率是多少?

假定年增长率为 $\frac{1}{x}$,原有人口数为 n. 那么,百年之后人口数为

$$\left(\frac{1+x}{x}\right)^{100}n = 2n$$

从而

$$\frac{1+x}{x} = 2^{\frac{1}{100}}$$

取对数,得

$$\log \frac{1+x}{x} = \frac{1}{100}\log 2 = 0.003\ 010\ 3$$

查表,得

$$\frac{1+x}{x} = \frac{10\ 069\ 555}{10\ 000\ 000}$$

从而

$$x = \frac{10\ 000\ 000}{69\ 555}$$

其近似值为 144. 即年增长 $\frac{1}{144}$,百年就可加倍.

§111

对数的最重要的应用,是解未知量含于指数的方程. 例如求满足方程
$$a^x = b$$
的 x 值,我们就必须应用对数. 对 $a^x = b$ 两边取对数,得
$$\log a^x = x \log a = \log b$$
从而
$$x = \frac{\log b}{\log a}$$
我们指出,用随便以什么数为底的对数都可以,求得的比不因底而不同.

例 6 知人口年增长率为 $\frac{1}{100}$,求人口增长到 10 倍所需的时间.

记所需年数为 x,记原有人口数为 n,则 x 年后人口数为 $(\frac{101}{100})^x \cdot n$,等于 $10n$. 从而
$$(\frac{101}{100})^x = 10$$
取对数,得
$$x \log \frac{101}{100} = \log 10$$
由此得
$$x = \frac{\log 10}{\log 101 - \log 100} = \frac{10\,000\,000}{43\,214} = 231$$
即年增长率为 $\frac{1}{100}$ 时,231 年人口就增长到十倍,462 年就增长到百倍,693 年就增长到千倍.

例 7 某人以 5% 的年利借款 400 000 弗罗林①,商定了每年归还 25 000 弗罗林. 问还清这笔债要多少年?

记借款数 400 000 弗罗林为 a,记每年还款数 25 000 弗罗林为 b,那么满一年欠款数为
$$\frac{105}{100}a - b$$
满二年欠款数为
$$(\frac{105}{100})^2 a - (\frac{105}{100})b - b$$

---

① 一种货币,起源于佛罗伦萨. —— 编者注.

满三年欠款数为

$$\left(\frac{105}{100}\right)^3 a - \left(\frac{105}{100}\right)^2 b - \frac{105}{100}b - b$$

为简便计,令 $n = \frac{105}{100}$,那么满 x 年欠款数为

$$n^x a - n^{x-1}b - n^{x-2}b - n^{x-3}b - \cdots - b = n^x a - b(1 + n + n^2 + \cdots + n^{x-1})$$

由几何级数的性质知

$$1 + n + n^2 + \cdots + n^{x-1} = \frac{n^x - 1}{n - 1}$$

从而,满 x 年债务人欠款数为

$$n^x a - \frac{n^x b - b}{n - 1}$$

欠款还清时欠款数为零,由此我们得到方程

$$n^x a = \frac{n^x b - b}{n - 1} \ 或 \ (n - 1)n^x a = n^x b - b$$

从而

$$(b - na + a)n^x = b \ 或 \ n^x = \frac{b}{b - (n - 1)a}$$

取对数,解出 x,得

$$x = \frac{\log b - \log(b - (n - 1)a)}{\log n}$$

由

$$a = 400\ 000, b = 25\ 000, n = \frac{105}{100}$$

得

$$(n - 1)a = 20\ 000, b - (n - 1)a = 5\ 000$$

从而还清这笔债务的年数为

$$x = \frac{\log 25\ 000 - \log 5\ 000}{\log \frac{105}{100}} = \frac{\log 5}{\log \frac{21}{20}} = \frac{6\ 989\ 700}{211\ 893}$$

即 33 年不到一点. 满 33 年时,还款数本利和比借款数本利和多,多出来的数为

$$\frac{(n^{33} - 1)b}{n - 1} - n^{33}a = \frac{\left(\frac{21}{20}\right)^{33}5\ 000 - 25\ 000}{\frac{1}{20}} = 100\ 000\left(\frac{21}{20}\right)^{33} - 500\ 000$$

由

$$\log \frac{21}{20} = 0.021\ 189\ 299\ 1$$

得

$$\log \left(\frac{21}{20}\right)^{33} = 0.699\ 246\ 87, \log 100\ 000\left(\frac{21}{20}\right)^{33} = 5.699\ 246\ 9$$

这个数是 500 318.8 的对数. 即满 33 年时债权人应退给债务人 318.8 弗罗林.

§ 112

我们来看常用对数. 常用对数以 10 为底, 我们通常使用十进制数, 因而常用对数比别种对数特别地有用. 10 的幂的对数是整数, 不是 10 的幂的数的对数含有小数. 例如 1 与 10 之间的数的对数在 0 和 1 之间, 10 与 100 之间的数的对数在 1 和 2 之间, 等等. 因此对数都由整数和小数两部分构成. 我们称整数部分为首数, 称小数部分为尾数. 一个数的对数的首数等于它的整数部分的位数减 1. 例如五位数 78 509 的对数的首数为 4. 反之, 从一个数的对数, 我们也立刻可以说出它的位数. 例如, 对数为 7. 580 463 1 的数是 8 位数.

§ 113

两个数, 如果其对数的尾数相同, 首数不同, 则这两数的比为 10 的幂. 也即这两个数的数字相同. 例如, 对数为 4. 913 018 7 和 6. 913 018 7 的数分别为 81 850 和 8 185 000. 对数为 3. 913 018 7 和 0. 913 018 7 的数, 分别为 8 185 和8. 185. 即尾数给出数的数字, 首数告诉我们数的整数部分的位数. 例如对数 2. 760 342 9, 尾数给出数的数字为 5 758 945, 首数 2 告诉我们整数部分为 3 位, 即数为 575. 894 5. 如果首数为 0, 则告诉我们整数部分为 1 位, 即数为 5. 758 945. 如果首数为负数, 例如 − 1, 则数为 0. 575 894 5. 首数为 − 2, 则数为 0. 057 589 45. 首数

$$-1, -2, -3$$

常常记为 9,8,7, 即从记的数减去 10 为实际的首数. 以上所讲, 对数表的说明中有更详细的解释.

例 8 数列 $2, 4, 16, 256, \cdots$, 每一项都是前一项的平方求它的第 25 项.

该数列可记为

$$2, 2^2, 2^4, 2^8, \cdots$$

可见这数列的指数成几何级数, 第 25 项的指数为

$$2^{24} = 16\ 777\ 216$$

因而所求的项为

$$2^{16\ 777\ 216}$$

它的对数为

$$16\ 777\ 216 \log 2$$

由

$$\log 2 = 0.\ 301\ 029\ 995\ 663\ 981\ 195$$

得所求项的对数为

$$5\ 050\ 445.\ 259\ 733\ 67$$

首数告诉我们所求项整数部分的位数为
$$5\ 050\ 446$$
从对数表中查得尾数259 733 675 932对应的数为181 858. 它后面还有5 050 440位. 从位数更多的对数表中可多查到几位. 事实上,该数的前11位为18 185 852 986.

第七章　　指数函数和对数函数的级数表示

§114

a 大于 1 时，a 的幂随 a 增加而增加，而 $a^0 = 1$，所以指数比零增加无穷小时，幂比 1 增加也为无穷小. 也就是说，数 ω 是一个无穷小，即它几乎就等于零时，我们有

$$a^\omega = 1 + \psi$$

数 ψ 也是无穷小. 从前一章我们知道，如果数 ψ 不是无穷小，ω 就也不为无穷小. 这就是说，ω 与 ψ 的关系，或为 $\psi = \omega$，或为 $\psi > \omega$，或为 $\psi < \omega$. 究竟是哪一种，由 a 决定. 由 a 暂且还是未知的. 我们令 $\psi = K\omega$. 这样我们有

$$a^\omega = 1 + K\omega$$

取以 a 为底的对数，得

$$\omega = \log(1 + K\omega)$$

例 1　为看清 K 对 a 的依赖情形，我们令 $a = 10$，取一个比 1 大得很小的数，例如 $1 + \dfrac{1}{1\,000\,000}$（即 $K\omega = \dfrac{1}{1\,000\,000}$），从常用对数表中查出该数的对数，得

$$\log\left(1 + \frac{1}{1\,000\,000}\right) = \log\frac{1\,000\,001}{1\,000\,000} = 0.000\,000\,434\,29 = \omega$$

由 $K\omega = 0.000\,001\,000\,00$ 得

$$\frac{1}{K} = \frac{43\,429}{100\,000}, K = \frac{100\,000}{43\,429} = 2.302\,58$$

我们看到 K 是一个依赖于底 a 的有限数. 换一个底，则数 $1 + K\omega$ 的对数随着改变，因而 K 也随着改变.

§115

由 $a^\omega = 1 + K\omega$ 得

$$a^{i\omega} = (1 + K\omega)^i$$

对任何的 i 都成立，从而

$$a^{i\omega} = 1 + \frac{i}{1}K\omega + \frac{i(i-1)}{1\cdot 2}K^2\omega^2 + \frac{i(i-1)(i-2)}{1\cdot 2\cdot 3}K^3\omega^3 + \cdots$$

如果令 $i = \dfrac{z}{\omega}$，其中 z 为某个有限数，那么由 ω 为无穷小，知 i 为无穷大. 由 $\omega = \dfrac{z}{i}$ 知 ω 是一个分母为无穷大的分数，即 ω 为无穷小，跟我们所取一致. 将 ω 换为 $\dfrac{z}{i}$，得

$$a^z = 1 + \frac{1}{1}Kz + \frac{1(i-1)}{1 \cdot 2i}K^2 z^2 + \frac{1(i-1)(i-2)}{1 \cdot 2i \cdot 3i}K^3 z^3 +$$

$$\frac{1 \cdot (i-1)(i-2)(i-3)}{1 \cdot 2i \cdot 3i \cdot 4i}K^4 z^4 + \cdots$$

换 i 为无穷大，该等式依然成立，K 也如我们前面看到，是一个确定的依赖于 a 的数.

§116

i 为无穷大时

$$\frac{i-1}{i} = 1$$

事实上，i 越大 $\dfrac{i-1}{i}$ 越接近于 1，如果 i 大于任何给定的数，则 $\dfrac{i-1}{i}$ 等于 1. 类似地，我们有

$$\frac{i-2}{i} = 1, \frac{i-3}{i} = 1$$

等等. 由此得

$$\frac{i-1}{2i} = \frac{1}{2}, \frac{i-2}{3i} = \frac{1}{3}, \frac{i-3}{4i} = \frac{1}{4}$$

等等. 将它们代入上节 a^z 的表达式，得

$$a^z = 1 + \frac{Kz}{1} + \frac{K^2 z^2}{1 \cdot 2} + \frac{K^3 z^3}{1 \cdot 2 \cdot 3} + \frac{K^4 z^4}{1 \cdot 2 \cdot 3 \cdot 4} + \cdots$$

该等式还表示 a 与 K 之间的关系. 事实上，如果令 $z = 1$，则

$$a = 1 + \frac{K}{1} + \frac{K^2}{1 \cdot 2} + \frac{K^3}{1 \cdot 2 \cdot 3} + \frac{K^4}{1 \cdot 2 \cdot 3 \cdot 4} + \cdots$$

$a = 10$ 时近似地有 $K = 2.302\,58$，跟前面求得的一致.

§117

设

$$b = a^n$$

那么以 a 为底取对数，得 $\log b = n$. 由 $b^z = a^{nz}$，我们得到无穷级数

$$b^z = 1 + \frac{Knz}{1} + \frac{K^2 n^2 z^2}{1 \cdot 2} + \frac{K^3 n^3 z^3}{1 \cdot 2 \cdot 3} + \frac{K^4 n^4 z^4}{1 \cdot 2 \cdot 3 \cdot 4} + \cdots$$

将 n 换成 $\log b$，得

$$b^z = 1 + \frac{Kz}{1}\log b + \frac{K^2 z^2}{1 \cdot 2}(\log b)^2 + \frac{K^3 z^3}{1 \cdot 2 \cdot 3}(\log b)^3 + \frac{K^4 z^4}{1 \cdot 2 \cdot 3 \cdot 4}(\log b)^4 + \cdots$$

K 可由底 a 求得. 可见任何一个指数函数 b^z 都可以表示成按 z 的幂排列的无穷级数. 下面我们讲对数函数的无穷级数展开.

§ 118

由于 $a^\omega = 1 + K\omega$, 其中 ω 为无穷小分数, 且 a 与 K 之间有关系

$$a = 1 + \frac{K}{1} + \frac{K^2}{1 \cdot 2} + \frac{K^3}{1 \cdot 2 \cdot 3} + \cdots$$

于是以 a 为底取对数, 得

$$\omega = \log(1 + K\omega), i\omega = \log(1 + K\omega)^i$$

显然 i 取得越大, 幂 $(1 + K\omega)^i$ 比 1 大得就越多, 让 i 为无穷大, 则 $(1 + K\omega)^i$ 可以成为大于 1 的任何数. 令

$$(1 + K\omega)^i = 1 + x$$

则

$$\log(1 + x) = i\omega$$

$1 + x$ 的对数 $i\omega$ 是有限数, 可见 i 应该是无穷大, 否则 $i\omega$ 不能是有限数.

§ 119

由

$$(1 + K\omega)^i = 1 + x$$

得

$$1 + K\omega = (1 + x)^{\frac{1}{i}}, K\omega = (1 + x)^{\frac{1}{i}} - 1$$

从而

$$i\omega = \frac{i}{K}\left[(1 + x)^{\frac{1}{i}} - 1\right]$$

而 $i\omega = \log(1 + x)$, 所以

$$\log(1 + x) = \frac{i}{K}\left[(1 + x)^{\frac{1}{i}} - 1\right]$$

这里的 i 是无穷大. 我们有

$$(1 + x)^{\frac{1}{i}} = 1 + \frac{1}{i}x - \frac{1(i-1)}{i \cdot 2i}x^2 + \frac{1(i-1)(2i-1)}{i \cdot 2i \cdot 3i}x^3 -$$

$$\frac{1(i-1)(2i-1)(3i-1)}{i \cdot 2i \cdot 3i \cdot 4i}x^4 + \cdots$$

又 i 为无穷大时我们有

$$\frac{i-1}{2i} = \frac{1}{2}, \frac{2i-1}{3i} = \frac{2}{3}, \frac{3i-1}{4i} = \frac{3}{4}, \cdots$$

从而

$$i(1+x)^{\frac{1}{i}} = i + \frac{x}{1} - \frac{x^2}{2} + \frac{x^3}{3} - \frac{x^4}{4} + \cdots$$

继而

$$\log(1+x) = \frac{1}{K}\left(\frac{x}{1} - \frac{x^2}{2} + \frac{x^3}{3} - \frac{x^4}{4} + \cdots\right)$$

这里对数的底为 a，K 是一个数，它满足

$$a = 1 + \frac{K}{1} + \frac{K^2}{1 \cdot 2} + \frac{K^3}{1 \cdot 2 \cdot 3} + \cdots$$

§ 120

上节我们求出了等于 $1+x$ 的对数的级数. 利用这个级数，我们可以求出对应于给定的底 a 的 K 值. 令 $1+x=a$，则 $\log a = 1$，这样我们有

$$1 = \frac{1}{K}\left(\frac{a-1}{1} - \frac{(a-1)^2}{2} + \frac{(a-1)^3}{3} - \frac{(a-1)^4}{4} + \cdots\right)$$

从而

$$K = \frac{(a-1)}{1} - \frac{(a-1)^2}{2} + \frac{(a-1)^3}{3} - \frac{(a-1)^4}{4} + \cdots$$

令 $a = 10$，则这个无穷级数的值应该近似地等于 2.302 58，也即应该有

$$2.302\ 58 = \frac{9}{1} - \frac{9^2}{2} + \frac{9^3}{3} - \frac{9^4}{4} + \cdots$$

该级数项的值不断增加，前若干项的和也不趋向于某个极限，所以很难看出这个等式成立. 下面我们来推出这一不易看出的结果.

§ 121

已知

$$\log(1+x) = \frac{1}{K}\left(\frac{x}{1} - \frac{x^2}{2} + \frac{x^3}{3} - \frac{x^4}{4} + \cdots\right)$$

换 x 为 $-x$，得

$$\log(1-x) = -\frac{1}{K}\left(\frac{x}{1} + \frac{x^2}{2} + \frac{x^3}{3} - \frac{x^4}{4} + \cdots\right)$$

前式减后式，得

$$\log(1+x) - \log(1-x) = \log\frac{1+x}{1-x} = \frac{2}{K}\left(\frac{x}{1} + \frac{x^3}{5} + \frac{x^5}{5} + \frac{x^7}{7} + \cdots\right)$$

置

$$\frac{1+x}{1-x} = a$$

则

$$x = \frac{a-1}{a+1}$$

由 $\log a = 1$,得

$$K = 2\left(\frac{a-1}{a+1} + \frac{(a-1)^3}{3(a+1)^3} + \frac{(a-1)^5}{5(a+1)^5} + \cdots\right)$$

由这一等式可求出对应于给定底 a 的 K.

如果底 $a = 10$,则

$$K = 2\left(\frac{9}{11} + \frac{9^3}{3 \cdot 11^3} + \frac{9^5}{5 \cdot 11^5} + \frac{9^7}{7 \cdot 11^7} + \cdots\right)$$

该级数的项的值明显地递减,很快就给出 K 的满意的结果.

§122

对数的底 a 可以根据需要取取. 现在我们取 a 使 $K = 1$. $K = 1$,则 §116 求得的级数成为

$$a = 1 + \frac{1}{1} + \frac{1}{1 \cdot 2} + \frac{1}{1 \cdot 2 \cdot 3} + \frac{1}{1 \cdot 2 \cdot 3 \cdot 4} + \cdots$$

将各项化为小数,相加得

$$a = 2.718\ 281\ 828\ 459\ 045\ 235\ 360\ 28$$

精确到最后一位.

称以这个数为底的对数为自然对数或双曲对数. 后一名称的采用,是由于双曲线下的面积,可用这种对数来表示. 为简便起见,我们记数 $2.718\ 281\ 828\ 459\cdots$ 为 e,即 e 是自然对数或双曲对数的底. 对应于这个底 e 的 $K = 1$. e 是下面这个无穷级数的和

$$1 + \frac{1}{1} + \frac{1}{1 \cdot 2} + \frac{1}{1 \cdot 2 \cdot 3} + \frac{1}{1 \cdot 2 \cdot 3 \cdot 4} + \cdots$$

§123

可见自然对数有这样的性质:ω 为无穷小量时,$1 + \omega$ 的对数为 ω. 由此可以得到 $K = 1$,从而可以求出所有数的自然对数. 记上节求得的数为 e,则

$$e^z = 1 + \frac{z}{1} + \frac{z^2}{1 \cdot 2} + \frac{z^3}{1 \cdot 2 \cdot 3} + \frac{z^4}{1 \cdot 2 \cdot 3 \cdot 4} + \cdots$$

级数

$$\log(1 + x) = x - \frac{x^2}{2} + \frac{x^3}{3} - \frac{x^4}{4} + \frac{x^5}{5} - \frac{x^6}{6} + \cdots$$

$$\log \frac{1+x}{1-x} = \frac{2x}{1} + \frac{2x^3}{3} + \frac{2x^5}{5} + \frac{2x^7}{7} + \frac{2x^9}{9} + \cdots$$

可用来计算自然对数. 当 x 为很小的分数时,这两个级数都收敛很快. 利用后一个级数,

可以很容易地求出一些大于 1 的数的对数. 例如令 $x = \dfrac{1}{5}$，得

$$\log \frac{6}{4} = \log \frac{3}{2} = \frac{2}{1.5} + \frac{2}{3.5^3} + \frac{2}{5.5^5} + \frac{2}{7.5^7} + \cdots$$

令 $x = \dfrac{1}{7}$，得

$$\log \frac{4}{3} = \frac{2}{1.7} + \frac{2}{3.7^3} + \frac{2}{5.7^5} + \frac{2}{7.7^7} + \cdots$$

令 $x = \dfrac{1}{9}$，得

$$\log \frac{5}{4} = \frac{2}{1.9} + \frac{2}{3.9^3} + \frac{2}{5.9^5} + \frac{2}{7.9^7} + \cdots$$

一些整数的对数，可从这几个分数的对数求得. 由对数的性质，我们得到

$$\log \frac{3}{2} + \log \frac{4}{3} = \log 2 , \log \frac{3}{2} + \log 2 = \log 3$$

$$2\log 2 = \log 4 , \log \frac{5}{4} + \log 4 = \log 5$$

$$\log 2 + \log 3 = \log 6 , 3\log 2 = \log 8$$

$$2\log 3 = \log 9 , \log 2 + \log 5 = \log 10$$

例 2 数 1 到 10 的自然对数为

$$\log 1 = 0.000\ 000\ 000\ 000\ 000\ 000\ 000\ 000\ 000\ 0$$
$$\log 2 = 0.693\ 147\ 180\ 559\ 945\ 309\ 417\ 232\ 1$$
$$\log 3 = 1.098\ 612\ 288\ 668\ 109\ 691\ 395\ 245\ 2$$
$$\log 4 = 1.386\ 294\ 361\ 119\ 890\ 618\ 834\ 464\ 2$$
$$\log 5 = 1.609\ 437\ 912\ 434\ 100\ 374\ 600\ 759\ 3$$
$$\log 6 = 1.791\ 759\ 469\ 228\ 055\ 000\ 812\ 477\ 3$$
$$\log 7 = 1.945\ 910\ 149\ 055\ 313\ 305\ 105\ 463\ 9$$
$$\log 8 = 2.079\ 441\ 541\ 679\ 835\ 928\ 251\ 696\ 4$$
$$\log 9 = 2.197\ 224\ 577\ 336\ 219\ 382\ 790\ 490\ 5$$
$$\log 10 = 2.302\ 585\ 092\ 994\ 045\ 684\ 017\ 991\ 4$$

这 10 个对数，除了 $\log 7$，都是从刚举出的三个级数求得的. $\log 7$ 的求法是：令后一个级数中的 $x = \dfrac{1}{99}$，得

$$\log \frac{100}{98} = \log \frac{50}{49} = 0.020\ 202\ 707\ 317\ 519\ 448\ 407\ 823\ 0$$

从

$$\log 50 = 2\log 5 + \log 2 = 3.912\ 023\ 005\ 428\ 146\ 058\ 618\ 750\ 8$$

中减去 $\log \dfrac{50}{49}$，得 $\log 49 , \log 7 = \dfrac{1}{2}\log 49$

§124

记 $1+x$ 的自然对数为 y，即 $\log(1+x) = y$，则

$$y = \frac{x}{1} - \frac{x^2}{2} + \frac{x^3}{3} - \frac{x^4}{4} + \cdots$$

记 $1+x$ 的以 a 为底的对数为 v，则

$$v = \frac{1}{K}\left(\frac{x}{1} - \frac{x^2}{2} + \frac{x^3}{3} - \frac{x^4}{4} + \cdots\right) = \frac{y}{K}$$

从而

$$K = \frac{y}{v}$$

这是计算对应于 a 的 K 值的最方便的方法：任一数，其自然对数除以其以 a 为底的对数，商就是对应于 a 的 K 值. 取这任一数为 a，则 $v = 1$，K 就等于 a 的自然对数. 常用对数的底为 10. 对应于 10 的 K 就等于 10 的自然对数.

$$K = 2.302\ 585\ 092\ 994\ 045\ 684\ 017\ 991\ 4\cdots$$

跟我们前面算出来的一样. 一个数的常用对数就等于它的自然对数除上这个 K 值，或者乘上

$$0.434\ 294\ 481\ 903\ 251\ 827\ 651\ 128\ 9$$

§125

已知

$$e^z = 1 + \frac{z}{1} + \frac{z^2}{1\cdot 2} + \frac{z^3}{1\cdot 2\cdot 3} + \cdots$$

令 $a^y = e^z$，两边取自然对数，由于 $\log e = 1$，得 $y\log a = z$. 将 z 的这个值代入上面的级数，得

$$a^y = 1 + \frac{y\log a}{1} + \frac{y^2(\log a)^2}{1\cdot 2} + \frac{y^3(\log a)^3}{1\cdot 2\cdot 3} + \cdots$$

这样，任何一个指数函数 a^y 就都可以借助于自然对数表示成无穷级数.

如果 i 为无穷大，那么指数函数和对数函数就都可以表示成幂，即

$$e^z = \left(1 + \frac{z}{i}\right)^i$$

从而

$$a^y = \left(1 + \frac{y\log a}{i}\right)^i$$

对自然对数我们有

$$\log(1+x) = i\left((1+x)^{\frac{1}{i}} - 1\right)$$

自然对数的另外一些应用在积分学中讨论.

第八章　　来自圆的超越量

§126

讨论过对数和指数这两种超越量之后,我们应该来讨论弧及其正弦和余弦. 所以应该讨论这几种量,不仅因为它们也是超越量,还因为借助复数,它们可由对数和指数这两种量产生. 怎样产生,后面讲.

如果圆的半径(或完整的正弦) 为 1,周长就不能为有理数,这是清楚的. 半径为 1 的圆,其半周长的近似值为

3. 141 592 653 589 793 238 462 643 383 279 502 884 197 169

399 375 105 820 974 944 592 307 816 406 286 208 998 628

034 825 342 117 067 982 148 086 513 282 306 647 093 844 6⋯

为简便起见,我们用符号 π 代表这个数. 我们说:单位圆的半周长为 π,或者单位圆 $180°$ 弧的长为 π.

§127

用 z 表示半径为 1 的圆的一段弧,我们关心最多的是这段弧的正弦和余弦. 弧 z 的正弦为 $\sin \cdot A \cdot z$ 或简记为 $\sin \cdot z$,余弦记为 $\cos \cdot A \cdot z$ 或简记为 $\cos \cdot z$[①].

π 是 $180°$ 的弧,首先我们有

$$\sin 0\pi = 0, \cos 0\pi = 1$$

和

$$\sin \frac{1}{2}\pi = 1, \cos \frac{1}{2}\pi = 0$$

$$\sin \pi = 0, \cos \pi = -1$$

$$\sin \frac{3}{2}\pi = -1, \cos \frac{3}{2}\pi = 0$$

$$\sin 2\pi = 0, \cos 2\pi = 1$$

---

① 以下凡三角函数都采用现在的通用记法,字母 A 和圆点都略去. —— 译者

正弦和余弦的值都在 + 1 和 − 1 之间.

其次我们有

$$\cos z = \sin(\frac{1}{2}\pi - z), \sin z = \cos(\frac{1}{2}\pi - z)$$

再次我们有

$$\sin^2 z + \cos^2 z = 1$$

还有从三角学中我们知道,弧 z 的正切记为 $\tan z$,余切记为 $\cot z$.

$$\tan z = \frac{\sin z}{\cos z}, \cot z = \frac{\cos z}{\sin z} = \frac{1}{\tan z}$$

§ 128

我们知道,如果有 y, z 两段弧,则

$$\sin(y + z) = \sin y\cos z + \cos y\sin z$$
$$\cos(y + z) = \cos y\cos z - \sin y\sin z$$
$$\sin(y - z) = \sin y\cos z - \cos y\sin z$$
$$\cos(y - z) = \cos y\cos z + \sin y\sin z$$

将这四个公式中的弧 y 依次换为 $\frac{1}{2}\pi, \pi, \frac{3}{2}\pi$ 等,我们得到:

$\sin(\frac{1}{2}\pi + z) = + \cos z$	$\sin(\frac{1}{2}\pi - z) = + \cos z$
$\cos(\frac{1}{2}\pi + z) = - \sin z$	$\cos(\frac{1}{2}\pi - z) = + \sin z$
$\sin(\pi + z) = - \sin z$	$\sin(\pi - z) = + \sin z$
$\cos(\pi + z) = - \cos z$	$\cos(\pi - z) = - \cos z$
$\sin(\frac{3}{2}\pi + z) = - \cos z$	$\sin(\frac{3}{2}\pi - z) = - \cos z$
$\cos(\frac{3}{2}\pi + z) = + \sin z$	$\cos(\frac{3}{2}\pi - z) = - \sin z$
$\sin(2\pi + z) = + \sin z$	$\sin(2\pi - z) = - \sin z$
$\cos(2\pi + z) = + \cos z$	$\cos(2\pi - z) = + \cos z$

如果 n 表示某个整数,则:

$\sin(\frac{4n + 1}{2}\pi + z) = + \cos z$	$\sin(\frac{4n + 1}{2}\pi - z) = + \cos z$
$\cos(\frac{4n + 1}{2}\pi + z) = - \sin z$	$\cos(\frac{4n + 1}{2}\pi - z) = + \sin z$
$\sin(\frac{4n + 2}{2}\pi + z) = - \sin z$	$\sin(\frac{4n + 2}{2}\pi - z) = + \sin z$
$\cos(\frac{4n + 2}{2}\pi + z) = - \cos z$	$\cos(\frac{4n + 2}{2}\pi - z) = - \cos z$

$\sin(\dfrac{4n+3}{2}\pi + z) = -\cos z$	$\sin(\dfrac{4n+3}{2}\pi - z) = -\cos z$
$\cos(\dfrac{4n+3}{2}\pi + z) = +\sin z$	$\cos(\dfrac{4n+3}{2}\pi - z) = -\sin z$
$\sin(\dfrac{4n+4}{2}\pi + z) = +\sin z$	$\sin(\dfrac{4n+4}{2}\pi - z) = -\sin z$
$\cos(\dfrac{4n+4}{2}\pi + z) = +\cos z$	$\cos(\dfrac{4n+4}{2}\pi - z) = +\cos z$

这些公式对正整数 n 和负整数 n 都成立.

§129

记

$$\sin z = p, \cos z = q$$

则

$$p^2 + q^2 = 1$$

记

$$\sin y = m, \cos y = n$$

则

$$m^2 + n^2 = 1$$

这样我们有下列结果:

$\sin z = p$	$\cos z = q$
$\sin(y+z) = mq + np$	$\cos(y+z) = nq - mp$
$\sin(2y+z) = 2mnq + (n^2 - m^2)p$	$\cos(2y+z) = (n^2 - m^2)q - 2mnp$
$\sin(3y+z) = (3n^2m - m^3)q + (n^3 - 3m^2n)p$	$\cos(3y+z) = (n^3 - 3m^2n)q - (3mn^2 - m^3)p$

式中弧

$$z, y+z, 2y+z, 3y+z, \cdots$$

成算术级数,它们的正弦和余弦都构成由分母

$$1 - 2nx + (m^2 + n^2)x^2$$

所产生的递推序列. 事实上

$$\sin(2y+z) = 2n\sin(y+z) - (m^2 + n^2)\sin z$$

或

$$\sin(2y+z) = 2\cos y\sin(y+z) - \sin z$$

类似地

$$\cos(2y+z) = 2\cos y\cos(y+z) - \cos z$$

进一步

$$\sin(3y+z) = 2\cos y\sin(2y+z) - \sin(y+z)$$

$$\cos(3y + z) = 2\cos y\cos(2y + z) - \cos(y + z)$$

再进一步

$$\sin(4y + z) = 2\cos y\sin(3y + z) - \sin(2y + z)$$

$$\cos(4y + z) = 2\cos y\cos(3y + z) - \cos(2y + z)$$

类推. 当弧成算术序列时,利用这里的规律,易于写出弧的正弦和余弦表达式.

§130

表达式

$$\sin(y + z) = \sin y\cos z + \cos y\sin z$$

$$\sin(y - z) = \sin y\cos z - \cos y\sin z$$

相加相减,得

$$\sin y\cos z = \frac{\sin(y + z) + \sin(y - z)}{2}$$

$$\cos y\sin z = \frac{\sin(y + z) - \sin(y - z)}{2}$$

表达式

$$\cos(y + z) = \cos y\cos z - \sin y\sin z$$

$$\cos(y - z) = \cos y\cos z + \sin y\sin z$$

相加相减,得

$$\cos y\cos z = \frac{\cos(y - z) + \cos(y + z)}{2}$$

$$\sin y\sin z = \frac{\cos(y - z) - \cos(y + z)}{2}$$

如果 $y = z = \dfrac{v}{2}$,则从最后这两个公式得

$$\cos^2 \frac{v}{2} = \frac{1 + \cos v}{2}, \cos \frac{v}{2} = \sqrt{\frac{1 + \cos v}{2}}$$

$$\sin^2 \frac{v}{2} = \frac{1 - \cos v}{2}, \sin \frac{v}{2} = \sqrt{\frac{1 - \cos v}{2}}$$

可见,知道了弧的余弦,我们就可以求出半弧的正弦和余弦.

§131

设弧

$$y + z = a, y - z = b$$

则

$$y = \frac{a + b}{2}, z = \frac{a - b}{2}$$

将这里的 y,z 代入前节的公式, 我们得到下面的四个等式, 这每一个等式都是一个定理.

$$\sin a + \sin b = 2\sin \frac{a+b}{2}\cos \frac{a-b}{2}$$

$$\sin a - \sin b = 2\cos \frac{a+b}{2}\sin \frac{a-b}{2}$$

$$\cos a + \cos b = 2\cos \frac{a+b}{2}\cos \frac{a-b}{2}$$

$$\cos b - \cos a = 2\sin \frac{a+b}{2}\sin \frac{a-b}{2}$$

从这四个等式, 用除法, 得定理

$$\frac{\sin a + \sin b}{\sin a - \sin b} = \tan \frac{a+b}{2}\cdot \cot \frac{a-b}{2} = \frac{\tan \dfrac{a+b}{2}}{\tan \dfrac{a-b}{2}}$$

$$\frac{\sin a + \sin b}{\cos a + \cos b} = \tan \frac{a+b}{2}$$

$$\frac{\sin b + \sin a}{\cos b - \cos b} = \cot \frac{a-b}{2}$$

$$\frac{\sin a - \sin b}{\cos a + \cos b} = \tan \frac{a-b}{2}$$

$$\frac{\sin a - \sin b}{\cos b - \cos b} = \cot \frac{a+b}{2}$$

$$\frac{\cos a + \cos b}{\cos b - \cos b} = \cot \frac{a+b}{2}\cdot \cot \frac{a-b}{2}$$

由此我们又推出定理

$$\frac{\sin a + \sin b}{\cos b + \cos b} = \frac{\cos b - \cos a}{\sin a - \sin b}$$

$$\frac{\sin a + \sin b}{\sin a - \sin b}\cdot \frac{\cos a + \cos b}{\cos b - \cos a} = \cot^2 \frac{a-b}{2}$$

$$\frac{\sin a + \sin b}{\sin a - \sin b}\cdot \frac{\cos b - \cos a}{\cos a + \cos b} = \tan^2 \frac{a+b}{2}$$

§132

从

$$\sin^2 z + \cos^2 z = 1$$

分解因式得

$$(\cos z + \sqrt{-1}\sin z)(\cos z - \sqrt{-1}\sin z) = 1$$

这因式是虚的, 但它们在关于弧的和与弧的积的讨论中很有用. 考虑乘积

$$(\cos z + \sqrt{-1}\sin z)(\cos y + \sqrt{-1}\sin y)$$

展开,得

$$\cos y\cos z - \sin y\sin z + (\cos y\sin z + \sin y\cos z)\sqrt{-1}$$

由于

$$\cos y\cos z - \sin y\sin z = \cos(y + z)$$
$$\sin y\cos z + \cos y\sin z = \sin(y + z)$$

从而所给乘积可表示成

$$(\cos y + \sqrt{-1}\sin y)(\cos z + \sqrt{-1}\sin z) = \cos(y + z) + \sqrt{-1}\sin(y + z)$$

类似地

$$(\cos y - \sqrt{-1}\sin y)(\cos z - \sqrt{-1}\sin z) = \cos(y + z) - \sqrt{-1}\sin(y + z)$$

进一步,我们有

$$(\cos x \pm \sqrt{-1}\sin x)(\cos y \pm \sqrt{-1}\sin y)(\cos z \pm \sqrt{-1}\sin z) =$$
$$\cos(x + y + z) \pm \sqrt{-1}\sin(x + y + z)$$

§133

利用上节结果,得

$$(\cos z \pm \sqrt{-1}\sin z)^2 = \cos 2z \pm \sqrt{-1}\sin 2z$$
$$(\cos z \pm \sqrt{-1}\sin z)^3 = \cos 3z \pm \sqrt{-1}\sin 3z$$

一般地

$$(\cos z \pm \sqrt{-1}\sin z)^n = \cos nz \pm \sqrt{-1}\sin nz$$

从而由于两重符号,我们得到

$$\cos nz = \frac{(\cos z + \sqrt{-1}\sin z)^n + (\cos z - \sqrt{-1}\sin z)^n}{2}$$

$$\sin nz = \frac{(\cos z + \sqrt{-1}\sin z)^n - (\cos z - \sqrt{-1}\sin z)^n}{2\sqrt{-1}}$$

将二项式的幂展开,得

$$\cos nz = \cos^n z - \frac{n(n-1)}{1\cdot 2}\cos^{n-2} z\sin^2 z +$$

$$\frac{n(n-1)(n-2)(n-3)}{1\cdot 2\cdot 3\cdot 4}\cos^{n-4} z\sin^4 z -$$

$$\frac{n(n-1)(n-2)(n-3)(n-4)(n-5)}{1\cdot 2\cdot 3\cdot 4\cdot 5\cdot 6}\cos^{n-6} z\sin^6 z + \cdots$$

$$\sin nz = \frac{n}{1}\cos^{n-1} z\sin z - \frac{n(n-1)(n-2)}{1\cdot 2\cdot 3}\cos^{n-3} z\sin^3 z +$$

$$\frac{n(n-1)(n-2)(n-3)(n-4)}{1\cdot 2\cdot 3\cdot 4\cdot 5}\cos^{n-5} z\sin^5 z - \cdots$$

§134

设弧 z 为无穷小,则 $\sin z = z, \cos z = 1.$ 又设 n 为无穷大,则 nz 为有限数. 记 $nz = v$, 由 $\sin z = z = \dfrac{v}{n}$, 得

$$\cos v = 1 - \frac{v^2}{1 \cdot 2} + \frac{v^4}{1 \cdot 2 \cdot 3 \cdot 4} - \frac{v^6}{1 \cdot 2 \cdot 3 \cdot 4 \cdot 5 \cdot 6} + \cdots$$

$$\sin v = v - \frac{v^3}{1 \cdot 2 \cdot 3} + \frac{v^5}{1 \cdot 2 \cdot 3 \cdot 4 \cdot 5} - \frac{v^7}{1 \cdot 2 \cdot 3 \cdot 4 \cdot 5 \cdot 6 \cdot 7} + \cdots$$

给了弧 v, 我们可以用这两个级数来求它的正弦和余弦. 为了使这两个公式用起来更清楚, 我们取 v 比四分之一圆周, 或 $90°$ 等于 m 比 n, 也即 $v = \dfrac{m}{n} \cdot \dfrac{\pi}{2} \cdot \pi$ 的值已知, 代入公式, 得

$$\sin \frac{m}{n} 90° = \frac{m}{n} \cdot 1.570\ 796\ 326\ 794\ 896\ 619\ 231\ 321\ 691\ 6 -$$

$$\frac{m^3}{n^3} \cdot 0.645\ 964\ 097\ 506\ 246\ 253\ 655\ 756\ 563\ 6 +$$

$$\frac{m^5}{n^5} \cdot 0.079\ 692\ 626\ 246\ 167\ 045\ 120\ 505\ 548\ 8 -$$

$$\frac{m^7}{n^7} \cdot 0.004\ 681\ 754\ 135\ 318\ 688\ 100\ 685\ 463\ 2 +$$

$$\frac{m^9}{n^9} \cdot 0.000\ 160\ 441\ 184\ 787\ 359\ 821\ 872\ 660\ 5 -$$

$$\frac{m^{11}}{n^{11}} \cdot 0.000\ 003\ 598\ 843\ 235\ 212\ 085\ 340\ 458\ 0 +$$

$$\frac{m^{13}}{n^{13}} \cdot 0.000\ 000\ 056\ 921\ 729\ 219\ 679\ 268\ 117\ 1 -$$

$$\frac{m^{15}}{n^{15}} \cdot 0.000\ 000\ 000\ 668\ 803\ 510\ 981\ 146\ 722\ 4 +$$

$$\frac{m^{17}}{n^{17}} \cdot 0.000\ 000\ 000\ 006\ 066\ 935\ 731\ 106\ 195\ 0 -$$

$$\frac{m^{19}}{n^{19}} \cdot 0.000\ 000\ 000\ 000\ 043\ 770\ 654\ 673\ 137\ 0 +$$

$$\frac{m^{21}}{n^{21}} \cdot 0.000\ 000\ 000\ 000\ 000\ 257\ 142\ 289\ 285\ 6 -$$

$$\frac{m^{23}}{n^{23}} \cdot 0.000\ 000\ 000\ 000\ 000\ 001\ 253\ 899\ 540\ 3 +$$

$$\frac{m^{25}}{n^{25}} \cdot 0.000\ 000\ 000\ 000\ 000\ 000\ 005\ 156\ 455\ 0 -$$

$$\frac{m^{27}}{n^{27}} \cdot 0.000\ 000\ 000\ 000\ 000\ 000\ 000\ 018\ 123\ 9\ +$$

$$\frac{m^{29}}{n^{29}} \cdot 0.000\ 000\ 000\ 000\ 000\ 000\ 000\ 000\ 054\ 9$$

$$\cos\frac{m}{n}90° = 1.000\ 000\ 000\ 000\ 000\ 000\ 000\ 000\ 000\ 0\ -$$

$$\frac{m^{2}}{n^{2}} \cdot 1.233\ 700\ 550\ 136\ 169\ 827\ 354\ 311\ 374\ 5\ +$$

$$\frac{m^{4}}{n^{4}} \cdot 0.253\ 669\ 507\ 901\ 048\ 013\ 636\ 563\ 365\ 9\ -$$

$$\frac{m^{6}}{n^{6}} \cdot 0.020\ 863\ 480\ 763\ 352\ 960\ 873\ 051\ 636\ 4\ +$$

$$\frac{m^{8}}{n^{8}} \cdot 0.000\ 919\ 260\ 274\ 839\ 426\ 580\ 241\ 715\ 8\ -$$

$$\frac{m^{10}}{n^{10}} \cdot 0.000\ 025\ 202\ 042\ 373\ 060\ 605\ 481\ 052\ 6\ +$$

$$\frac{m^{12}}{n^{12}} \cdot 0.000\ 000\ 471\ 087\ 477\ 881\ 817\ 150\ 366\ 5\ -$$

$$\frac{m^{14}}{n^{14}} \cdot 0.000\ 000\ 006\ 386\ 603\ 083\ 791\ 852\ 240\ 8\ +$$

$$\frac{m^{16}}{n^{16}} \cdot 0.000\ 000\ 000\ 065\ 659\ 631\ 149\ 794\ 723\ 0\ -$$

$$\frac{m^{18}}{n^{18}} \cdot 0.000\ 000\ 000\ 000\ 529\ 440\ 020\ 073\ 462\ 0\ +$$

$$\frac{m^{20}}{n^{20}} \cdot 0.000\ 000\ 000\ 000\ 003\ 437\ 739\ 179\ 098\ 1\ -$$

$$\frac{m^{22}}{n^{22}} \cdot 0.000\ 000\ 000\ 000\ 000\ 018\ 359\ 916\ 521\ 2\ +$$

$$\frac{m^{24}}{n^{24}} \cdot 0.000\ 000\ 000\ 000\ 000\ 000\ 082\ 067\ 532\ 7\ -$$

$$\frac{m^{26}}{n^{26}} \cdot 0.000\ 000\ 000\ 000\ 000\ 000\ 000\ 311\ 528\ 5\ +$$

$$\frac{m^{28}}{n^{28}} \cdot 0.000\ 000\ 000\ 000\ 000\ 000\ 000\ 001\ 016\ 5\ -$$

$$\frac{m^{30}}{n^{30}} \cdot 0.000\ 000\ 000\ 000\ 000\ 000\ 000\ 000\ 002\ 6$$

只需求出45°以内的正弦和余弦,从而只需对小于 $\frac{1}{2}$ 的 $\frac{m}{n}$ 求级数的和. 此时 $\frac{m}{n}$ 的幂,次数越高值越小. 级数收敛很快. 如果要求的小数位数不多,取少数几项即可.

正切和余切都是正弦与余弦的比,所以有了正弦和余弦就可以算出正切和余切. 但大数的相乘相除太繁,所以我们还是要想法导出正切和余切的方便的展开式. 我们有

$$\tan v = \frac{\sin v}{\cos v} = \frac{v - \dfrac{v^3}{1 \cdot 2 \cdot 3} + \dfrac{v^5}{1 \cdot 2 \cdot 3 \cdot 4 \cdot 5} - \dfrac{v^7}{1 \cdot 2 \cdot 3 \cdot 4 \cdot 5 \cdot 6 \cdot 7} + \cdots}{1 - \dfrac{v^2}{1 \cdot 2} + \dfrac{v^4}{1 \cdot 2 \cdot 3 \cdot 4} - \dfrac{v^6}{1 \cdot 2 \cdot 3 \cdot 4 \cdot 5 \cdot 6} + \cdots}$$

$$\cot v = \frac{\cos v}{\sin v} = \frac{1 - \dfrac{v^2}{1 \cdot 2} + \dfrac{v^4}{1 \cdot 2 \cdot 3 \cdot 4} - \dfrac{v^6}{1 \cdot 2 \cdot 3 \cdot 4 \cdot 5 \cdot 6} + \cdots}{v - \dfrac{v^3}{1 \cdot 2 \cdot 3} + \dfrac{v^5}{1 \cdot 2 \cdot 3 \cdot 4 \cdot 5} - \dfrac{v^7}{1 \cdot 2 \cdot 3 \cdot 4 \cdot 5 \cdot 6 \cdot 7} + \cdots}$$

如果 $v = \dfrac{m}{n}90°$,那么类似于上一节,我们有

$$\tan \frac{m}{n}90° = \frac{2mn}{n^2 - m^2} \cdot 0.636\,619\,772\,367\,5 +$$

$$\frac{m}{n} \cdot 0.297\,556\,782\,059\,7 +$$

$$\frac{m^3}{n^3} \cdot 0.018\,688\,650\,277\,3 +$$

$$\frac{m^5}{n^5} \cdot 0.001\,842\,475\,203\,4 +$$

$$\frac{m^7}{n^7} \cdot 0.000\,197\,580\,071\,4 +$$

$$\frac{m^9}{n^9} \cdot 0.000\,021\,697\,724\,5 +$$

$$\frac{m^{11}}{n^{11}} \cdot 0.000\,002\,401\,137\,0 +$$

$$\frac{m^{13}}{n^{13}} \cdot 0.000\,000\,266\,413\,2 +$$

$$\frac{m^{15}}{n^{15}} \cdot 0.000\,000\,029\,586\,4 +$$

$$\frac{m^{17}}{n^{17}} \cdot 0.000\,000\,003\,286\,7 +$$

$$\frac{m^{19}}{n^{19}} \cdot 0.000\,000\,000\,365\,1 +$$

$$\frac{m^{21}}{n^{21}} \cdot 0.000\,000\,000\,040\,5 +$$

$$\frac{m^{23}}{n^{23}} \cdot 0.000\,000\,000\,004\,5 +$$

$$\frac{m^{25}}{n^{25}} \cdot 0.000\ 000\ 000\ 000\ 5$$

$$\cot \frac{m}{n} 90° = \frac{n}{m} \cdot 0.636\ 619\ 772\ 367\ 5 -$$

$$\frac{4mn}{4n^2 - m^2} \cdot 0.318\ 309\ 886\ 183\ 7 -$$

$$\frac{m}{n} \cdot 0.205\ 288\ 889\ 414\ 5 -$$

$$\frac{m^3}{n^3} \cdot 0.006\ 551\ 074\ 788\ 2 -$$

$$\frac{m^5}{n^5} \cdot 0.000\ 345\ 029\ 255\ 4 -$$

$$\frac{m^7}{n^7} \cdot 0.000\ 020\ 279\ 106\ 0 -$$

$$\frac{m^9}{n^9} \cdot 0.000\ 001\ 236\ 652\ 7 -$$

$$\frac{m^{11}}{n^{11}} \cdot 0.000\ 000\ 076\ 495\ 9 -$$

$$\frac{m^{13}}{n^{13}} \cdot 0.000\ 000\ 004\ 759\ 7 -$$

$$\frac{m^{15}}{n^{15}} \cdot 0.000\ 000\ 000\ 296\ 9 -$$

$$\frac{m^{17}}{n^{17}} \cdot 0.000\ 000\ 000\ 018\ 5 -$$

$$\frac{m^{19}}{n^{19}} \cdot 0.000\ 000\ 000\ 001\ 1$$

这两个级数的导出方法见 §197.

§136

前面讲了,有了半直角以内的角的正弦和余弦,我们就可以写出任何一个更大的角的正弦和余弦. 事实上,用不了那么多,有了 30° 以内的角的正弦和余弦,用加法和减法我们就可以求出所有更大的角的正弦和余弦. 令 §130 公式中的 $y = 30°$,由于 $\sin 30° = \frac{1}{2}$,我们得到

$$\cos z = \sin(30° + z) + \sin(30° - z)$$

和

$$\sin z = \cos(30° - z) - \cos(30° + z)$$

这样一来,由角 z 和 $30° - z$ 的正弦和余弦,我们得到

$$\sin(30° + z) = \cos z - \sin(30° - z)$$

和

$$\cos(30° + z) = \cos(30° - z) - \sin z$$

由此我们可以得到30°到60°的正弦和余弦,也就可以得到一切更大的角的正弦和余弦.

§ 137

也可以用类似地方法来求正切和余切. 由

$$\tan(a + b) = \frac{\tan a + \tan b}{1 - \tan a \tan b}$$

得

$$\tan 2a = \frac{2\tan a}{1 - (\tan a)^2}, \cot 2a = \frac{\cot a - \tan a}{2}$$

利用这两个等式,由小于30°的弧的正切和余切,我们可以求出直到60°的弧的所有角的正切和余切.

如果 $a = 30° - b$,则

$$2a = 60° - 2b, \cot 2a = \tan(30° + 2b)$$

从而

$$\tan(30° + 2b) = \frac{\cot(30° - b) - \tan(30° - b)}{2}$$

利用这个公式也可以得到大于30°的弧的正切和余切.

正割和余割可以从正切用减法得到. 这只需利用

$$\csc z = \cot \frac{z}{2} - \cot z$$

和

$$\sec z = \cot\left(45° - \frac{z}{2}\right) - \tan z$$

从以上所讲,正弦表的造法应该清楚了.

§ 138

我们再一次应用 § 133 的公式. 令弧 z 为无穷小,令 n 为无穷大数 i,从而 iz 为有限数 v. 这样一来,我们有 $nz = v, z = \frac{v}{i}$,从而 $\sin z = \frac{v}{i}, \cos z = 1$. 将这些代入 § 133 节公式,得

$$\cos v = \frac{\left(1 + \frac{v\sqrt{-1}}{i}\right)^i + \left(1 - \frac{v\sqrt{-1}}{i}\right)^i}{2}$$

和

$$\sin v = \frac{(1 + \frac{v\sqrt{-1}}{i})^i - (1 - \frac{v\sqrt{-1}}{i})^i}{2\sqrt{-1}}$$

前一章中我们得到

$$(1 + \frac{z}{i})^i = e^z$$

e 为自然对数的底,分别令 z 等于 $+v\sqrt{-1}$ 和 $-v\sqrt{-1}$,我们得到

$$\cos v = \frac{e^{+v\sqrt{-1}} + e^{-v\sqrt{-1}}}{2}$$

和

$$\sin v = \frac{e^{+v\sqrt{-1}} - e^{-v\sqrt{-1}}}{2\sqrt{-1}}$$

从这两个方程得

$$e^{+v\sqrt{-1}} = \cos v + \sqrt{-1} \sin v$$

和

$$e^{-v\sqrt{-1}} = \cos v - \sqrt{-1} \sin v$$

即虚指数量可以用实弧的正弦和余弦表示.

§139

令 §133 公式中的 n 为无穷小数,即 $n = \frac{1}{i}$,i 为无穷大,则

$$\cos nz = \cos \frac{z}{i} = 1, \sin nz = \sin \frac{z}{i} = \frac{z}{i}$$

这是因为 i 为无穷大,所以 $\frac{z}{i}$ 是接近于消失的弧,这种弧的正弦等于弧本身,余弦等于1.

代入 §133 的公式,得

$$1 = \frac{(\cos z + \sqrt{-1} \sin z)^{\frac{1}{i}} + (\cos z - \sqrt{-1} \sin z)^{\frac{1}{i}}}{2}$$

和

$$\frac{z}{i} = \frac{(\cos z + \sqrt{-1} \sin z)^{\frac{1}{i}} - (\cos z - \sqrt{-1} \sin z)^{\frac{1}{i}}}{2\sqrt{-1}}$$

§125 节中证明了,取自然对数,我们有

$$\log(1 + x) = i(1 + x)^{\frac{1}{i}} - i$$

或者换 $1 + x$ 为 y,我们有

$$y^{\frac{1}{i}} = \frac{1}{i}\log y + 1$$

现在先用 $\cos z + \sqrt{-1} \sin z$,再用 $\cos z - \sqrt{-1} \sin z$ 代换 y,结果相加,得

$$1 = \cfrac{1 + \dfrac{1}{i}\log(\cos z + \sqrt{-1}\sin z) + 1 + \dfrac{1}{i}\log(\cos z - \sqrt{-1}\sin z)}{2} = 1$$

由于有对数的项消失,成为 $1 = 1$,因而从这一方程我们一无所获. 结果相减,得

$$\frac{z}{i} = \cfrac{\dfrac{1}{i}\log(\cos z + \sqrt{-1}\sin z) - \dfrac{1}{i}\log(\cos z - \sqrt{-1}\sin z)}{2\sqrt{-1}}$$

从而

$$z = \frac{1}{2\sqrt{-1}}\log\frac{\cos z + \sqrt{-1}\sin z}{\cos z - \sqrt{-1}\sin z}$$

由此我们看到,虚数的对数如何地化成了圆的弧.

§140

由于 $\dfrac{\sin z}{\cos z} = \tan z$,从上节末的等式我们得到,弧 z 可用它的正切表示为

$$z = \frac{1}{2\sqrt{-1}}\log\frac{1 + \sqrt{-1}\tan z}{1 - \sqrt{-1}\tan z}$$

§123 我们看到

$$\log\frac{1+x}{1-x} = \frac{2x}{1} + \frac{2x^3}{3} + \frac{2x^5}{5} + \frac{2x^7}{7} + \cdots$$

令 $x = \sqrt{-1}\tan z$,得

$$z = \frac{\tan z}{1} - \frac{\tan^3 z}{3} + \frac{\tan^5 z}{5} - \frac{\tan^7 z}{7} + \cdots$$

记正切为 t 的弧为 $\arctan t$[①],即 $t = \tan z$ 时

$$z = \arctan t$$

则

$$z = \arctan t = \frac{t}{1} - \frac{t^3}{3} + \frac{t^5}{5} - \frac{t^7}{7} + \frac{t^9}{9} - \cdots$$

$45°$ 或 $\dfrac{\pi}{4}$ 的正切等于 1,从而

$$\frac{\pi}{4} = 1 - \frac{1}{3} + \frac{1}{5} - \frac{1}{7} + \cdots$$

莱布尼兹最先导出这个级数,并用它作为圆周长的表示式.

———————————

① 欧拉用的符号为 A. tang t. —— 中译者

§141

我们来实践一下用上节所给级数法求弧长. 为此我们将级数中的正切 t 换成一个足够小的分数, 比如 $\frac{1}{10}$, 则对应的弧

$$z = \frac{1}{10} - \frac{1}{3\,000} + \frac{1}{500\,000} - \cdots$$

不难用小数写出这个级数的近似值. 但从求得的这段弧长, 我们得不到关于圆周长的任何东西, 因为我们完全不知道正切为 $\frac{1}{10}$ 的弧与整个圆周的比. 为了同时求得圆周长, 我们找这样一段弧, 它本身是圆周的若干分之一, 它的正切小而且容易表示, 通常认为正切为 $\frac{1}{\sqrt{3}}$ 的 30° 弧是合乎要求的, 因为与圆周有公度的更小的弧, 其正切都是太过复杂的无理数. 由 $30° = \frac{\pi}{6}$ 得

$$\frac{\pi}{6} = \frac{1}{\sqrt{3}} - \frac{1}{3 \cdot 3\sqrt{3}} + \frac{1}{5 \cdot 3^2\sqrt{3}} - \cdots$$

和

$$\pi = \frac{2\sqrt{3}}{1} - \frac{2\sqrt{3}}{3 \cdot 3} + \frac{2\sqrt{3}}{5 \cdot 3^2} - \frac{2\sqrt{3}}{7 \cdot 3^3} + \cdots$$

§126 所列的那个 π 值, 就是利用这个级数, 花费了难以想象的那么多劳动算出来的.

§142

上节所提那劳动量之所以巨大, 一则因为每项都是无理数, 再则因为每项都是前项的约三分之一. 为降低劳动量, 我们取 45° 弧或 $\frac{\pi}{4}$. 表示它的级数为

$$1 - \frac{1}{3} + \frac{1}{5} - \frac{1}{7} + \cdots$$

这个级数收敛极慢. 我们取这段弧, 不做更改, 但分它为 a, b 两部分, 使得

$$a + b = \frac{\pi}{4} = 45°$$

由

$$\tan(a + b) = \frac{\tan a + \tan b}{1 - \tan a \cdot \tan b}$$

得

$$1 - \tan a \cdot \tan b = \tan a + \tan b$$

从而

$$\tan b = \frac{1 - \tan a}{1 + \tan a}$$

这样,令 $\tan a = \dfrac{1}{2}$,则 $\tan b = \dfrac{1}{3}$. 弧 a 和弧 b 的级数都是有理的,且其收敛速度比原来要快得多. 它们的和就是 $\dfrac{\pi}{4}$ 的值. 即

$$\pi = 4\left\{\begin{array}{l} \dfrac{1}{1 \cdot 2} - \dfrac{1}{3 \cdot 2^3} + \dfrac{1}{5 \cdot 2^5} - \dfrac{1}{7 \cdot 2^7} + \dfrac{1}{9 \cdot 2^9} - \cdots \\ \dfrac{1}{1 \cdot 3} - \dfrac{1}{3 \cdot 3^3} + \dfrac{1}{5 \cdot 3^5} - \dfrac{1}{7 \cdot 3^7} + \dfrac{1}{9 \cdot 3^9} - \cdots \end{array}\right\}$$

用这样两个级数求半圆周 π,比用原来的一个级数,速度要快得多.

第九章　　三项式因式

§143

我们讲了用解方程的方法求整函数的线性因式. 也即讲了求整函数
$$\alpha + \beta z + \gamma z^2 + \delta z^3 + \varepsilon z^4 + \cdots$$
的状如 $p - qz$ 的因式的方法, 当 $p - qz$ 是函数
$$\alpha + \beta z + \gamma z^2 + \delta z^3 + \varepsilon z^4 + \cdots$$
的因式时, 令 $z = \dfrac{p}{q}$, 则 $p - qz = 0$, 从而整个函数为零. 也即, 如果 $p - qz$ 是整函数
$$\alpha + \beta z + \gamma z^2 + \delta z^3 + \varepsilon z^4 + \cdots$$
的因式, 则
$$\alpha + \frac{\beta p}{q} + \frac{\gamma p^2}{q^2} + \frac{\delta p^3}{q^3} + \frac{\varepsilon p^4}{q^4} + \cdots = 0$$
反之, 这个方程的所有的根, 给出整函数
$$\alpha + \beta z + \gamma z^2 + \delta z^3 + \varepsilon z^4 + \cdots$$
的所有因式 $p - qz$. 显然, 线性因式的个数, 由 z 的最高幂的次数决定.

§144

但上述方法不大适用于求虚线性因式. 因而本章我们讲一种常常可以用来求虚线性因式的特殊方法. 由于虚线性因式是成对出现的, 每对乘积是实的, 所以我们先考察其一次因式是虚的那种二次因式, 即状如
$$p - qz + rz^2$$
的实二次因式. 如果函数 $\alpha + \beta z + \gamma z^2 + \delta z^3 + \varepsilon z^4 + \cdots$ 的因式, 都是这种类型的二次三项式 $p - qz + rz^2$, 那么它的根就都是虚的.

§145

如果 $4pr > q^2$, 或

$$\frac{q}{2\sqrt{pr}} < 1$$

则三项式 $p - qz + rz^2$ 的因式是虚的. 因为角的正弦和余弦都是小于 1 的, 所以如果 $\dfrac{q}{2\sqrt{pr}}$ 等于某个角的正弦或余弦, 则三项式 $p - qz + rz^2$ 的两个因式都是虚的. 设

$$\frac{q}{2\sqrt{pr}} = \cos \varphi \ \text{或} \ q = 2\sqrt{pr}\cos \varphi$$

则三项式 $p - qz + rz^2$ 的因式是虚的, 为免得无理性带来麻烦, 我们假定三项式的形状为 $p^2 - 2pqz\cos \varphi + q^2z^2$, 它的虚因式为

$$qz - p(\cos \varphi + \sqrt{-1}\sin \varphi) \ \text{和} \ qz - p(\cos \varphi - \sqrt{-1}\sin \varphi)$$

显然, 如果 $\cos \varphi = \pm 1$, 则 $\sin \varphi = 0$, 两个因式相等, 都是实的.

§146

对整函数 $\alpha + \beta z + \gamma z^2 + \delta z^3 + \cdots$, 如果求出了其因式 $p^2 - 2pqz\cos \varphi + q^2z^2$ 中的字母 p, q 和角度 φ, 也就等于求出了它的虚线性因式. 这时虚线性因式为

$$qz - p(\cos \varphi + \sqrt{-1}\sin \varphi) \ \text{和} \ qz - p(\cos \varphi - \sqrt{-1}\sin \varphi)$$

因此将

$$z = \frac{p}{q}(\cos \varphi + \sqrt{-1}\sin \varphi)$$

$$z = \frac{p}{q}(\cos \varphi - \sqrt{-1}\sin \varphi)$$

代入所给函数, 都得零. 每做一次这样的代入, 我们都得到关于分数 $\dfrac{p}{q}$ 和弧 φ 的两个方程.

§147

这种代入, 看上去可能会认为它太麻烦, 但利用前一章所得结果, 做起来相当容易. 事实上, 将 z 的上述两个表达式代入 z 的幂, 利用前章公式

$$(\cos \varphi \pm \sqrt{-1}\sin \varphi)^n = \cos n\varphi \pm \sqrt{-1}\sin n\varphi$$

我们得到下面的公式

将第一式代入, 得 | 将第二式代入, 得

$$z = \frac{p}{q}(\cos \varphi + \sqrt{-1}\sin \varphi) \qquad z = \frac{p}{q}(\cos \varphi - \sqrt{-1}\sin \varphi)$$

$$z^2 = \frac{p^2}{q^2}(\cos 2\varphi + \sqrt{-1}\sin 2\varphi) \qquad z^2 = \frac{p^2}{q^2}(\cos 2\varphi - \sqrt{-1}\sin 2\varphi)$$

$$z^3 = \frac{p^3}{q^3}(\cos 3\varphi + \sqrt{-1}\sin 3\varphi) \qquad z^3 = \frac{p^3}{q^3}(\cos 3\varphi - \sqrt{-1}\sin 3\varphi)$$

$$z^4 = \frac{p^4}{q^4}(\cos 4\varphi + \sqrt{-1}\sin 4\varphi) \qquad z^4 = \frac{p^4}{q^4}(\cos 4\varphi - \sqrt{-1}\sin 4\varphi)$$

$$\vdots \qquad\qquad\qquad\qquad\qquad\qquad\qquad \vdots$$

为简单起见,记 $\frac{p}{q} = r$,那么代入之后,得到如下的两个方程

$$0 = \begin{cases} \alpha + \beta r\cos\varphi + \gamma r^2\cos 2\varphi + \delta r^3\cos 3\varphi + \cdots + \\ \beta r\sqrt{-1}\sin\varphi + \gamma r^2\sqrt{-1}\sin 2\varphi + \delta r^3\sqrt{-1}\sin 3\varphi + \cdots \end{cases}$$

$$0 = \begin{cases} \alpha + \beta r\cos\varphi + \gamma r^2\cos 2\varphi + \delta r^3\cos 3\varphi + \cdots - \\ \beta r\sqrt{-1}\sin\varphi - \gamma r^2\sqrt{-1}\sin 2\varphi - \delta r^3\sqrt{-1}\sin 3\varphi - \cdots \end{cases}$$

§148

将这两个方程先相加,再相减,并在相减之后除以 $2\sqrt{-1}$,这样我们得到两个实方程

$$0 = \alpha + \beta r\cos\varphi + \gamma r^2\cos 2\varphi + \delta r^3\cos 3\varphi + \cdots$$

$$0 = \beta r\sin\varphi + \gamma r^2\sin 2\varphi + \delta r^3\sin 3\varphi + \cdots$$

给了整函数

$$\alpha + \beta z + \gamma z^2 + \delta z^3 + \varepsilon z^4 + \cdots$$

我们立刻就可以写出这两个实方程,这只需先置

$$z^n = r^n\cos n\varphi$$

再置

$$z^n = r^n\sin n\varphi$$

因为 $\sin 0\varphi = 0$,$\cos 0\varphi = 1$,所以 z^0 在第一个方程中为 1,在第二个方程中为 0. 如果我们能够从这两个方程求出未知数 r 和 φ,那么由于 $r = \frac{p}{q}$,我们就可以得到所给函数的三项式因式 $p^2 - 2pqz\cos\varphi + q^2z^2$. 从而也就得到了虚线性因式.

§149

分别乘上节第一、二两个方程以 $\sin m\varphi$ 和 $\cos m\varphi$,积相加相减,得

$$0 = \alpha\sin m\varphi + \beta r\sin(m+1)\varphi + \gamma r^2\sin(m+2)\varphi + \\ \delta r^3\sin(m+3)\varphi + \cdots$$

$$0 = \alpha\sin m\varphi + \beta r\sin(m-1)\varphi + \gamma r^2\sin(m-2)\varphi + \\ \delta r^3\sin(m-3)\varphi + \cdots$$

如果颠倒一下,改为乘 $\cos m\varphi$ 和 $\sin m\varphi$,则加减之后得

$$0 = \alpha\cos m\varphi + \beta r\cos(m-1)\varphi + \gamma r^2\cos(m-2)\varphi +$$

$$\delta r^3 \cos(m-3)\varphi + \cdots$$
$$0 = \alpha\cos m\varphi + \beta r\cos(m+1)\varphi + \gamma r^2\cos(m+2)\varphi +$$
$$\delta r^3 \cos(m+3)\varphi + \cdots$$

这四个方程中任何两个都可以决定未知数 r 和 φ. 因为这样的两个方程常常有几组不同的解,我们也就得到同样多不同的三项式因式,事实上是所求三项式因式全体.

§150

为了进一步弄清这些公式的应用,我们来考察几种较为常见的函数的三项式因式. 所得结果可供需要时套用. 先求函数

$$a^n + z^n$$

的状如

$$p^2 - 2pqz\cos\varphi + q^2z^2$$

的三项式因式. 令 $r = \dfrac{p}{q}$,我们得到方程

$$0 = a^n + r^n\cos n\varphi \ \text{和} \ 0 = r^n\sin n\varphi$$

从后一个方程得

$$\sin n\varphi = 0$$

从而 $n\varphi$ 等于 $(2K+1)\pi$ 或 $2K\pi$,K 为整数,我们把这两种情况分开,是因为它们的余弦不同 $\cos(2K+1)\pi = -1$,$\cos 2K\pi = +1$. 显然应取第一种情形

$$n\varphi = (2K+1)\pi$$

因为它给出 $\cos n\varphi = -1$,从而

$$0 = a^n - r^n$$

进而

$$r = a = \frac{p}{q}$$

这样

$$p = a, \quad q = 1, \quad \varphi = \frac{(2K+1)\pi}{n}$$

从而函数 $a^n + z^n$ 的因式为

$$a^2 - 2az\cos\frac{(2K+1)\pi}{n} + z^2$$

K 可以为任何整数,也即可以得到很多因式. 但由 $\cos(2\pi \pm \varphi) = \cos\varphi$ 知,$2K+1$ 增大到大于 n 时,因式开始重复,所以因式的个数可以很多,但不是无穷. 这一点从下面的例子可以看得更清楚. 再一点,如果 n 为奇数,则当 $2K+1 = n$ 时得到完全平方 $a^2 + 2az + z^2$. 但完全平方 $(a+z)^2$ 不是函数 $a^n + z^n$ 的因式. 这是因为(根据 §148)由 $(a+z)^2$ 我们只能得到一个方程.

例1 为看得更清楚,我们列出几种情形,并按 n 的奇偶分为两类:

$n = 1$ 时,函数为	$n = 2$ 时,函数为
$a + z$	$a^2 + z^2$
因式为	因式为
$a + z$	$a^2 + z^2$
$n = 3$ 时,函数为	$n = 4$ 时,函数为
$a^3 + z^3$	$a^4 + z^4$
因式为	因式为
$a^2 - 2az\cos\dfrac{\pi}{3} + z^2$	$a^2 - 2az\cos\dfrac{\pi}{4} + z^2$
$a + z$	$a^2 - 2az\cos\dfrac{3\pi}{4} + z^2$
$n = 5$ 时,函数为	$n = 6$ 时,函数为
$a^5 + z^5$	$a^6 + z^6$
因式为	因式为
$a^2 - 2az\cos\dfrac{\pi}{5} + z^2$	$a^2 - 2az\cos\dfrac{\pi}{6} + z^2$
$a^2 - 2az\cos\dfrac{3\pi}{5} + z^2$	$a^2 - 2az\cos\dfrac{3\pi}{6} + z^2$
$a + z$	$a^2 - 2az\cos\dfrac{5\pi}{6} + z^2$

从这些例子我们看到将 $2K + 1$ 换为不大于指数 n 的各个奇数,就得到所有的因式. 得到完全平方时,因式为这完全平方的方根.

§151

在函数
$$a^n - z^n$$
的状如
$$p^2 - 2pqz\cos\varphi + q^2z^2$$
的三项式因式中,令 $r = \dfrac{p}{q}$,则
$$0 = a^n - r^n\cos n\varphi, \quad 0 = r^n\sin n\varphi$$
我们又得到
$$\sin n\varphi = 0$$
即 $n\varphi = (2K + 1)\pi$ 或 $n\varphi = 2K\pi$. 这里应该取第二个值,使 $\cos n\varphi = + 1$,从而得到
$$0 = a^n - r^n, \quad r = \dfrac{p}{q} = a$$
这样一来,我们就有

$$p = a, q = 1, \varphi = \frac{2K\pi}{n}$$

进而得到所给函数的三项式因式为

$$a^2 - 2az\cos\frac{2K\pi}{n} + z^2$$

令该式中的 $2K$ 取不大于 n 的各个偶数,我们就得到所有因式. 关于完全平方因式,我们照上节的办法处理. 首先 $K = 0$ 时得 $a^2 - 2az + z^2$,因此得到方根 $a - z$. 类似地,如果 n 是偶数 $2K = n$,则我们得到 $a^2 + 2az + z^2$,从而 $a + z$ 是 $a^n - z^n$ 的因式.

例 2 跟前节的例一样,按数 n 的奇偶分为两类:

$n = 1$ 时,函数为 $a - z$ 因式为 $a - z$	$n = 2$ 时,函数为 $a^2 - z^2$ 因式为 $a - z$ $a + z$
$n = 3$ 时,函数为 $a^3 - z^3$ 因式为 $a - z$ $a^2 - 2az\cos\frac{2\pi}{3} + z^2$	$n = 4$ 时,函数为 $a^4 - z^4$ 因式为 $a - z$ $a^2 - 2az\cos\frac{2\pi}{4} + z^2$ $a + z$
$n = 5$ 时,函数为 $a^5 - z^5$ 因式为 $a - z$ $a^2 - 2az\cos\frac{2\pi}{5} + z^2$ $a^2 - 2az\cos\frac{4\pi}{5} + z^2$	$n = 6$ 时,函数为 $a^6 - z^6$ 因式为 $a - z$ $a^2 - 2az\cos\frac{2\pi}{6} + z^2$ $a^2 - 2az\cos\frac{4\pi}{6} + z^2$ $a + z$

§ 152

我们说过,每一个整函数都可以表示成实线性和实二次因式的乘积. 前面举的是一些具体实现的例子. 也即我们能够把状如 $a^n \pm z^n$ 的任何次数的整函数分解成实线性和实二次因式的乘积. 现在我们转向更复杂的状如 $\alpha + \beta z^n + \gamma z^{2n}$ 的函数. 如果能把它分解成状如 $\eta + \theta z^n$ 的两个实因式,那就成了前两节讲过的情形. 下面讲另外情形的 $\alpha + \beta z^n + \gamma z^{2n}$ 的分解.

考虑不能分解成状如 $\eta + \theta z^n$ 的两个实因式乘积的函数

$$a^{2n} - 2a^n z^n \cos g + z^{2n}$$

假定它的一个实二次因式为

$$p^2 - 2pqz\cos \varphi + q^2 z^2$$

那么令 $r = \dfrac{p}{q}$，我们得到两个方程

$$0 = a^{2n} - 2a^n r^n \cos g \cos n\varphi + r^{2n} \cos 2n\varphi$$

和

$$0 = -2a^n r^n \cos g \sin n\varphi + r^{2n} \sin 2n\varphi$$

用 §149 的方法，置 $m = 2n$，将第一个方程换成

$$0 = a^2 \sin 2n\varphi - 2a^n r^n \cos g \sin n\varphi$$

这个方程与第二个方程联立，得

$$r = a$$

从而

$$\sin 2n\varphi = 2\cos g \sin n\varphi$$

但

$$\sin 2n\varphi = 2\sin n\varphi \cos n\varphi$$

两式比较，得

$$\cos n\varphi = \cos g$$

由 $\cos(2K\pi \pm g) = \cos g$ 得

$$n\varphi = 2K\pi \pm g, \quad \varphi = \frac{2K\pi \pm g}{n}$$

这样我们就得到了，所给函数的二次因式的一般形状为

$$a^2 - 2az\cos \frac{2K\pi \pm g}{n} + z^2$$

让 $2K$ 依次等于不大于 n 的各个偶数，就得到所有的因式.

例3 为弄清因式的具体求法，我们考虑 n 为 $1, 2, 3, 4, \cdots$ 的情形.

函数 $a^2 - 2az\cos g + z^2$ 的因式为

$$a^2 - 2az\cos g + z^2$$

函数 $a^4 - 2a^2 z^2 \cos g + z^4$ 的因式为

$$a^2 - 2az\cos \frac{g}{2} + z^2$$

$$a^2 - 2az\cos \frac{2\pi \pm g}{2} + z^2 \text{ 或 } a^2 + 2az\cos \frac{g}{2} + z^2$$

函数 $a^6 - 2a^3z^3\cos g + z^6$ 的因式为

$$a^2 - 2az\cos\frac{g}{3} + z^2$$

$$a^2 - 2az\cos\frac{2\pi - g}{3} + z^2$$

$$a^2 - 2az\cos\frac{2\pi + g}{3} + z^2$$

函数 $a^8 - 2a^4z^4\cos g + z^8$ 的因式为

$$a^2 - 2az\cos\frac{g}{4} + z^2$$

$$a^2 - 2az\cos\frac{2\pi - g}{4} + z^2$$

$$a^2 - 2az\cos\frac{2\pi + g}{4} + z^2$$

$$a^2 - 2az\cos\frac{4\pi \pm g}{4} + z^2 \text{ 或 } a^2 + 2az\cos\frac{g}{4} + z^2$$

函数 $a^{10} - 2a^5z^5\cos g + z^{10}$ 的因式为

$$a^2 - 2az\cos\frac{g}{5} + z^2$$

$$a^2 - 2az\cos\frac{2\pi + g}{5} + z^2$$

$$a^2 - 2az\cos\frac{2\pi + g}{5} + z^2$$

$$a^2 - 2az\cos\frac{4\pi - g}{5} + z^2$$

$$a^2 - 2az\cos\frac{4\pi + g}{5} + z^2$$

这是证实整函数都可以分解成实的线性和二次因式的又一批例子.

§154

接下去我们考虑函数

$$\alpha + \beta z^n + \gamma z^{2n} + \delta z^{3n}$$

它必定有一个状如 $\eta + \theta z^n$ 的因式. 这个因式的实线性和实二次因式的求法,我们已经讲过;它的另一个因式,形状为 $\iota + \chi z^n + \lambda z^{2n}$,这个因式的实线性和实二次因式的求法是上节的内容.

下面考虑函数

$$\alpha + \beta z^n + \gamma z^{2n} + \delta z^{3n} + \varepsilon z^{4n}$$

它必定可分解成两个状如 $\eta + \theta z^n + \iota z^{2n}$ 的因式,这每一个我们又都可以把它分解成实线性和实二次因式.

再考虑函数

$$\alpha + \beta z^n + \gamma z^{2n} + \delta z^{3n} + \varepsilon z^{4n} + \zeta z^{5n}$$

它必定有一个状如 $\eta + \theta z^n$ 的因式,它的另一个因式是我们刚考虑过的. 因而这个函数可以分解成实线性和实二次因式. 如果对每个整函数都可以分解成实线性和实二次因式的乘积这一点有过什么怀疑,那么现在可以完全消除了.

§155

我们可以把分解因式推广到无穷级数上去,例如,我们有

$$1 + \frac{x}{1} + \frac{x^2}{1 \cdot 2} + \frac{x^3}{1 \cdot 2 \cdot 3} + \frac{x^4}{1 \cdot 2 \cdot 3 \cdot 4} + \cdots = e^x$$

还有

$$e^z = (1 + \frac{x}{i})^i$$

其中 i 是无穷大数. 相比较,得到级数

$$1 + \frac{x}{1} + \frac{x^2}{1 \cdot 2} + \frac{x^3}{1 \cdot 2 \cdot 3} + \cdots$$

有无穷多个线性因式,它们都等于 $1 + \frac{x}{i}$,减去级数的第一项,我们得到

$$\frac{x}{1} + \frac{x^2}{1 \cdot 2} + \frac{x^3}{1 \cdot 2 \cdot 3} + \cdots = e^x - 1 = (1 + \frac{x}{i})^i - 1$$

置

$$a = 1 + \frac{x}{i}, n = i, z = 1$$

再与 §151 的表达式相比较,我们看到:去掉第一项所得级数,其因式的形状都为

$$(1 + \frac{x}{i})^2 - 2(1 + \frac{x}{i}) \cos \frac{2K\pi}{i} + 1$$

让 $2K$ 依次等于所有的偶数,我们就得到去掉第一项所得级数的所有因式. 但是当 $2K = 0$ 时,因为完全平方 $\frac{x^2}{i^2}$. 前面说过,此时只取方根 $\frac{x}{i}$. 这就是说,x 是 $e^x - 1$ 的因式,这从级数本身也是看得清楚的. 求其余的因式时,我们应注意弧 $\frac{2K\pi}{i}$ 是无穷小数. 根据 §134 我们有

$$\cos \frac{2K\pi}{i} = 1 - \frac{2K^2\pi^2}{i^2}$$

后面的项都因 i 为无穷大而略去. 从而 x 以外的因式的形状都为

$$\frac{x^2}{i^2} + \frac{4K^2}{i^2}\pi^2 + \frac{4K^2\pi^2}{i^3}x$$

从而 $e^x - 1$ 以

$$1 + \frac{x}{i} + \frac{x^2}{4K^2\pi^2}$$

为因式. 由此得到, 表达式

$$e^x - 1 = x\left(1 + \frac{x}{1\cdot 2} + \frac{x^2}{1\cdot 2\cdot 3} + \frac{x^3}{1\cdot 2\cdot 3\cdot 4} + \cdots\right)$$

在 x 之外的无穷多个因式为

$$\left(1 + \frac{x}{i} + \frac{x^2}{4\pi^2}\right)\left(1 + \frac{x}{i} + \frac{x^2}{16\pi^2}\right)\left(1 + \frac{x}{i} + \frac{x^2}{36\pi^2}\right)\left(1 + \frac{x}{i} + \frac{x^2}{64\pi^2}\right)\cdots$$

§156

这每一个因式中都含有 $\frac{x}{i}$, 因式个数为 $\frac{1}{2}i$, 从而因式相乘产生一个为 $\frac{x}{2}$ 的项, 所以 $\frac{x}{i}$ 虽为无穷小, 但不能略去, 为方便计, 我们考虑 $e^x - e^{-x}$. 由

$$e^x = 1 + \frac{x}{1} + \frac{x^2}{1\cdot 2} + \frac{x^3}{1\cdot 2\cdot 3} + \cdots$$

$$e^{-x} = 1 - \frac{x}{1} + \frac{x^2}{1\cdot 2} + \frac{x^3}{1\cdot 2\cdot 3} + \cdots$$

得

$$e^x - e^{-x} = \left(1 + \frac{x}{i}\right)^i - \left(1 - \frac{x}{i}\right)^i = 2\left(\frac{x}{1} + \frac{x^3}{1\cdot 2\cdot 3} + \frac{x^5}{1\cdot 2\cdot 3\cdot 4\cdot 5} + \cdots\right)$$

记

$$n = i, a = 1 + \frac{x}{i}, z = 1 - \frac{x}{i}$$

根据 §151 的结果, 得该级数的因式

$$a^2 - 2az\cos\frac{2K\pi}{n} + z^2 = 2 + \frac{2x^2}{i^2} - 2\left(1 - \frac{x^2}{i^2}\right)\cos\frac{2K\pi}{i} =$$

$$\frac{4x^2}{i^2} + \frac{4K^2\pi^2}{i^2} - \frac{4K^2\pi^2 x^2}{i^4}$$

这是利用了

$$\cos\frac{2K\pi}{i} = 1 - \frac{2K^2\pi^2}{i^2}$$

因而函数 $e^x - e^{-x}$ 被

$$1 + \frac{x^2}{K^2\pi^2} - \frac{x^2}{i^2}$$

除得尽. 我们略去该式中的 $\dfrac{x^2}{i^2}$, 因为即使乘上 i, 它也还是无穷小. 又利用前面的结果, 知 $K = 0$ 时因式为 x. 依次写出 K 等于 $0,1,2,3,\cdots$ 时的因式, 得

$$\frac{e^x - e^{-x}}{2} = x\left(1 + \frac{x^2}{\pi^2}\right)\left(1 + \frac{x^2}{4\pi^2}\right)\left(1 + \frac{x^2}{9\pi^2}\right)\left(1 + \frac{x^2}{16\pi^2}\right)\left(1 + \frac{x^2}{25\pi^2}\right)\cdots =$$

$$x\left(1 + \frac{x^2}{1 \cdot 2 \cdot 3} + \frac{x^4}{1 \cdot 2 \cdot 3 \cdot 4 \cdot 5} + \frac{x^6}{1 \cdot 2 \cdot 3 \cdot 4 \cdot 5 \cdot 7} + \cdots\right)$$

这里利用乘因式以相应常数的方法, 使得它们具有现在这样的形状. 因式相乘时, 其展开式的第一项为 x.

§ 157

同样地, 我们有

$$\frac{e^x + e^{-x}}{2} = 1 + \frac{x^2}{1 \cdot 2} + \frac{x^4}{1 \cdot 2 \cdot 3 \cdot 4} + \cdots = \frac{\left(1 + \dfrac{x}{i}\right)^i + \left(1 - \dfrac{x}{i}\right)^i}{2}$$

令

$$a = 1 + \frac{x}{i}, z = 1 - \frac{x}{i}, n = i$$

再与 $a^n + z^n$ 的因式相比较, 我们得到这里的因式

$$a^2 - 2az\cos\frac{2K + 1}{i}\pi + z^2 = 2 + \frac{2x^2}{i^2} - 2\left(1 - \frac{x^2}{i^2}\right)\cos\frac{2K + 1}{i}\pi$$

由

$$\cos\frac{2K + 1}{i}\pi = 1 - \frac{(2K + 1)^2\pi^2}{2i^2}$$

得因式的形状为

$$\frac{4x^2}{i^2} + \frac{(2K + 1)^2\pi^2}{i^2}$$

我们略去了分母为 i^4 的项

$$1 + \frac{x^2}{1 \cdot 2} + \frac{x^4}{1 \cdot 2 \cdot 3 \cdot 4} + \cdots$$

的每一个因式的形状都应该为 $1 + \alpha x^2$. 为使求得的因式为这种形状, 我们除它以 $\dfrac{(2K + 1)^2\pi^2}{i^2}$, 得

$$1 + \frac{4x^2}{(2K + 1)^2\pi^2}$$

令 $2K + 1$ 依次取所有的奇数, 得到无穷乘积形式

$$\frac{e^x + e^{-x}}{2} = 1 + \frac{x^2}{1 \cdot 2} + \frac{x^4}{1 \cdot 2 \cdot 3 \cdot 4} + \frac{x^6}{1 \cdot 2 \cdot 3 \cdot 4 \cdot 5 \cdot 6} + \cdots =$$

$$\left(1 + \frac{4x^2}{\pi^2}\right)\left(1 + \frac{4x^2}{9\pi^2}\right)\left(1 + \frac{4x^2}{25\pi^2}\right)\left(1 + \frac{4x^2}{49\pi^2}\right)\cdots$$

§ 158

x 为虚数时, 前两节的指数表达式可以用实弧的正弦和余弦表示. 事实上, 令 $x = z\sqrt{-1}$, 则

$$\frac{e^{z\sqrt{-1}} - e^{-z\sqrt{-1}}}{2\sqrt{-1}} = \sin z = z - \frac{z^3}{1 \cdot 2 \cdot 3} + \frac{z^5}{1 \cdot 2 \cdot 3 \cdot 4 \cdot 5} - \frac{z^7}{1 \cdot 2 \cdot 3 \cdot 4 \cdot 5 \cdot 6 \cdot 7} + \cdots$$

该表达式可以表示成无穷乘积

$$z\left(1 - \frac{z^2}{\pi^2}\right)\left(1 - \frac{z^2}{4\pi^2}\right)\left(1 - \frac{z^2}{9\pi^2}\right)\left(1 - \frac{z^2}{16\pi^2}\right)\left(1 - \frac{z^2}{25\pi^2}\right)\cdots$$

或

$$\sin z = z\left(1 - \frac{z}{\pi}\right)\left(1 + \frac{z}{\pi}\right)\left(1 - \frac{z}{2\pi}\right)\left(1 + \frac{z}{2\pi}\right)\left(1 - \frac{z}{3\pi}\right)\left(1 + \frac{z}{3\pi}\right)\cdots$$

我们看到, 只要弧 z 的长度使任何一个因式为零, 也即只要

$$z = 0, z = \pm\pi, z = \pm 2\pi \cdots \text{ 或 } z = \pm K\pi$$

的时候, K 为任何整数, 这段弧的正弦就为零. 反之亦可以此为根据写出所求因式.

类似地, 由

$$\frac{e^{z\sqrt{-1}} + e^{-z\sqrt{-1}}}{2} = \cos z$$

得

$$\cos z = \left(1 - \frac{4z^2}{\pi^2}\right)\left(1 - \frac{4z^2}{9\pi^2}\right)\left(1 - \frac{4z^2}{25\pi^2}\right)\left(1 - \frac{4z^2}{49\pi^2}\right)\cdots$$

或者将每个因式再分解, 得

$$\cos z = \left(1 - \frac{2z}{\pi}\right)\left(1 + \frac{2z}{\pi}\right)\left(1 - \frac{2z}{3\pi}\right)\left(1 + \frac{2z}{3\pi}\right)\left(1 - \frac{2z}{5\pi}\right)\left(1 + \frac{2z}{5\pi}\right)\cdots$$

由此我们看到 $z = \pm\dfrac{2K+1}{2}\pi$ 时 $\cos z = 0$. 这是我们熟悉的余弦性质.

§ 159

用 § 153 的方法, 也可以将

$$e^x - 2\cos g + e^{-x} = 2\left(1 - \cos g + \frac{x^2}{1 \cdot 2} + \frac{x^4}{1 \cdot 2 \cdot 3 \cdot 4} + \cdots\right)$$

表示成无穷个因式的乘积. 该表达式可以写为

$$\left(1 + \frac{x}{i}\right)^i - 2\cos g + \left(1 - \frac{x}{i}\right)^i$$

令

$$2n = i, a = 1 + \frac{x}{i}, z = 1 - \frac{x}{i}$$

则其因式的形状都为

$$a^2 - 2az\cos\frac{2K\pi \pm g}{n} + z^2 = 2 + \frac{2x^2}{i^2} - 2\left(1 - \frac{x^2}{i^2}\right)\cos\frac{2(2K\pi \pm g)}{i}$$

由

$$\cos\frac{2(2K\pi \pm g)}{i} = 1 - \frac{2(2K\pi \pm g)^2}{i^2}$$

进一步得到因式的形状为

$$\frac{4x^2}{i^2} + \frac{4(2K\pi \pm g)^2}{i^2}$$

或

$$1 + \frac{x^2}{(2K\pi \pm g)^2}$$

除所给表达式以 $2(1 - \cos g)$，使无穷级数的常数项为 1，写出所有的因式，得

$$\frac{e^x - 2\cos g + e^{-x}}{2(1 - \cos g)} = \left(1 + \frac{x^2}{g^2}\right)\left(1 + \frac{x^2}{(2\pi - g)^2}\right) \cdot$$

$$\left(1 + \frac{x^2}{(2\pi + g)^2}\right)\left(1 + \frac{x^2}{(4\pi - g)^2}\right) \cdot$$

$$\left(1 + \frac{x^2}{(4\pi + g)^2}\right)\cdots$$

将 x 换为 $z\sqrt{-1}$，则

$$\frac{\cos z - \cos g}{1 - \cos g} = \left(1 - \frac{z}{g}\right)\left(1 + \frac{z}{g}\right)\left(1 - \frac{z}{2\pi - g}\right)\left(1 + \frac{z}{2\pi - g}\right) \cdot$$

$$\left(1 - \frac{z}{2\pi + g}\right)\left(1 + \frac{z}{2\pi + g}\right)\left(1 - \frac{z}{4\pi - g}\right)\left(1 + \frac{z}{4\pi - g}\right)\cdots =$$

$$1 - \frac{z^2}{1 \cdot 2(1 - \cos g)} + \frac{z^4}{1 \cdot 2 \cdot 3 \cdot 4(1 - \cos g)} -$$

$$\frac{z^6}{1 \cdot 2 \cdot 3 \cdot 4 \cdot 5 \cdot 6(1 - \cos g)} + \cdots$$

这样，我们就求得了这个无穷级数的无穷乘积表达式.

§160

下面求函数

$$e^{b+x} \pm e^{c-x}$$

的无穷乘积表示. 先将它改写成

$$\left(1 + \frac{b + x}{i}\right)^i \pm \left(1 + \frac{c - x}{i}\right)^i$$

再与

$$a^i \pm z^i$$

相比较.

$a^i \pm z^i$ 的因式为

$$a^2 - 2az\cos\frac{m\pi}{i} + z^2$$

原式中符号为正时, m 取奇数, 为负时, m 取偶数. 对无穷大 i 有

$$\cos\frac{m\pi}{i} = 1 - \frac{m^2\pi^2}{2i^2}$$

从而这因式的一般形状为

$$(a - z)^2 + \frac{m^2\pi^2}{i^2}az$$

我们这里

$$a = 1 + \frac{b + x}{i}, z = 1 + \frac{c - x}{i}$$

从而

$$(a - z)^2 = \frac{(b - c + 2x)^2}{i^2}$$

$$az = 1 + \frac{b + c}{i} + \frac{bc + (c - b)x - x^2}{i^2}$$

代入一般形状因式, 并乘以 i^2, 得

$$(b - c)^2 + 4(b - c)x + 4x^2 + m^2\pi^2$$

我们略去了分母中含 i 和含 i^2 的项, 因为与留下的项相比, 它们可以不计. 用

$$(b - c)^2 + m^2\pi^2$$

除得到的因式, 得常数项为 1 的因式

$$1 + \frac{4(b - c)x + 4x^2}{m^2\pi^2 + (b - c)^2}$$

§ 161

每个因式的常数项都为 1, 因而应该用一个常数除函数 $e^{b+x} \pm e^{c-x}$, 使其展开式的常数项, 或其本身 $x = 0$ 时的值为 1. 这个常数为 $e^b \pm e^c$. 这样, 我们要将它写为无穷乘积的函数为

$$\frac{e^{b+x} \pm e^{c-x}}{e^b \pm e^c}$$

符号为正时, m 取奇数, 乘积为

$$\frac{e^{b+x} + e^{c-x}}{e^b + e^c} = (1 + \frac{4(b - c)x + 4x^2}{\pi^2 + (b - c)^2})(1 + \frac{4(b - c)x + 4x^2}{9\pi^2 + (b - c)^2})(1 + \frac{4(b - c)x + 4x^2}{25\pi^2 + (b - c)^2})\cdots$$

符号为负时,m 取偶数,且 $m = 0$ 时因式为方根,乘积为

$$\frac{e^{b+x} - e^{c-x}}{e^b - e^c} = (1 + \frac{2x}{b-c})(1 + \frac{4(b-c)x + 4x^2}{4\pi^2 + (b-c)^2})(1 + \frac{4(b-c)x + 4x^2}{16\pi^2 + (b-c)^2}) \cdot$$

$$(1 + \frac{4(b-c)x + 4x^2}{36\pi^2 + (b-c)^2})\cdots$$

§ 162

不失一般性,令 $b = 0$,则

$$\frac{e^x + e^c e^{-x}}{1 + e^c} = (1 - \frac{4cx - 4x^2}{\pi^2 + c^2})(1 - \frac{4cx - 4x^2}{9\pi^2 + c^2})(1 - \frac{4cx - 4x^2}{25\pi^2 + c^2})\cdots$$

$$\frac{e^x - e^c e^{-x}}{1 - e^c} = (1 - \frac{2x}{c})(1 - \frac{4cx - 4x^2}{4\pi^2 + c^2})(1 - \frac{4cx - 4x^2}{16\pi^2 + c^2})(1 - \frac{4cx - 4x^2}{36\pi^2 + c^2})\cdots$$

c 取负号时,得

$$\frac{e^x + e^{-c} e^{-x}}{1 + e^{-c}} = (1 + \frac{4cx + 4x^2}{\pi^2 + c^2})(1 + \frac{4cx + 4x^2}{9\pi^2 + c^2})(1 + \frac{4cx + 4x^2}{25\pi^2 + c^2})\cdots$$

$$\frac{e^x - e^{-c} e^{-x}}{1 - e^c} = (1 + \frac{2x}{c})(1 + \frac{4cx + 4x^2}{4\pi^2 + c^2})(1 + \frac{4cx + 4x^2}{16\pi^2 + c^2})(1 + \frac{4cx + 4x^2}{36\pi^2 + c^2})\cdots$$

这样,我们得到了四个等式. 一、三相乘,得

$$\frac{e^{2x} + e^{-2x} + e^c + e^{-c}}{2 + e^c + e^{-c}}$$

换 $2x$ 为 y,得

$$\frac{e^y + e^{-y} + c^c + e^{-c}}{2 + e^c + e^{-c}} = (1 - \frac{2cy - y^2}{\pi^2 + c^2})(1 + \frac{2cy + y^2}{\pi^2 + c^2})(1 - \frac{2cy - y^2}{9\pi^2 + c^2})(1 + \frac{2cy + y^2}{9\pi^2 + c^2})\cdots$$

一、四相乘,得

$$\frac{e^{2x} - e^{-2x} + e^c - e^{-c}}{e^c - e^{-c}}$$

换 $2x$ 为 y,得

$$\frac{e^y - e^{-y} + c^c - e^{-c}}{e^c - e^{-c}} = (1 + \frac{y}{c})(1 - \frac{2cy - y^2}{\pi^2 + c^2})(1 + \frac{2cy + y^2}{\pi^2 + c^2}) \cdot$$

$$(1 - \frac{2cy - y^2}{9\pi^2 + c^2})(1 + \frac{2cy + y^2}{16\pi^2 + c^2})(1 - \frac{2cy - y^2}{25\pi^2 + c^2})\cdots$$

二、三相乘,得

$$\frac{e^c - e^{-c} - e^y + e^{-y}}{e^c - e^{-c}} = (1 - \frac{y}{c})(1 + \frac{2cy + y^2}{\pi^2 + c^2}) \cdot$$

$$(1 - \frac{2cy - y^2}{4\pi^2 + c^2})(1 + \frac{2cy + y^2}{9\pi^2 + c^2})(1 - \frac{2cy - y^2}{16\pi^2 + c^2}) \cdot$$

$$(1 + \frac{2cy + y^2}{25\pi^2 + c^2})(1 - \frac{2cy - y^2}{36\pi^2 + c^2})\cdots$$

同于前式中 c 取负号. 最后, 二、四相乘, 得

$$\frac{e^y + e^{-y} - e^c - e^{-c}}{2 - e^c - e^{-c}} = \left(1 - \frac{y^2}{c^2}\right)\left(1 - \frac{2cy - y^2}{4\pi^2 + c^2}\right) \cdot$$

$$\left(1 + \frac{2cy + y^2}{4\pi^2 + c^2}\right)\left(1 - \frac{2cy - y^2}{16\pi^2 + c^2}\right)\left(1 + \frac{2cy + y^2}{16\pi^2 + c^2}\right) \cdot$$

$$\left(1 - \frac{2cy - y^2}{36\pi^2 + c^2}\right)\left(1 + \frac{2cy + y^2}{36\pi^2 + c^2}\right)\cdots$$

§163

这四个等式不难用于圆函数. 令

$$c = g\sqrt{-1}, y = v\sqrt{-1}$$

则

$$e^{v\sqrt{-1}} + e^{-v\sqrt{-1}} = 2\cos v$$

$$e^{v\sqrt{-1}} - e^{-v\sqrt{-1}} = 2\sqrt{-1}\sin v$$

$$e^{g\sqrt{-1}} + e^{-g\sqrt{-1}} = 2\cos g$$

$$e^{g\sqrt{-1}} - e^{-g\sqrt{-1}} = 2\sqrt{-1}\sin g$$

这样一来, 第一个等式成为

$$\frac{\cos v + \cos g}{1 + \cos g} = 1 - \frac{v^2}{1 \cdot 2(1 + \cos g)} + \frac{v^4}{1 \cdot 2 \cdot 3 \cdot 4(1 + \cos g)} -$$

$$\frac{v^6}{1 \cdot 2 \cdot 3 \cdot 4 \cdot 5 \cdot 6(1 + \cos g)} + \cdots =$$

$$\left(1 + \frac{2gv - v^2}{\pi^2 - g^2}\right)\left(1 - \frac{2gv + v^2}{\pi^2 - g^2}\right)\left(1 + \frac{2gv - v^2}{9\pi^2 - g^2}\right) \cdot$$

$$\left(1 - \frac{2gv + v^2}{9\pi^2 - g^2}\right)\left(1 + \frac{2gv - v^2}{25\pi^2 - g^2}\right)\left(1 - \frac{2gv + v^2}{25\pi^2 - g^2}\right)\cdots =$$

$$\left(1 + \frac{v}{\pi - g}\right)\left(1 - \frac{v}{\pi + g}\right)\left(1 - \frac{v}{\pi - g}\right) \cdot$$

$$\left(1 + \frac{v}{\pi + g}\right)\left(1 + \frac{v}{3\pi - g}\right)\left(1 - \frac{v}{3\pi + g}\right) \cdot$$

$$\left(1 - \frac{v}{3\pi - g}\right)\left(1 + \frac{v}{3\pi + g}\right)\cdots =$$

$$\left(1 - \frac{v^2}{(\pi - g)^2}\right)\left(1 - \frac{v^2}{(\pi + g)^2}\right)\left(1 - \frac{v^2}{(3\pi - g)^2}\right) \cdot$$

$$\left(1 - \frac{v^2}{(3\pi + g)^2}\right)\left(1 - \frac{v^2}{(5\pi - g)^2}\right)\left(1 - \frac{v^2}{(5\pi + g)^2}\right)\Big]\cdots$$

第四个等式成为

$$\frac{\cos v - \cos g}{1 - \cos g} = 1 - \frac{v^2}{1 \cdot 2(1 - \cos g)} + \frac{v^4}{1 \cdot 2 \cdot 3 \cdot 4(1 - \cos g)} -$$

$$\frac{v^6}{1 \cdot 2 \cdot 3 \cdot 4 \cdot 5 \cdot 6(1 - \cos g)} + \cdots =$$

$$\left(1 - \frac{v^2}{g^2}\right)\left(1 + \frac{2gv - v^2}{4\pi^2 - g^2}\right)\left(1 - \frac{2gv + v^2}{4\pi^2 - g^2}\right) \cdot$$

$$\left(1 + \frac{2gv - v^2}{16\pi^2 - g^2}\right)\left(1 - \frac{2gv + v^2}{16\pi^2 - g^2}\right)\left(1 + \frac{2gv - v^2}{36\pi^2 - g^2}\right) \cdot$$

$$\left(1 - \frac{2gv + v^2}{36\pi^2 - g^2}\right)\cdots =$$

$$\left(1 - \frac{v}{g}\right)\left(1 + \frac{v}{g}\right)\left(1 + \frac{v}{2\pi - g}\right)\left(1 - \frac{v}{2\pi + g}\right) \cdot$$

$$\left(1 - \frac{v}{2\pi - g}\right)\left(1 + \frac{v}{2\pi + g}\right) \cdot$$

$$\left(1 + \frac{v}{4\pi - g}\right)\left(1 - \frac{v}{4\pi + g}\right)\cdots =$$

$$\left(1 - \frac{v^2}{g^2}\right)\left(1 - \frac{v^2}{(2\pi - g)^2}\right)\left(1 - \frac{v^2}{(2\pi + g)^2}\right) \cdot$$

$$\left(1 - \frac{v^2}{(4\pi - g)^2}\right)\left(1 - \frac{v^2}{(4\pi + g)^2}\right)\cdots$$

第二个等式成为

$$\frac{\sin g + \sin v}{\sin g} = 1 + \frac{v}{\sin g} - \frac{v^3}{1 \cdot 2 \cdot 3\sin g} + \frac{v^5}{1 \cdot 2 \cdot 3 \cdot 4 \cdot 5\sin g} - \cdots =$$

$$\left(1 + \frac{v}{g}\right)\left(1 + \frac{2gv - v^2}{\pi^2 - g^2}\right)\left(1 - \frac{2gv + v^2}{4\pi^2 - g^2}\right) \cdot$$

$$\left(1 + \frac{2gv - v^2}{9\pi^2 - g^2}\right)\left(1 - \frac{2gv + v^2}{16\pi^2 - g^2}\right)\cdots =$$

$$\left(1 + \frac{v}{g}\right)\left(1 + \frac{v}{\pi - g}\right)\left(1 - \frac{v}{\pi + g}\right)\left(1 - \frac{v}{2\pi - g}\right) \cdot$$

$$\left(1 + \frac{v}{2\pi + g}\right)\left(1 + \frac{v}{3\pi - g}\right)\left(1 - \frac{v}{3\pi + g}\right)\left(1 - \frac{v}{4\pi - g}\right)\cdots$$

v 取负号时得第三个.

§ 164

§162 的表达式也可用于圆弧. 在

$$\frac{e^x + e^c e^{-x}}{1 + e^c} = \frac{(1 + e^{-c})(e^x + e^c e^{-x})}{2 + e^c + e^{-c}} =$$

$$\frac{e^x + e^{-x} + e^{c-x} + e^{-c+x}}{2 + e^c + e^{-c}}$$

中置

$$c = g\sqrt{-1}, x = z\sqrt{-1}$$

得

$$\frac{\cos z + \cos(g-z)}{1 + \cos g} = \cos z + \frac{\sin g \sin z}{1 + \cos g}$$

由于 $\dfrac{\sin g}{1 + \cos g} = \tan \dfrac{g}{2}$，我们有

$$\cos z + \tan \frac{g}{2} \sin z =$$

$$1 + \frac{z}{1} \tan \frac{g}{2} - \frac{z^2}{1 \cdot 2} - \frac{z^3}{1 \cdot 2 \cdot 3} \tan \frac{g}{2} + \frac{z^4}{1 \cdot 2 \cdot 3 \cdot 4} + \frac{z^5}{1 \cdot 2 \cdot 3 \cdot 4 \cdot 5} \tan \frac{g}{2} - \cdots =$$

$$\left(1 + \frac{4gz - 4z^2}{\pi^2 - g^2}\right)\left(1 + \frac{4gz - 4z^2}{9\pi^2 - g^2}\right)\left(1 + \frac{4gz - 4z^2}{25\pi^2 - g^2}\right)\cdots =$$

$$\left(1 + \frac{2z}{\pi - g}\right)\left(1 - \frac{2z}{\pi + g}\right)\left(1 + \frac{2z}{3\pi - g}\right)\left(1 - \frac{2z}{3\pi + g}\right)\left(1 + \frac{2z}{5\pi - g}\right)\left(1 - \frac{2z}{5\pi + g}\right)\cdots$$

类似地，第二个等式左端分子分母同乘 $1 - e^{-c}$，得

$$\frac{e^x + e^{-x} - e^{e-x} - e^{-c+x}}{2 - e^c - e^{-c}}$$

令这里的 $c = g\sqrt{-1}$，$x = z\sqrt{-1}$，得

$$\frac{\cos z - \cos(g-z)}{1 - \cos g} = \cos z - \frac{\sin g \sin z}{1 - \cos g} = \cos z - \frac{\sin z}{\tan \dfrac{g}{2}}$$

这样一来

$$\cos z - \cot \frac{g}{2} \sin z = 1 - \frac{z}{1} \cot \frac{g}{2} - \frac{z^2}{1 \cdot 2} + \frac{z^3}{1 \cdot 2 \cdot 3} \cot \frac{g}{2} +$$

$$\frac{z^4}{1 \cdot 2 \cdot 3 \cdot 4} - \frac{z^5}{1 \cdot 2 \cdot 3 \cdot 4 \cdot 5} \cot \frac{g}{2} + \cdots =$$

$$\left(1 - \frac{2x}{g}\right)\left(1 + \frac{4gz - 4z^2}{4\pi^2 - g^2}\right) \cdot$$

$$\left(1 + \frac{4gz - 4z^2}{16\pi^2 - g^2}\right)\left(1 + \frac{4gz - 4z^2}{36\pi^2 - g^2}\right)\cdots =$$

$$\left(1 - \frac{2z}{g}\right)\left(1 + \frac{2z}{2\pi - g}\right) \cdot$$

$$\left(1 - \frac{2z}{2\pi + g}\right)\left(1 + \frac{2z}{4\pi - g}\right)\left(1 - \frac{2z}{4\pi + g}\right)\cdots$$

如果令 $v = 2z$，或者 $z = \dfrac{1}{2}v$，我们得到

$$\frac{\cos \dfrac{g-v}{2}}{\cos \dfrac{g}{2}} = \cos \frac{v}{2} + \tan \frac{g}{2} \sin \frac{v}{2} =$$

$$\left(1 + \frac{v}{\pi - g}\right)\left(1 - \frac{v}{\pi + g}\right)\left(1 + \frac{v}{3\pi - g}\right)\left(1 - \frac{v}{3\pi + g}\right)\cdots$$

$$\frac{\cos\frac{g+v}{2}}{\cos\frac{g}{2}} = \cos\frac{v}{2} - \tan\frac{g}{2}\sin\frac{v}{2} =$$

$$\left(1 - \frac{v}{\pi - g}\right)\left(1 + \frac{v}{\pi + g}\right)\left(1 - \frac{v}{3\pi - g}\right)\left(1 + \frac{v}{3\pi + g}\right)\cdots$$

$$\frac{\sin\frac{g-v}{2}}{\sin\frac{g}{2}} = \cos\frac{v}{2} - \cot\frac{g}{2}\sin\frac{v}{2} =$$

$$\left(1 - \frac{v}{g}\right)\left(1 + \frac{v}{2\pi - g}\right)\left(1 - \frac{v}{2\pi + g}\right)\cdot$$

$$\left(1 + \frac{v}{4\pi - g}\right)\left(1 - \frac{v}{4\pi + g}\right)\cdots + \frac{\sin\frac{g+v}{2}}{\sin\frac{g}{2}} =$$

$$\cos\frac{v}{2} + \cot\frac{g}{2}\sin\frac{v}{2} =$$

$$\left(1 + \frac{v}{g}\right)\left(1 - \frac{v}{2\pi - g}\right)\left(1 + \frac{v}{2\pi + g}\right)$$

$$\left(1 - \frac{v}{4\pi - g}\right)\left(1 + \frac{v}{4\pi + g}\right)\cdots$$

这些等式的构成规律都相当简单,并且是类似地.得到的这几个表达式相乘,也得到上节求出的表达式.

第十章　　利用已知因式求无穷级数的和

§ 165

如果
$$1 + Az + Bz^2 + Cz^3 + Dz^4 + \cdots = (1 + \alpha z)(1 + \beta z)(1 + \gamma z)(1 + \delta z)\cdots$$
那么不管这些因式的个数有穷与否,它们的积都应该等于
$$1 + Az + Bz^2 + Cz^3 + Dz^4 + \cdots$$
从而,系数 A 等于单个量 $\alpha, \beta, \cdots$ 的和,即
$$A = \alpha + \beta + \gamma + \delta + \varepsilon + \cdots$$
系数 B 等于每两个之积的和,即
$$B = \alpha\beta + \alpha\gamma + \alpha\delta + \beta\gamma + \beta\delta + \gamma\delta + \cdots$$
系数 C 等于每三个之积的和,即
$$C = \alpha\beta\gamma + \alpha\beta\delta + \beta\gamma\delta + \alpha\gamma\delta + \cdots$$
D 是每四个之积的和, E 是每五个之积的和,类推. 这是代数里面讲过了的.

§ 166

单个量的和 $\alpha + \beta + \gamma + \delta + \cdots$ 和每两个之积的和都是已经知道了的. 利用这两个和,我们可以求出平方和 $\alpha^2 + \beta^2 + \gamma^2 + \delta^2 + \cdots$. 平方和等于单个量之和的平方减去每两个之积的和的两倍. 用类似地方法可以求出三次、四次和更高次幂的和. 如果我们令
$$P = \alpha + \beta + \gamma + \delta + \varepsilon + \cdots$$
$$Q = \alpha^2 + \beta^2 + \gamma^2 + \delta^2 + \varepsilon^2 + \cdots$$
$$R = \alpha^3 + \beta^3 + \gamma^3 + \delta^3 + \varepsilon^3 + \cdots$$
$$S = \alpha^4 + \beta^4 + \gamma^4 + \delta^4 + \varepsilon^4 + \cdots$$
$$T = \alpha^5 + \beta^5 + \gamma^5 + \delta^5 + \varepsilon^5 + \cdots$$
$$V = \alpha^6 + \beta^6 + \gamma^6 + \delta^6 + \varepsilon^6 + \cdots$$
$$\vdots$$
那么 $P, Q, R, S, T, V, \cdots$ 就都可以用下面的方法,从 $A, B, C, D, \cdots$ 求出
$$P = A$$

$$Q = AP - 2B$$
$$R = AQ - BP + 3C$$
$$S = AR - BQ + CP - 4D$$
$$T = AS - BR + CQ - DP + 5E$$
$$V = AT - BS + CR - DQ + EP - 6F$$
$$\vdots$$

可以直观地想象这些公式,并验证它们成立,严格的证明由微积分学给出.

§167

§156 我们求出了
$$\frac{e^x - e^{-x}}{2} = x\left(1 + \frac{x^2}{1\cdot 2\cdot 3} + \frac{x^4}{1\cdot 2\cdot 3\cdot 4\cdot 5} + \frac{x^6}{1\cdot 2\cdot 3\cdot 4\cdot 5\cdot 6\cdot 7} + \cdots\right) =$$
$$x\left(1 + \frac{x^2}{\pi^2}\right)\left(1 + \frac{x^2}{4\pi^2}\right)\left(1 + \frac{x^2}{9\pi^2}\right)\left(1 + \frac{x^2}{16\pi^2}\right)\left(1 + \frac{x^2}{25\pi^2}\right)\cdots$$

从而
$$1 + \frac{x^2}{1\cdot 2\cdot 3} + \frac{x^4}{1\cdot 2\cdot 3\cdot 4\cdot 5} + \frac{x^6}{1\cdot 2\cdot 3\cdot 4\cdot 5\cdot 6\cdot 7} + \cdots =$$
$$\left(1 + \frac{x^2}{\pi^2}\right)\left(1 + \frac{x^2}{4\pi^2}\right)\left(1 + \frac{x^2}{9\pi^2}\right)\left(1 + \frac{x^2}{16\pi^2}\right)\cdots$$

令
$$x^2 = \pi^2 z$$

得
$$1 + \frac{\pi^2}{1\cdot 2\cdot 3}z + \frac{\pi^4}{1\cdot 2\cdot 3\cdot 4\cdot 5}z^2 + \frac{\pi^6}{1\cdot 2\cdot 3\cdot 4\cdot 5\cdot 6\cdot 7}z^3 + \cdots =$$
$$(1 + z)\left(1 + \frac{1}{4}z\right)\left(1 + \frac{1}{9}z\right)\left(1 + \frac{1}{16}z\right)\left(1 + \frac{1}{25}z\right)\cdots$$

利用前面的记号,我们有
$$A = \frac{\pi^2}{6}, B = \frac{\pi^4}{120}, C = \frac{\pi^6}{5\,040}, D = \frac{\pi^8}{362\,880}$$

和
$$P = 1 + \frac{1}{4} + \frac{1}{9} + \frac{1}{16} + \frac{1}{25} + \frac{1}{36} + \cdots$$
$$Q = 1 + \frac{1}{4^2} + \frac{1}{9^2} + \frac{1}{16^2} + \frac{1}{25^2} + \frac{1}{36^2} + \cdots$$
$$R = 1 + \frac{1}{4^3} + \frac{1}{9^3} + \frac{1}{16^3} + \frac{1}{25^3} + \frac{1}{36^3} + \cdots$$
$$S = 1 + \frac{1}{4^4} + \frac{1}{9^4} + \frac{1}{16^4} + \frac{1}{25^4} + \frac{1}{36^4} + \cdots$$

$$T = 1 + \frac{1}{4^5} + \frac{1}{9^5} + \frac{1}{16^5} + \frac{1}{25^5} + \frac{1}{36^5} + \cdots$$

$$\vdots$$

利用前面的规则,从 $A, B, C, D, \cdots$ 我们求得

$$P = \frac{\pi^2}{6}$$

$$Q = \frac{\pi^4}{90}$$

$$R = \frac{\pi^6}{945}$$

$$S = \frac{\pi^8}{9\ 450}$$

$$T = \frac{\pi^{10}}{93\ 555}$$

$$\vdots$$

§ 168

可见,当 n 为偶数时,状如

$$1 + \frac{1}{2^n} + \frac{1}{3^n} + \frac{1}{4^n} + \cdots$$

的任何一个级数,它的和都等于 π^n 与一个有理数的积. 为了进一步清楚这些有理数,我们用一种更方便的形式写出一些这种级数的和

$$1 + \frac{1}{2^2} + \frac{1}{3^2} + \frac{1}{4^2} + \frac{1}{5^2} + \cdots = \frac{2^0}{1 \cdot 2 \cdot 3} \cdot \frac{1}{1} \pi^2$$

$$1 + \frac{1}{2^4} + \frac{1}{3^4} + \frac{1}{4^4} + \frac{1}{5^4} + \cdots = \frac{2^2}{1 \cdot 2 \cdot 3 \cdot 4 \cdot 5} \cdot \frac{1}{3} \pi^4$$

$$1 + \frac{1}{2^6} + \frac{1}{3^6} + \frac{1}{4^6} + \frac{1}{5^6} + \cdots = \frac{2^4}{1 \cdot 2 \cdot 3 \cdot \cdots \cdot 7} \cdot \frac{1}{3} \pi^6$$

$$1 + \frac{1}{2^8} + \frac{1}{3^8} + \frac{1}{4^8} + \frac{1}{5^8} + \cdots = \frac{2^6}{1 \cdot 2 \cdot 3 \cdot \cdots \cdot 9} \cdot \frac{3}{5} \pi^8$$

$$1 + \frac{1}{2^{10}} + \frac{1}{3^{10}} + \frac{1}{4^{10}} + \frac{1}{5^{10}} + \cdots = \frac{2^8}{1 \cdot 2 \cdot 3 \cdot \cdots \cdot 11} \cdot \frac{5}{3} \pi^{10}$$

$$1 + \frac{1}{2^{12}} + \frac{1}{3^{12}} + \frac{1}{4^{12}} + \frac{1}{5^{12}} + \cdots = \frac{2^{10}}{1 \cdot 2 \cdot 3 \cdot \cdots \cdot 13} \cdot \frac{691}{105} \pi^{12}$$

$$1 + \frac{1}{2^{14}} + \frac{1}{3^{14}} + \frac{1}{4^{14}} + \frac{1}{5^{14}} + \cdots = \frac{2^{12}}{1 \cdot 2 \cdot 3 \cdot \cdots \cdot 15} \cdot \frac{35}{1} \pi^{14}$$

$$1 + \frac{1}{2^{16}} + \frac{1}{3^{16}} + \frac{1}{4^{16}} + \frac{1}{5^{16}} + \cdots = \frac{2^{14}}{1 \cdot 2 \cdot 3 \cdot \cdots \cdot 17} \cdot \frac{3\ 617}{15} \pi^{16}$$

$$1 + \frac{1}{2^{18}} + \frac{1}{3^{18}} + \frac{1}{4^{18}} + \frac{1}{5^{18}} + \cdots = \frac{2^{16}}{1 \cdot 2 \cdot 3 \cdots 19} \cdot \frac{43\,867}{21}\pi^{18}$$

$$1 + \frac{1}{2^{20}} + \frac{1}{3^{20}} + \frac{1}{4^{20}} + \frac{1}{5^{20}} + \cdots = \frac{2^{18}}{1 \cdot 2 \cdot 3 \cdots 21} \cdot \frac{1\,222\,277}{55}\pi^{20}$$

$$1 + \frac{1}{2^{22}} + \frac{1}{3^{22}} + \frac{1}{4^{22}} + \frac{1}{5^{22}} + \cdots = \frac{2^{20}}{1 \cdot 2 \cdot 3 \cdots 23} \cdot \frac{854\,513}{3}\pi^{22}$$

$$1 + \frac{1}{2^{24}} + \frac{1}{3^{24}} + \frac{1}{4^{24}} + \frac{1}{5^{24}} + \cdots = \frac{2^{22}}{1 \cdot 2 \cdot 3 \cdots 25} \cdot \frac{1\,181\,820\,455}{273}\pi^{24}$$

$$1 + \frac{1}{2^{26}} + \frac{1}{3^{26}} + \frac{1}{4^{26}} + \frac{1}{5^{26}} + \cdots = \frac{2^{24}}{1 \cdot 2 \cdot 3 \cdots 27} \cdot \frac{76\,977\,927}{1}\pi^{26}$$

有方法继续写下去,所以写出这一部分,是因为其中看上去全无规律的序列 $1, \frac{1}{3},$ $\frac{1}{3}, \frac{3}{5}, \frac{5}{3}, \frac{691}{105}, \frac{35}{1}, \cdots$ 有着很大的用处.

§169

现在我们用同样的方式来处理 §157 所求出的方程. 在那里我们看到

$$\frac{e^x + e^{-x}}{2} = 1 + \frac{x^2}{1 \cdot 2} + \frac{x^4}{1 \cdot 2 \cdot 3 \cdot 4} + \frac{x^6}{1 \cdot 2 \cdot 3 \cdot 4 \cdot 5 \cdot 6} + \cdots =$$

$$\left(1 + \frac{4x^2}{\pi^2}\right)\left(1 + \frac{4x^2}{9\pi^2}\right)\left(1 + \frac{4x^2}{25\pi^2}\right)\left(1 + \frac{4x^2}{49\pi^2}\right)\cdots$$

置 $x^2 = \frac{\pi^2}{4}z$,则

$$1 + \frac{\pi^2}{1 \cdot 2 \cdot 4}z + \frac{\pi^4}{1 \cdot 2 \cdot 3 \cdot 4 \cdot 4^2}z^2 + \frac{x^6}{1 \cdot 2 \cdot 3 \cdot 4 \cdot 5 \cdot 6 \cdot 4^3}z^3 + \cdots =$$

$$(1 + z)\left(1 + \frac{1}{9}z\right)\left(1 + \frac{1}{25}z\right)\left(1 + \frac{1}{49}z\right)\cdots$$

利用前面讲的,由

$$A = \frac{\pi^2}{1 \cdot 2 \cdot 4}, B = \frac{\pi^4}{1 \cdot 2 \cdot 3 \cdot 4 \cdot 4^2}, C = \frac{\pi^6}{1 \cdot 2 \cdot 3 \cdot 4 \cdot 5 \cdot 6 \cdot 4^3}, \cdots$$

和

$$P = 1 + \frac{1}{9} + \frac{1}{25} + \frac{1}{49} + \frac{1}{81} + \cdots$$

$$Q = 1 + \frac{1}{9^2} + \frac{1}{25^2} + \frac{1}{49^2} + \frac{1}{81^2} + \cdots$$

$$R = 1 + \frac{1}{9^3} + \frac{1}{25^3} + \frac{1}{49^3} + \frac{1}{81^3} + \cdots$$

$$S = 1 + \frac{1}{9^4} + \frac{1}{25^4} + \frac{1}{49^4} + \frac{1}{81^4} + \cdots$$

$$\vdots$$

得

$$P = \frac{1}{1} \cdot \frac{\pi^2}{2^3}$$

$$Q = \frac{2}{1 \cdot 2 \cdot 3} \cdot \frac{\pi^4}{2^5}$$

$$R = \frac{16}{1 \cdot 2 \cdot 3 \cdot 4 \cdot 5} \cdot \frac{\pi^6}{2^7}$$

$$S = \frac{272}{1 \cdot 2 \cdot 3 \cdot \cdots \cdot 7} \cdot \frac{\pi^8}{2^9}$$

$$T = \frac{7\,936}{1 \cdot 2 \cdot 3 \cdot \cdots \cdot 9} \cdot \frac{\pi^{10}}{2^{11}}$$

$$V = \frac{3\,53\,792}{1 \cdot 2 \cdot 3 \cdot \cdots \cdot 11} \cdot \frac{\pi^{12}}{2^{13}}$$

$$W = \frac{22\,368\,256}{1 \cdot 2 \cdot 3 \cdot \cdots \cdot 13} \cdot \frac{\pi^{14}}{2^{15}}$$

$$\vdots$$

§170

从正整数幂的倒数和可以求出奇数幂的倒数和. 置

$$M = 1 + \frac{1}{2^n} + \frac{1}{3^n} + \frac{1}{4^n} + \frac{1}{5^n} + \cdots$$

两边乘 $\frac{1}{2^n}$, 得

$$\frac{M}{2^n} = \frac{1}{2^n} + \frac{1}{4^n} + \frac{1}{6^n} + \frac{1}{8^n} + \cdots$$

这是偶数幂的倒数和, 从 M 中减去 $\frac{M}{2^n}$, 得

$$M - \frac{M}{2^n} = \frac{2^n - 1}{2^n} M = 1 + \frac{1}{3^n} + \frac{1}{5^n} + \frac{1}{7^n} + \frac{1}{9^n} + \cdots$$

是奇数的倒数和. 从 M 减去 $\frac{M}{2^n}$ 的两倍, 得

$$M - \frac{2M}{2^n} = \frac{2^{n-1} - 1}{2^{n-1}} M = 1 - \frac{1}{2^n} + \frac{1}{3^n} - \frac{1}{4^n} + \frac{1}{5^n} - \frac{1}{6^n} + \cdots$$

是正整数幂的倒数正负号交替时的和, 即我们得到了下面三种级数的和

$$1 \pm \frac{1}{2^n} + \frac{1}{3^n} \pm \frac{1}{4^n} + \frac{1}{5^n} \pm \frac{1}{6^n} + \frac{1}{7^n} \pm \cdots$$

$$1 + \frac{1}{3^n} + \frac{1}{5^n} + \frac{1}{7^n} + \frac{1}{9^n} + \frac{1}{11^n} + -$$

如果 n 为偶数,则和为 $A\pi^n$,A 为有理数.

§171

从 §164 的表达式,我们也得到一些值得注意的级数的和. 在

$$\cos\frac{v}{2} + \tan\frac{g}{2}\sin\frac{v}{2} = \left(1 + \frac{v}{\pi - g}\right)\left(1 - \frac{v}{\pi + g}\right)\left(1 - \frac{v}{3\pi - g}\right)\cdots$$

中置 $v = \frac{x}{n}\pi, g = \frac{m}{n}\pi$,得

$$\left(1 + \frac{x}{n - m}\right)\left(1 - \frac{x}{n + m}\right)\left(1 + \frac{x}{3n - m}\right) \cdot$$

$$\left(1 - \frac{x}{3n + m}\right)\left(1 + \frac{x}{5n - m}\right)\left(1 - \frac{x}{5n + m}\right)\cdots =$$

$$\cos\frac{x\pi}{2n} + \tan\frac{m\pi}{2n}\sin\frac{x\pi}{2n} = 1 + \frac{x\pi}{2n}\tan\frac{m\pi}{2n} - \frac{\pi^2 x^2}{2 \cdot 4n^2} -$$

$$\frac{\pi^3 x^3}{2 \cdot 4 \cdot 6n^3}\tan\frac{m\pi}{2n} + \frac{\pi^4 x^4}{2 \cdot 4 \cdot 6 \cdot 8n^4} + \cdots$$

利用 §165 的符号,我们有

$$A = \frac{\pi}{2n}\tan\frac{m\pi}{2n}, B = -\frac{\pi^2}{2 \cdot 4n^2}, C = -\frac{\pi^3}{2 \cdot 4 \cdot 6n^3}\tan\frac{m\pi}{2n}$$

$$D = \frac{\pi^4}{2 \cdot 4 \cdot 6 \cdot 8n^4}, E = \frac{\pi^5}{2 \cdot 4 \cdot 6 \cdot 8 \cdot 10n^5}\tan\frac{m\pi}{2n}, \cdots$$

这里

$$\alpha = \frac{1}{n - m}, \beta = -\frac{1}{n + m}, \gamma = \frac{1}{3n - m}, \delta = -\frac{1}{3n + m}$$

$$\varepsilon = \frac{1}{5n - m}, \zeta = -\frac{1}{5n + m}, \cdots$$

§172

利用 §166 的规则,得

$$P = \frac{1}{n - m} - \frac{1}{n + m} + \frac{1}{3n - m} - \frac{1}{3n + m} + \frac{1}{5n - m} - \frac{1}{5n + m} + \cdots$$

$$Q = \frac{1}{(n - m)^2} + \frac{1}{(n + m)^2} + \frac{1}{(3n - m)^2} + \frac{1}{(3n + m)^2} + \frac{1}{(5n - m)^2} + \frac{1}{(5n + m)^2} + \cdots$$

$$R = \frac{1}{(n - m)^3} - \frac{1}{(n + m)^3} + \frac{1}{(3n - m)^3} - \frac{1}{(3n + m)^2} + \frac{1}{(5n - m)^3} - \frac{1}{(5n + m)^2} + \cdots$$

$$S = \frac{1}{(n - m)^4} + \frac{1}{(n + m)^4} + \frac{1}{(3n - m)^4} + \frac{1}{(3n + m)^4} + \frac{1}{(5n - m)^4} + \frac{1}{(5n + m)^4} + \cdots$$

$$T = \frac{1}{(n-m)^5} - \frac{1}{(n+m)^5} + \frac{1}{(3n-m)^5} - \frac{1}{(3n+m)^5} + \frac{1}{(5n-m)^5} - \frac{1}{(5n+m)^2} + \cdots$$

$$V = \frac{1}{(n-m)^6} + \frac{1}{(n+m)^6} + \frac{1}{(3n-m)^6} + \frac{1}{(3n+m)^6} + \frac{1}{(5n-m)^6} + \frac{1}{(5n+m)^6} + \cdots$$

如果置 $\tan\frac{m\pi}{2n} = K$，那么像证明过的，我们得到

$$P = A = \frac{K\pi}{2n} = \frac{k\pi}{2n}$$

$$Q = \frac{(K^2+1)\pi^2}{4n^2} = \frac{(2K^2+2)\pi^2}{2\cdot 4\cdot n^2}$$

$$R = \frac{(K^3+K)\pi^3}{8n^3} = \frac{(6K^3+6K)\pi^3}{2\cdot 4\cdot 6\cdot n^3}$$

$$S = \frac{(3K^4+4K^2+1)\pi^4}{48n^4} = \frac{(24K^4+32K^3+8)\pi^4}{2\cdot 4\cdot 6\cdot 8\cdot n^4}$$

$$T = \frac{(3K^5+5K^3+2K)\pi^5}{96n^5} = \frac{(120K^5+200K^3+80K)\pi^5}{2\cdot 4\cdot 6\cdot 8\cdot 10\cdot n^5}$$

§173

同样，置 §164 最后一个表达式

$$\cos\frac{v}{2} + \cot\frac{g}{2}\sin\frac{v}{2} = \left(1+\frac{v}{g}\right)\left(1-\frac{v}{2\pi-g}\right)\left(1+\frac{v}{2\pi+g}\right)\cdot$$

$$\left(1-\frac{v}{4\pi-g}\right)\left(1+\frac{v}{4\pi+g}\right)\cdots$$

中的 $v = \frac{x}{n}\pi$，$g = \frac{m}{n}\pi$，$\tan\frac{m\pi}{2n} = K$，从而 $\cot\frac{g}{2} = \frac{1}{K}$，我们得到

$$\cos\frac{\pi x}{2n} + \frac{1}{K}\sin\frac{\pi x}{2n} = 1 + \frac{\pi x}{2nK} - \frac{\pi^2 x^2}{2\cdot 4\cdot n^2} - \frac{\pi^3 x^3}{2\cdot 4\cdot 6\cdot n^3 K} +$$

$$\frac{\pi^4 x^4}{2\cdot 4\cdot 6\cdot 8\cdot n^4} + \frac{\pi^5 x^5}{2\cdot 4\cdot 6\cdot 8\cdot 10\cdot n^5 K} =$$

$$\left(1+\frac{x}{m}\right)\left(1-\frac{x}{2n-m}\right)\left(1+\frac{x}{2n+m}\right)\cdot$$

$$\left(1-\frac{x}{4n-m}\right)\left(1+\frac{x}{4n+m}\right)\cdots$$

与 §165 公式相比较，得

$$A = \frac{\pi}{2nK}, B = -\frac{\pi^2}{2\cdot 4\cdot n^2}, C = -\frac{\pi^3}{2\cdot 4\cdot 6\cdot n^3 K}$$

$$D = \frac{\pi^4}{2\cdot 4\cdot 6\cdot 8\cdot n^4}, E = \frac{\pi^5}{2\cdot 4\cdot 6\cdot 8\cdot 10\cdot n^5 K}, \cdots$$

由因式得

$$\alpha = \frac{1}{m}, \beta = -\frac{1}{2n-m}, \gamma = \frac{1}{2n+m}, \delta = -\frac{1}{4n-m}, \varepsilon = \frac{1}{4n+m}, \cdots$$

§174

利用 §166 的规则，我们列出级数

$$P = \frac{1}{m} - \frac{1}{2n-m} + \frac{1}{2n+m} - \frac{1}{4n-m} + \frac{1}{4n+m} - \cdots$$

$$Q = \frac{1}{m^2} + \frac{1}{(2n-m)^2} + \frac{1}{(2n+m)^2} + \frac{1}{(4n-m)^2} + \frac{1}{(4n+m)^2} + \cdots$$

$$R = \frac{1}{m^3} - \frac{1}{(2n-m)^3} + \frac{1}{(2n+m)^3} - \frac{1}{(4n-m)^3} + \frac{1}{(4n+m)^3} - \cdots$$

$$S = \frac{1}{m^4} + \frac{1}{(2n-m)^4} + \frac{1}{(2n+m)^4} + \frac{1}{(4n-m)^4} + \frac{1}{(4n+m)^4} + \cdots$$

$$T = \frac{1}{m^5} - \frac{1}{(2n-m)^5} + \frac{1}{(2n+m)^5} - \frac{1}{(4n-m)^5} + \frac{1}{(4n+m)^5} - \cdots$$

$$\vdots$$

并得到它们的和为

$$P = A = \frac{\pi}{2nK} = \frac{1 \cdot \pi}{2nK}$$

$$Q = \frac{(K^2+1)\pi^2}{4n^2K^2} = \frac{(2+2K^2)\pi^2}{2 \cdot 4 \cdot n^2K^2}$$

$$R = \frac{(K^2+1)\pi^3}{8n^3K^3} = \frac{(6+6K^2)\pi^3}{2 \cdot 4 \cdot 6 n^3K^3}$$

$$S = \frac{(K^4+4K^2+3)\pi^4}{48n^4K^4} = \frac{(24+32K^2+8K^4)\pi^4}{2 \cdot 4 \cdot 6 \cdot 8 \cdot n^4K^4}$$

$$T = \frac{(2K^4+5K^2+3)\pi^5}{96n^5K^5} = \frac{(120+200K^2+80K^4)\pi^5}{2 \cdot 4 \cdot 6 \cdot 8 \cdot 10 \cdot n^5K^5}$$

$$V = \frac{(2K^6+17K^4+30K^2+15)\pi^6}{960n^6K^6} = \frac{(720+1440K^2+816K^4+96K^6)\pi^6}{2 \cdot 4 \cdot 6 \cdot 8 \cdot 10 \cdot 12 \cdot n^6K^6}$$

§175

对 §172，§174 中一般形状的级数，令 m 和 n 为特殊的值，可以得到一些有价值的结果. 置 $m=1, n=2$，则 $K = \tan\frac{\pi}{4} = \tan 45° = 1$. 这时两节的结果相同

$$\frac{\pi}{4} = 1 - \frac{1}{3} + \frac{1}{5} - \frac{1}{7} + \frac{1}{9} - \cdots$$

$$\frac{\pi^2}{8} = 1 + \frac{1}{3^2} + \frac{1}{5^2} + \frac{1}{7^2} + \frac{1}{9^2} + \cdots$$

$$\frac{\pi^2}{32} = 1 - \frac{1}{3^3} + \frac{1}{5^3} - \frac{1}{7^3} + \frac{1}{9^3} - \cdots$$

$$\frac{\pi^4}{96} = 1 + \frac{1}{3^4} + \frac{1}{5^4} + \frac{1}{7^4} + \frac{1}{9^4} + \cdots$$

$$\frac{5\pi^5}{1\,536} = 1 - \frac{1}{3^5} + \frac{1}{5^5} - \frac{1}{7^5} + \frac{1}{9^5} - \cdots$$

$$\frac{\pi^6}{960} = 1 + \frac{1}{3^6} + \frac{1}{5^6} + \frac{1}{7^6} + \frac{1}{9^6} + \cdots$$

$$\vdots$$

得到的这些级数中:第一个,§140 中我们见过;指数为偶数的,§169 中我们讨论过;其余,指数为奇数的,即

$$1 - \frac{1}{3^{2n+1}} + \frac{1}{5^{2n+1}} - \frac{1}{7^{2n+1}} + \frac{1}{9^{2n+1}} - \cdots$$

这里我们得到了它们的用 π 表示的和.

§176

令 $m = 1, n = 3$,则 $K = \tan\frac{\pi}{6} = \tan 30° = \frac{1}{\sqrt{3}}$,这时 §172 的级数成为

$$\frac{\pi}{6\sqrt{3}} = \frac{1}{2} - \frac{1}{4} + \frac{1}{8} - \frac{1}{10} + \frac{1}{14} - \frac{1}{16} + \cdots$$

$$\frac{\pi^2}{27} = \frac{1}{2^2} + \frac{1}{4^2} + \frac{1}{8^2} + \frac{1}{10^2} + \frac{1}{14^2} + \frac{1}{16^2} + \cdots$$

$$\frac{\pi^3}{162\sqrt{3}} = \frac{1}{2^3} - \frac{1}{4^3} + \frac{1}{8^3} - \frac{1}{10^3} + \frac{1}{14^3} - \frac{1}{16^3} + \cdots$$

$$\vdots$$

或

$$\frac{\pi}{3\sqrt{3}} = 1 - \frac{1}{2} + \frac{1}{4} - \frac{1}{5} + \frac{1}{7} - \frac{1}{8} + \cdots$$

$$\frac{4\pi^2}{27} = 1 + \frac{1}{2^2} + \frac{1}{4^2} + \frac{1}{5^2} + \frac{1}{7^2} + \frac{1}{8^2} + \cdots$$

$$\frac{4\pi^3}{81\sqrt{3}} = 1 - \frac{1}{2^3} + \frac{1}{4^3} - \frac{1}{5^3} + \frac{1}{7^3} - \frac{1}{8^3} + \cdots$$

$$\vdots$$

它们都不含被 $\frac{1}{3}$ 除得尽的项. 我们可以求出含有这种项的级数,至少可以求出偶指数的这种级数. 做法是:由

$$\frac{\pi^2}{6} = 1 + \frac{1}{2^2} + \frac{1}{3^2} + \frac{1}{4^2} + \frac{1}{5^2} + \cdots$$

$$\frac{\pi^2}{6 \cdot 9} = \frac{1}{3^2} + \frac{1}{6^2} + \frac{1}{9^2} + \frac{1}{12^2} + \frac{1}{15^2} + \cdots$$

它的项都被 $\frac{1}{3}$ 除得尽,从原来的减去得到的这一个,得

$$\frac{8\pi^2}{54} = \frac{4\pi^2}{27} = 1 + \frac{1}{2^2} + \frac{1}{4^2} + \frac{1}{5^2} + \frac{1}{7^2} + \cdots$$

是原来的一个,也不包含被 $\frac{1}{3}$ 除得尽的项.

§177

令 $m = 1, n = 3, K = \frac{1}{\sqrt{3}}$,那么从 §174 我们得到

$$\frac{\pi}{2\sqrt{3}} = 1 - \frac{1}{5} + \frac{1}{7} - \frac{1}{11} + \frac{1}{13} - \frac{1}{17} + \cdots$$

$$\frac{\pi^2}{9} = 1 + \frac{1}{5^2} + \frac{1}{7^2} + \frac{1}{11^2} + \frac{1}{13^2} + \frac{1}{17^2} + \cdots$$

$$\frac{\pi^3}{18\sqrt{3}} = 1 - \frac{1}{5^3} + \frac{1}{7^3} - \frac{1}{11^3} + \frac{1}{13^3} - \frac{1}{17^3} + \cdots$$

$$\vdots$$

分母为被3除不尽的奇数的幂. 分母为被3除得尽的数的幂,这种级数可以从已知级数求得,由

$$\frac{\pi^2}{8} = 1 + \frac{1}{3^2} + \frac{1}{5^2} + \frac{1}{7^2} + \frac{1}{9^2} + \cdots$$

得

$$\frac{\pi^2}{8 \cdot 9} = \frac{1}{3^2} + \frac{1}{9^2} + \frac{1}{15^2} + \frac{1}{21^2} + \frac{1}{27^2} + \cdots$$

这个级数中,分母都是被3除得尽的奇数的幂,从上面的级数减它得到的级数

$$\frac{\pi^2}{9} = 1 + \frac{1}{5^2} + \frac{1}{7^2} + \frac{1}{11^2} + \frac{1}{13^2} + \cdots$$

其分母都是被3除不尽的奇数的幂.

§178

§172 的级数与 §174 的级数相加相减,我们得到另外一些有价值的级数. 相加,得

$$\frac{K\pi}{2n} + \frac{\pi}{2nK} = \frac{1}{m} + \frac{1}{n-m} - \frac{1}{n+m} - \frac{1}{2n-m} + \frac{1}{2n+m} + \cdots = \frac{(K^2+1)\pi}{2nK}$$

由

$$K = \tan\frac{m\pi}{2n} = \frac{\sin\dfrac{m\pi}{2n}}{\cos\dfrac{m\pi}{2n}}$$

得

$$1 + K^2 = \frac{1}{\cos^2(\dfrac{m\pi}{2n})}$$

从而

$$\frac{2K}{1+K^2} = 2\sin\frac{m\pi}{2n}\cos\frac{m\pi}{2n} = \sin\frac{m\pi}{n}$$

代入,得

$$\frac{\pi}{n\sin\dfrac{m\pi}{n}} = \frac{1}{m} + \frac{1}{n-m} - \frac{1}{n+m} - \frac{1}{2n-m} + \frac{1}{2n+m} + \frac{1}{3n-m} - \frac{1}{3n+m} - \cdots$$

类似地,相减,得

$$\frac{\pi}{2nK} - \frac{K\pi}{2n} = \frac{(1-K^2)\pi}{2nK} = \frac{1}{m} - \frac{1}{n-m} + \frac{1}{n+m} - \frac{1}{2n-m} + \frac{1}{2n+m} - \frac{1}{3n-m} + \frac{1}{3n+m} - \cdots$$

由

$$\frac{2K}{1-K^2} = \tan 2\frac{m\pi}{2n} = \tan\frac{m\pi}{n} = \frac{\sin\dfrac{m\pi}{n}}{\cos\dfrac{m\pi}{n}}$$

得

$$\frac{\pi\cos\dfrac{m\pi}{n}}{n\sin\dfrac{m\pi}{n}} = \frac{1}{m} - \frac{1}{n-m} + \frac{1}{n+m} - \frac{1}{2n-m} + \frac{1}{2n+m} - \frac{1}{3n-m} + \cdots$$

用这种方法推出的二次和更高次级数,留给微分学,在那里推导起来更容易.

§179

我们已经考虑了 $m=1, n=2$ 或 3 的情形. 现在我们让 m, n 取另外的几种值.
$m=1, n=4$ 时

$$\sin\frac{m\pi}{n} = \sin\frac{\pi}{4} = \frac{1}{\sqrt{2}}, \cos\frac{m\pi}{n} = \cos\frac{\pi}{4} = \frac{1}{\sqrt{2}}$$

我们得到

$$\frac{\pi}{2\sqrt{2}} = 1 + \frac{1}{3} - \frac{1}{5} - \frac{1}{7} + \frac{1}{9} + \frac{1}{11} - \frac{1}{13} - \frac{1}{15} + \cdots$$

和

$$\frac{\pi}{4} = 1 - \frac{1}{3} + \frac{1}{5} - \frac{1}{7} + \frac{1}{9} - \frac{1}{11} + \frac{1}{13} - \frac{1}{15} + \cdots$$

$m = 1, n = 8$ 时

$$\frac{m\pi}{n} = \frac{\pi}{8}, \sin\frac{\pi}{8} = \sqrt{\frac{1}{2} - \frac{1}{2\sqrt{2}}}, \cos\frac{\pi}{8} = \sqrt{\frac{1}{2} + \frac{1}{2\sqrt{2}}}, \frac{\cos\frac{\pi}{8}}{\sin\frac{\pi}{8}} = 1 + \sqrt{2}$$

由此我们得到

$$\frac{\pi}{4\sqrt{2 - \sqrt{2}}} = 1 + \frac{1}{7} - \frac{1}{9} - \frac{1}{15} + \frac{1}{17} + \frac{1}{23} - \cdots$$

$$\frac{\pi}{8(\sqrt{2} - 1)} = 1 - \frac{1}{7} + \frac{1}{9} - \frac{1}{15} + \frac{1}{17} - \frac{1}{23} + \cdots$$

$m = 3, n = 8$ 时

$$\frac{m\pi}{n} = \frac{3\pi}{8}, \sin\frac{3\pi}{8} = \sqrt{\frac{1}{2} + \frac{1}{2\sqrt{2}}}, \cos\frac{3\pi}{8} = \sqrt{\frac{1}{2} - \frac{1}{2\sqrt{2}}}, \frac{\cos\frac{3\pi}{8}}{\sin\frac{3\pi}{8}} = \frac{1}{\sqrt{2} + 1}$$

我们得到

$$\frac{\pi}{4\sqrt{2 + \sqrt{2}}} = \frac{1}{3} + \frac{1}{5} - \frac{1}{11} - \frac{1}{13} + \frac{1}{19} + \frac{1}{21} - \cdots$$

$$\frac{\pi}{8(\sqrt{2} + 1)} = \frac{1}{3} - \frac{1}{5} + \frac{1}{11} - \frac{1}{13} + \frac{1}{19} - \frac{1}{21} + \cdots$$

§180

上面的级数相结合，我们得到

$$\frac{\pi\sqrt{2 + \sqrt{2}}}{4} = 1 + \frac{1}{3} + \frac{1}{5} + \frac{1}{7} - \frac{1}{9} - \frac{1}{11} - \frac{1}{13} - \frac{1}{15} + \frac{1}{17} + \frac{1}{19} + \cdots$$

$$\frac{\pi\sqrt{2 - \sqrt{2}}}{4} = 1 - \frac{1}{3} - \frac{1}{5} + \frac{1}{7} - \frac{1}{9} + \frac{1}{11} + \frac{1}{13} - \frac{1}{15} + \frac{1}{17} + \frac{1}{19} + \cdots$$

$$\frac{\pi(\sqrt{4 + 2\sqrt{2}} + \sqrt{2} - 1)}{8} = 1 + \frac{1}{3} - \frac{1}{5} + \frac{1}{7} - \frac{1}{9} + \frac{1}{11} - \frac{1}{13} - \frac{1}{15} + \frac{1}{17} + \frac{1}{19} + \cdots$$

$$\frac{\pi(\sqrt{4 + 2\sqrt{2}} - \sqrt{2} + 1)}{8} = 1 - \frac{1}{3} + \frac{1}{5} + \frac{1}{7} - \frac{1}{9} - \frac{1}{11} + \frac{1}{13} - \frac{1}{15} + \frac{1}{17} - \frac{1}{19} + \cdots$$

$$\frac{\pi(\sqrt{2} + 1 + \sqrt{4 - 2\sqrt{2}})}{8} = 1 + \frac{1}{3} + \frac{1}{5} - \frac{1}{7} + \frac{1}{9} - \frac{1}{11} - \frac{1}{13} - \frac{1}{15} + \frac{1}{17} + \frac{1}{19} + \cdots$$

$$\frac{\pi(\sqrt{2}+1-\sqrt{4-2\sqrt{2}})}{8} = 1 - \frac{1}{3} - \frac{1}{5} - \frac{1}{7} + \frac{1}{9} + \frac{1}{11} + \frac{1}{13} - \frac{1}{15} + \frac{1}{17} - \frac{1}{19} - \cdots$$

用类似的方法可以继续对 $n=16, m=1,3,5$ 或 7 的情形进行结合,得到的级数仍然由 $1, \frac{1}{3}, \frac{1}{5}, \frac{1}{7}, \frac{1}{9}, \cdots$ 组成,但正负号规律完全不同.

<h1 style="text-align:center">§ 181</h1>

将 § 178 中的级数,从第二项起每两项相结合,得

$$\frac{\pi}{n\sin\frac{m\pi}{n}} = \frac{1}{m} + \frac{2m}{n^2-m^2} - \frac{2m}{4n^2-m^2} + \frac{2m}{9n^2-m^2} - \frac{2m}{16n^2-m^2} + \cdots$$

从而

$$\frac{1}{n^2-m^2} - \frac{1}{4n^2-m^2} + \frac{1}{9n^2-m^2} - \cdots = \frac{x}{2mn\sin\frac{m\pi}{n}} - \frac{1}{2m^2}$$

从另一个级数是

$$\frac{\pi}{n\tan\frac{m\pi}{n}} = \frac{1}{m} - \frac{2m}{n^2-m^2} - \frac{2m}{4n^2-m^2} - \frac{2m}{9n^2-m^2} - \cdots$$

从而

$$\frac{1}{n^2-m^2} + \frac{1}{4n^2-m^2} + \frac{1}{9n^2-m^2} + \cdots = \frac{1}{2m^2} - \frac{\pi}{2mn\tan\frac{m\pi}{n}}$$

得到的这两个级数相加,得

$$\frac{1}{n^2-m^2} + \frac{1}{9n^2-m^2} + \frac{1}{25n^2-m^2} + \cdots = \frac{\pi\tan\frac{m\pi}{2n}}{4mn}$$

我们得到了三个级数,在第三个中令 $n=1$,令 m 等于任何一个非零偶数 $2K(K\neq 0)$,则由 $\tan K\pi=0$,我们恒有

$$\frac{1}{1-4K^2} + \frac{1}{9-4K^2} + \frac{1}{25-4K^2} + \frac{1}{49-4K^2} + \cdots = 0$$

在第二个中令 $n=2, m$ 等于任何一个奇数 $2K+1$,那么由 $\dfrac{1}{\tan\frac{m\pi}{n}}=0$,我们得到

$$\frac{1}{4-(2K+1)^2} + \frac{1}{16-(2K+1)^2} + \frac{1}{36-(2K+1)^2} + \cdots = \frac{1}{2(2K+1)^2}$$

乘上节求得的前两个级数以 n^2 ,并令 $\dfrac{m}{n}=P$,我们得到表达式

$$\frac{1}{1-p^2}-\frac{1}{4-p^2}+\frac{1}{9-p^2}-\frac{1}{16-p^2}+\cdots=\frac{\pi}{2p\sin p\pi}-\frac{1}{2p^2}$$

$$\frac{1}{1-p^2}+\frac{1}{4-p^2}+\frac{1}{9-p^2}+\frac{1}{16-p^2}+\cdots=\frac{1}{2p^2}-\frac{\pi}{2p\tan p\pi}$$

令 $p^2=a$,得

$$\frac{1}{1-a}-\frac{1}{4-a}+\frac{1}{9-a}-\frac{1}{16-a}+\cdots=\frac{\pi\sqrt{a}}{2a\sin \pi\sqrt{a}}-\frac{1}{2a}$$

$$\frac{1}{1-a}+\frac{1}{4-a}+\frac{1}{9-a}+\frac{1}{16-a}+\cdots=\frac{1}{2a}-\frac{\pi\sqrt{a}}{2a\tan \pi\sqrt{a}}$$

只要 a 非负,且不是整数的平方,那么这两个级数的和,就都可以用圆(即 π ——译者注)表示.

§ 183

a 为负数时,可以用我们讨论过的化虚指数量为弧的正弦和余弦的方法,求前节级数的和. 事实上,由于

$$e^{x\sqrt{-1}}=\cos x+\sqrt{-1}\sin x$$

$$e^{-x\sqrt{-1}}=\cos x-\sqrt{-1}\sin x$$

将 x 换为 $y\sqrt{-1}$,得

$$\cos y\sqrt{-1}=\frac{e^{-y}+e^{y}}{2}$$

$$\sin y\sqrt{-1}=\frac{e^{-y}-e^{y}}{2\sqrt{-1}}$$

如果 $a=-b,y=\pi\sqrt{b}$,则

$$\cos \pi\sqrt{-b}=\frac{e^{-\pi\sqrt{b}}+e^{\pi\sqrt{b}}}{2}$$

$$\sin \pi\sqrt{-b}=\frac{e^{-\pi\sqrt{b}}-e^{\pi\sqrt{b}}}{2\sqrt{-1}}$$

从而

$$\tan \pi\sqrt{-b}=\frac{e^{-\pi\sqrt{b}}-e^{\pi\sqrt{b}}}{\left(e^{-\pi\sqrt{b}}+e^{\pi\sqrt{b}}\right)\sqrt{-1}}$$

由此得

$$\frac{\pi\sqrt{-b}}{\sin \pi\sqrt{-b}} = \frac{-2\pi\sqrt{b}}{e^{-\pi\sqrt{b}} - e^{\pi\sqrt{b}}}$$

$$\frac{\pi\sqrt{-b}}{\tan \pi\sqrt{-b}} = \frac{-\pi\sqrt{b}(e^{-\pi\sqrt{b}} + e^{\pi\sqrt{b}})}{e^{-\pi\sqrt{b}} - e^{\pi\sqrt{b}}}$$

利用所得结果,我们得到

$$\frac{1}{1+b} - \frac{1}{4+b} + \frac{1}{9+b} - \frac{1}{16+b} + \cdots = \frac{1}{2b} - \frac{\pi\sqrt{b}}{(e^{-\pi\sqrt{b}} - e^{\pi\sqrt{b}})b}$$

$$\frac{1}{1+b} + \frac{1}{4+b} + \frac{1}{9+b} + \frac{1}{16+b} + \cdots = \frac{(e^{-\pi\sqrt{b}} + e^{\pi\sqrt{b}})\pi\sqrt{b}}{2(e^{-\pi\sqrt{b}} - e^{\pi\sqrt{b}})} - \frac{1}{2b}$$

这里的级数,可以从 §162 用本章的方法导出,但我更喜欢现在这样,因为它还告诉我们,如何化虚数弧的正弦和余弦为实指数量.

第十一章　　弧和正弦的几种无穷表示

§184

§158 中我们看到,对任何的圆弧 z 我们都有

$$\sin z = (1 - \frac{z^2}{\pi^2})(1 - \frac{z^2}{4\pi^2})(1 - \frac{z^2}{9\pi^2})(1 - \frac{z^2}{16\pi^2}) \cdots$$

和

$$\cos z = (1 - \frac{4z^2}{\pi^2})(1 - \frac{4z^2}{9\pi^2})(1 - \frac{4z^2}{25\pi^2})(1 - \frac{4z^2}{49\pi^2}) \cdots$$

令 $z = \dfrac{m\pi}{n}$,得

$$\sin \frac{m\pi}{n} = \frac{m\pi}{n}(1 - \frac{m^2}{n^2})(1 - \frac{m^2}{4n^2})(1 - \frac{m^2}{9n^2})(1 - \frac{m^2}{16n^2}) \cdots$$

$$\cos \frac{m\pi}{n} = (1 - \frac{4m^2}{n^2})(1 - \frac{4m^2}{9n^2})(1 - \frac{4m^2}{25n^2})(1 - \frac{4m^2}{49n^2}) \cdots$$

用 $2n$ 代 n,得

$$\sin \frac{m\pi}{2n} = \frac{m\pi}{2n}(\frac{4n^2 - m^2}{4n^2})(\frac{16n^2 - m^2}{16n^2})(\frac{36n^2 - m^2}{36n^2})(\frac{64n^2 - m^2}{64n^2}) \cdots$$

$$\cos \frac{m\pi}{2n} = (\frac{n^2 - m^2}{n^2})(\frac{9n^2 - m^2}{9n^2})(\frac{25n^2 - m^2}{25n^2})(\frac{49n^2 - m^2}{49n^2}) \cdots$$

分解成线性因式,得

$$\sin \frac{m\pi}{2n} = \frac{m\pi}{2n}(\frac{2n - m}{2n})(\frac{2n + m}{2n})(\frac{4n - m}{4n})(\frac{4n + m}{4n})(\frac{6n - m}{6n}) \cdots$$

$$\cos \frac{m\pi}{2n} = (\frac{n - m}{n})(\frac{n + m}{n})(\frac{3n - m}{3n})(\frac{3n + m}{3n})(\frac{5n - m}{5n})(\frac{5n + m}{5n}) \cdots$$

用 $n - m$ 代 m,并利用

$$\sin \frac{(n - m)\pi}{2n} = \cos \frac{m\pi}{2n}, \cos \frac{(n - m)\pi}{2n} = \sin \frac{m\pi}{2n}$$

得

$$\cos \frac{m\pi}{2n} = (\frac{(n - m)\pi}{2n})(\frac{n + m}{2n})(\frac{3n - m}{2n})(\frac{3n + m}{4n})(\frac{5n - m}{4n})(\frac{5n + m}{6n}) \cdots$$

$$\sin\frac{m\pi}{2n} = \frac{m}{n}\left(\frac{2n-m}{n}\right)\left(\frac{2n+m}{3n}\right)\left(\frac{4n-m}{3n}\right)\left(\frac{4n+m}{5n}\right)\left(\frac{6n-m}{5n}\right)\cdots$$

§185

对弧 $\dfrac{m\pi}{2n}$ 的正弦和余弦都导出了两个表达式,两者相除,得

$$1 = \frac{\pi}{2}\cdot\frac{1}{2}\cdot\frac{3}{2}\cdot\frac{3}{4}\cdot\frac{5}{4}\cdot\frac{5}{6}\cdot\frac{7}{6}\cdot\frac{7}{8}\cdot\frac{9}{8}\cdots$$

从而

$$\frac{\pi}{2} = \frac{2\cdot2\cdot4\cdot4\cdot6\cdot6\cdot8\cdot7\cdot8\cdot10\cdot10\cdot12\cdot12\cdots}{1\cdot3\cdot3\cdot5\cdot5\cdot7\cdot7\cdot9\cdot9\cdot11\cdot11\cdot13\cdots}$$

这里 Wallis 在他的《无穷算术》中导出的 π 的表达式. 从正弦的前一个表达式,可以推出许多类似地表达式. 例如,从它我们推得

$$\frac{\pi}{2} = \frac{n}{m}\sin\frac{m\pi}{2n}\cdot\left(\frac{2n}{2n-m}\right)\left(\frac{2n}{2n+m}\right)\left(\frac{4n}{4n-m}\right)\left(\frac{4n}{4n+m}\right)\left(\frac{6n}{6n-m}\right)\cdots$$

令 $\dfrac{m}{n}=1$,得 Wallis 公式,令 $\dfrac{m}{n}=\dfrac{1}{2}$,则由 $\sin\dfrac{\pi}{4}=\dfrac{1}{\sqrt{2}}$ 得

$$\frac{\pi}{2} = \frac{\sqrt{2}}{1}\cdot\frac{4}{3}\cdot\frac{4}{5}\cdot\frac{8}{7}\cdot\frac{8}{9}\cdot\frac{12}{11}\cdot\frac{12}{13}\cdot\frac{16}{15}\cdot\frac{16}{17}\cdots$$

令 $\dfrac{m}{n}=\dfrac{1}{3}$,则由 $\sin\dfrac{\pi}{6}=\dfrac{1}{2}$,得

$$\frac{\pi}{2} = \frac{3}{2}\cdot\frac{6}{5}\cdot\frac{6}{7}\cdot\frac{12}{11}\cdot\frac{12}{13}\cdot\frac{18}{17}\cdot\frac{18}{19}\cdot\frac{24}{23}\cdots$$

除 Wallis 公式以 $\dfrac{m}{n}=\dfrac{1}{2}$ 时的表达式,得

$$\sqrt{2} = \frac{2\cdot2\cdot6\cdot6\cdot10\cdot10\cdot14\cdot14\cdot18\cdot18\cdots}{1\cdot3\cdot5\cdot7\cdot9\cdot11\cdot13\cdot15\cdot17\cdot19\cdots}$$

§186

角的正切都等于正弦除以余弦. 因而正切也可以表示成无穷乘积. 用正弦的前一个表达式除上余弦的后一个表达式,我们得到

$$\tan\frac{m\pi}{2n} = \frac{m}{n-m}\left(\frac{2n-m}{n+m}\right)\left(\frac{2n+m}{3n-m}\right)\left(\frac{4n-m}{3n+m}\right)\left(\frac{4n+m}{5n-m}\right)\cdots$$

$$\cot\frac{m\pi}{2n} = \frac{n-m}{m}\left(\frac{n+m}{2n-m}\right)\left(\frac{3n-m}{2n+m}\right)\left(\frac{3n+m}{4n-m}\right)\left(\frac{5n-m}{4n+m}\right)\cdots$$

类似地,我们得到正割和余割的表达式

$$\sec\frac{m\pi}{2n} = \left(\frac{n}{n-m}\right)\left(\frac{n}{n+m}\right)\left(\frac{3n}{3n-m}\right)\left(\frac{3n}{3n+m}\right)\left(\frac{5n}{5n-m}\right)\left(\frac{5n}{5n+m}\right)\cdots$$

$$\csc\frac{m\pi}{2n}\cdot\frac{n}{m}=\left(\frac{n}{2n-m}\right)\left(\frac{3n}{2n+m}\right)\left(\frac{3n}{4n-m}\right)\left(\frac{5n}{4n+m}\right)\left(\frac{5n}{6n-m}\right)\cdots$$

如果正弦和余弦都用第二表达式,那么我们得到

$$\tan\frac{m\pi}{2n}=\frac{\pi}{2}\cdot\frac{m}{n-m}\cdot\frac{1(2n-m)}{2(n+m)}\cdot\frac{3(2n+m)}{2(3n-m)}\cdot\frac{3(4n-m)}{4(3n+m)}\cdot\cdots$$

$$\cot\frac{m\pi}{2n}=\frac{\pi}{2}\cdot\frac{n-m}{m}\cdot\frac{1(n+m)}{2(2n-m)}\cdot\frac{3(3n-m)}{2(2n+m)}\cdot\frac{3(3n+m)}{4(4n-m)}\cdot\cdots$$

$$\sec\frac{m\pi}{2n}=\frac{2}{\pi}\cdot\frac{n}{n-m}\cdot\frac{2n}{n+m}\cdot\frac{2n}{3n-m}\cdot\frac{4n}{3n+m}\cdot\frac{4n}{5n-m}\cdot\cdots$$

$$\csc\frac{m\pi}{2n}=\frac{2}{\pi}\cdot\frac{n}{m}\cdot\frac{2n}{2n-m}\cdot\frac{2n}{2n+m}\cdot\frac{4n}{4n-m}\cdot\frac{4n}{4n+m}\cdot\cdots$$

§ 187

将正弦和余弦原表达式中的 m 换成 K,得到新表达式,用新表达式除原表达式,我们得到公式

$$\frac{\sin\dfrac{m\pi}{2n}}{\sin\dfrac{K\pi}{2n}}=\frac{m}{K}\cdot\frac{2n-m}{2n-K}\cdot\frac{2n+m}{2n+K}\cdot\frac{4n-m}{4n-K}\cdot\frac{4n+m}{4n+K}\cdot\cdots$$

$$\frac{\sin\dfrac{m\pi}{2n}}{\cos\dfrac{K\pi}{2n}}=\frac{m}{n-K}\cdot\frac{2n-m}{n+K}\cdot\frac{2n+m}{3n-K}\cdot\frac{4n-m}{3n+K}\cdot\frac{4n+m}{5n-K}\cdot\cdots$$

$$\frac{\cos\dfrac{m\pi}{2n}}{\sin\dfrac{K\pi}{2n}}=\frac{n-m}{K}\cdot\frac{n+m}{2n-K}\cdot\frac{3n-m}{2n+K}\cdot\frac{3n+m}{4n-K}\cdot\frac{5n-m}{4n+K}\cdot\cdots$$

$$\frac{\cos\dfrac{m\pi}{2n}}{\sin\dfrac{K\pi}{2n}}=\frac{n-m}{n-K}\cdot\frac{n+m}{n+K}\cdot\frac{3n-m}{3n-K}\cdot\frac{3n+m}{3n+K}\cdot\frac{5n-m}{5n-K}\cdot\cdots$$

如果取一个角 $\dfrac{K\pi}{2n}$,其正弦和余弦都已知,那么利用上面的公式,我们可以求出另外任何一个角 $\dfrac{m\pi}{2n}$ 的正弦和余弦.

§ 188

这些无穷多个因式相乘形式的表达式,可以用来计算 π 的值,也可以用来计算给定角的正弦和余弦. 其价值在于,到现在为止,我们还没有计算这些值的更好的方法. 我们

也掌握另外一些稍具实用价值的无穷乘积,可以用来计算 π 或正弦和余弦的值. 例如

$$\frac{\pi}{2} = 2\left(1 - \frac{1}{9}\right)\left(1 - \frac{1}{25}\right)\left(1 - \frac{1}{49}\right)\cdots$$

该乘积的因式不难变为小数,但要得到 π 的精确到小数点后 10 位的值,那因子的个数就已经多得不得了.

§ 189

这些乘积的主要应用是计算对数. 没有这些表达式,对数的计算是很困难的. 首先我们有

$$\pi = 4\left(1 - \frac{1}{9}\right)\left(1 - \frac{1}{25}\right)\left(1 - \frac{1}{49}\right)\cdots$$

取对数,得

$$\log \pi = \log 4 + \log\left(1 - \frac{1}{9}\right) + \log\left(1 - \frac{1}{25}\right) + \log\left(1 - \frac{1}{49}\right) + \cdots$$

或

$$\log \pi = \log 2 - \log\left(1 - \frac{1}{4}\right) - \log\left(1 - \frac{1}{16}\right) - \log\left(1 - \frac{1}{36}\right) - \cdots$$

这里取常用对数或自然对数都可以. 但从自然对数易于求出常用对数,所以我们介绍求 π 的自然对数的方法.

§ 190

对于自然对数我们有

$$\log(1 - x) = - x - \frac{x^2}{2} - \frac{x^3}{3} - \frac{x^4}{4} - \cdots$$

将上节中表达式的项照此式展开,得

$$\log \pi = \log 4 - \frac{1}{9} - \frac{1}{2 \cdot 9^2} - \frac{1}{3 \cdot 9^3} - \frac{1}{4 \cdot 9^4} - \cdots$$

$$- \frac{1}{25} - \frac{1}{2 \cdot 25^2} - \frac{1}{3 \cdot 25^3} - \frac{1}{4 \cdot 25^4} - \cdots$$

$$- \frac{1}{49} - \frac{1}{2 \cdot 49^2} - \frac{1}{3 \cdot 49^3} - \frac{1}{4 \cdot 49^4} - \cdots$$

$$\vdots$$

展开式中每竖列含有一个无穷级数. 含有的这些无穷级数的和,是我们前面已经算了出来的. 为简便起见,我们记

$$A = 1 + \frac{1}{3^2} + \frac{1}{5^2} + \frac{1}{7^2} + \frac{1}{9^2} + \cdots$$

$$B = 1 + \frac{1}{3^4} + \frac{1}{5^4} + \frac{1}{7^4} + \frac{1}{9^4} + \cdots$$

$$C = 1 + \frac{1}{3^6} + \frac{1}{5^6} + \frac{1}{7^6} + \frac{1}{9^6} + \cdots$$

$$D = 1 + \frac{1}{3^8} + \frac{1}{5^8} + \frac{1}{7^8} + \frac{1}{9^8} + \cdots$$

使用这些记号展开式就成了

$$\log \pi = \log 4 - (A - 1) - \frac{1}{2}(B - 1) - \frac{1}{3}(C - 1) - \frac{1}{4}(D - 1) - \cdots$$

利用前面求出的近似值,我们有

$A = 1.233\ 700\ 550\ 136\ 169\ 827\ 354\ 31$

$B = 1.014\ 678\ 031\ 604\ 192\ 054\ 546\ 25$

$C = 1.001\ 447\ 076\ 640\ 942\ 121\ 906\ 47$

$D = 1.000\ 155\ 179\ 025\ 296\ 119\ 302\ 98$

$E = 1.000\ 017\ 041\ 363\ 044\ 825\ 508\ 16$

$F = 1.000\ 001\ 885\ 848\ 583\ 119\ 575\ 90$

$G = 1.000\ 000\ 209\ 240\ 519\ 211\ 500\ 10$

$H = 1.000\ 000\ 023\ 237\ 157\ 379\ 156\ 70$

$J = 1.000\ 000\ 002\ 581\ 437\ 556\ 659\ 77$

$K = 1.000\ 000\ 000\ 286\ 807\ 697\ 455\ 58$

$L = 1.000\ 000\ 000\ 031\ 866\ 775\ 140\ 44$

$M = 1.000\ 000\ 000\ 003\ 540\ 722\ 943\ 92$

$N = 1.000\ 000\ 000\ 000\ 393\ 412\ 466\ 91$

$O = 1.000\ 000\ 000\ 000\ 043\ 712\ 448\ 59$

$P = 1.000\ 000\ 000\ 000\ 004\ 856\ 936\ 82$

$Q = 1.000\ 000\ 000\ 000\ 000\ 539\ 659\ 57$

$R = 1.000\ 000\ 000\ 000\ 000\ 059\ 962\ 17$

$S = 1.000\ 000\ 000\ 000\ 000\ 006\ 662\ 46$

$T = 1.000\ 000\ 000\ 000\ 000\ 000\ 740\ 27$

$V = 1.000\ 000\ 000\ 000\ 000\ 000\ 082\ 25$

$W = 1.000\ 000\ 000\ 000\ 000\ 000\ 009\ 13$

$X = 1.000\ 000\ 000\ 000\ 000\ 000\ 001\ 01$

将它们代入展开式,经过不太麻烦的计算,我们得到 π 的自然对数值

$$\log \pi = 1.144\ 729\ 885\ 849\ 400\ 174\ 143\ 42\cdots$$

乘这个值以 0.434 29…,得到 π 的常用对数值

$$\log \pi = 0.497\ 149\ 872\ 694\ 133\ 854\ 351\ 26$$

§191

我们已经把角 $\dfrac{m\pi}{2n}$ 的正弦和余弦都表示成了无穷乘积,因而不难写出它们的对数表示式. 从 §184 的公式得

$$\log \sin \frac{m\pi}{2n} = \log \pi + \log \frac{m}{2n} + \log(1 - \frac{m^2}{4n^2}) + \log(1 - \frac{m^2}{16n^2}) + \log(1 - \frac{m^2}{36n^2}) + \cdots$$

$$\log \cos \frac{m\pi}{2n} = \log(1 - \frac{m^2}{n^2}) + \log(1 - \frac{m^2}{9n^2}) + \log(1 - \frac{m^2}{25n^2}) + \log(1 - \frac{m^2}{49n^2}) + \cdots$$

跟前面一样,取自然对数可以把它们表示成收敛很快的级数. 为避免不必要的无穷级数相乘,我们保留前几项为对数形式

$$\log \sin \frac{m\pi}{2n} = \log \pi + \log m + \log(2n - m) + \log(2n + m) - \log 8 - 3\log n -$$

$$\frac{m^2}{16n^2} - \frac{m^4}{2 \cdot 16^2 n^4} - \frac{m^6}{3 \cdot 16^3 n^6} - \frac{m^8}{4 \cdot 16^4 n^8} - \cdots -$$

$$\frac{m^2}{36n^2} - \frac{m^4}{2 \cdot 36^2 n^4} - \frac{m^6}{3 \cdot 36^3 n^6} - \frac{m^8}{4 \cdot 36^4 n^8} - \cdots -$$

$$\frac{m^2}{64n^2} - \frac{m^4}{2 \cdot 64^2 n^4} - \frac{m^6}{3 \cdot 64^3 n^6} - \frac{m^8}{4 \cdot 64^4 n^8} - \cdots$$

$$\vdots$$

$$\log \cos \frac{m\pi}{2n} = \log(n - m) + \log(n + m) - 2\log n -$$

$$\frac{m^2}{9n^2} - \frac{m^4}{2 \cdot 9^4 n^4} - \frac{m^6}{3 \cdot 9^3 n^6} - \frac{m^8}{4 \cdot 9^4 n^8} - \cdots -$$

$$\frac{m^2}{25n^2} - \frac{m^4}{2 \cdot 25^4 n^4} - \frac{m^6}{3 \cdot 25^3 n^6} - \frac{m^8}{4 \cdot 25^4 n^8} - \cdots -$$

$$\frac{m^2}{49n^2} - \frac{m^4}{2 \cdot 49^2 n^4} - \frac{m^6}{3 \cdot 49^3 n^6} - \frac{m^8}{4 \cdot 49^4 n^8} - \cdots$$

$$\vdots$$

§192

这两个级数都含有 $\dfrac{m}{n}$ 的所有偶次幂,且这每一个幂都与一个其和已知的级数相乘,即

$$\log \sin \frac{m\pi}{2n} = \log m + \log(2n - m) + \log(2n + m) - 3\log n + \log \pi - \log 8 -$$

$$\frac{m^2}{n^2}(\frac{1}{4^2} + \frac{1}{6^2} + \frac{1}{8^2} + \frac{1}{10^2} + \frac{1}{12^2} + \cdots) -$$

$$\frac{m^4}{2n^2}\left(\frac{1}{4^4} + \frac{1}{6^4} + \frac{1}{8^4} + \frac{1}{10^4} + \frac{1}{12^4} + \cdots\right) -$$

$$\frac{m^6}{3n^6}\left(\frac{1}{4^6} + \frac{1}{6^6} + \frac{1}{8^6} + \frac{1}{10^6} + \frac{1}{12^6} + \cdots\right) -$$

$$\frac{m^8}{4n^2}\left(\frac{1}{4^8} + \frac{1}{6^2} + \frac{1}{8^8} + \frac{1}{10^8} + \frac{1}{12^8} + \cdots\right)$$

$$\vdots$$

$$\log\cos\frac{m\pi}{2n} = \log(n-m) + \log(n+m) - 2\log n -$$

$$\frac{m^2}{n^2}\left(\frac{1}{3^2} + \frac{1}{5^2} + \frac{1}{7^2} + \frac{1}{9^2} + \cdots\right) -$$

$$\frac{m^4}{2n^4}\left(\frac{1}{3^4} + \frac{1}{5^4} + \frac{1}{7^4} + \frac{1}{9^4} + \cdots\right) -$$

$$\frac{m^6}{3n^6}\left(\frac{1}{3^6} + \frac{1}{5^6} + \frac{1}{7^6} + \frac{1}{9^6} + \cdots\right) -$$

$$\frac{m^8}{4n^8}\left(\frac{1}{3^8} + \frac{1}{5^8} + \frac{1}{7^8} + \frac{1}{9^8} + \cdots\right) -$$

$$\vdots$$

第二表达式中级数的和已知(§190),第一表达式中级数的和可以从第二表达式中级数的和推出. 为使用方便,下面列出它们中一部分的和.

§193

为简单起见,置

$$\alpha = \frac{1}{2^2} + \frac{1}{4^2} + \frac{1}{6^2} + \frac{1}{8^2} + \cdots$$

$$\beta = \frac{1}{2^4} + \frac{1}{4^4} + \frac{1}{6^4} + \frac{1}{8^4} + \cdots$$

$$\gamma = \frac{1}{2^6} + \frac{1}{4^6} + \frac{1}{6^6} + \frac{1}{8^6} + \cdots$$

$$\delta = \frac{1}{2^8} + \frac{1}{4^8} + \frac{1}{6^8} + \frac{1}{8^8} + \cdots$$

它们的近似值为

$$\alpha = 0.411\ 233\ 516\ 712\ 056\ 609\ 118\ 10$$
$$\beta = 0.067\ 645\ 202\ 106\ 946\ 136\ 969\ 75$$
$$\gamma = 0.015\ 895\ 985\ 343\ 507\ 017\ 808\ 04$$
$$\delta = 0.003\ 922\ 177\ 172\ 648\ 220\ 075\ 71$$
$$\varepsilon = 0.000\ 977\ 533\ 764\ 773\ 259\ 848\ 98$$
$$\zeta = 0.000\ 244\ 200\ 704\ 724\ 928\ 722\ 74$$

$$\eta = 0.000\ 610\ 388\ 945\ 394\ 933\ 291\ 5$$
$$\theta = 0.000\ 015\ 259\ 022\ 251\ 272\ 699\ 77$$
$$\iota = 0.000\ 003\ 814\ 711\ 827\ 443\ 180\ 08$$
$$\kappa = 0.000\ 000\ 953\ 675\ 226\ 175\ 340\ 53$$
$$\lambda = 0.000\ 000\ 238\ 418\ 635\ 952\ 591\ 54$$
$$\mu = 0.000\ 000\ 059\ 604\ 648\ 328\ 315\ 55$$
$$\nu = 0.000\ 000\ 014\ 901\ 161\ 415\ 898\ 13$$
$$\xi = 0.000\ 000\ 003\ 725\ 290\ 312\ 339\ 86$$
$$o = 0.000\ 000\ 000\ 931\ 322\ 575\ 482\ 84$$
$$\pi = 0.000\ 000\ 000\ 232\ 830\ 643\ 708\ 07$$
$$\rho = 0.000\ 000\ 000\ 058\ 207\ 660\ 916\ 85$$
$$\sigma = 0.000\ 000\ 000\ 014\ 551\ 915\ 228\ 58$$
$$\tau = 0.000\ 000\ 000\ 003\ 637\ 978\ 807\ 10$$
$$\upsilon = 0.000\ 000\ 000\ 000\ 909\ 494\ 701\ 77$$
$$\varphi = 0.000\ 000\ 000\ 000\ 227\ 373\ 675\ 44$$
$$\chi = 0.000\ 000\ 000\ 000\ 056\ 843\ 418\ 86$$
$$\psi = 0.000\ 000\ 000\ 000\ 014\ 210\ 854\ 71$$
$$\omega = 0.000\ 000\ 000\ 000\ 003\ 552\ 713\ 67$$

继续写下去,这近似值的下降速度很快,每一个都约为前一个的四分之一.

§ 194

利用这些结果,我们得到

$$\log \sin \frac{m\pi}{2n} = \log m + \log(2n - m) + \log(2n + m) - 3\log n + \log \pi - \log 8 -$$

$$\frac{m^2}{n^2}\left(\alpha - \frac{1}{2^2}\right) - \frac{m^4}{2n^4}\left(\beta - \frac{1}{2^4}\right) - \frac{m^6}{n^6}\left(\gamma - \frac{1}{2^6}\right) - \cdots$$

$$\log \cos \frac{m\pi}{2n} = \log(n - m) + \log(n + m) - 2\log n -$$

$$\frac{m^2}{n^2}(A - 1) - \frac{m^4}{2n^4}(B - 1) - \frac{m^6}{3n^6}(C - 1) - \cdots$$

$\log \pi$ 和 $\log 8$ 已知,所以角 $\frac{m}{n}90°$ 的正弦的自然对数为

$$\log \sin \frac{m}{n}90° = \log m + \log(2n - m) + \log(2n + m) - 3\log n -$$

$$0.934\ 711\ 655\ 830\ 435\ 754\ 10 -$$

$$\frac{m^2}{n^2}0.161\ 233\ 516\ 712\ 056\ 609\ 11 -$$

$$\frac{m^4}{n^4} 0.\,002\ 572\ 601\ 053\ 473\ 068\ 48\ -$$

$$\frac{m^6}{n^6} 0.\,000\ 090\ 328\ 447\ 835\ 672\ 60\ -$$

$$\frac{m^8}{n^8} 0.\,000\ 003\ 981\ 793\ 162\ 055\ 01\ -$$

$$\frac{m^{10}}{n^{10}} 0.\,000\ 000\ 194\ 252\ 954\ 651\ 96\ -$$

$$\frac{m^{12}}{n^{12}} 0.\,000\ 000\ 010\ 013\ 287\ 488\ 12\ -$$

$$\frac{m^{14}}{n^{14}} 0.\,000\ 000\ 000\ 534\ 041\ 356\ 18\ -$$

$$\frac{m^{16}}{n^{16}} 0.\,000\ 000\ 000\ 029\ 148\ 596\ 58\ -$$

$$\frac{m^{18}}{n^{18}} 0.\,000\ 000\ 000\ 001\ 617\ 979\ 79\ -$$

$$\frac{m^{20}}{n^{20}} 0.\,000\ 000\ 000\ 000\ 090\ 976\ 90\ -$$

$$\frac{m^{22}}{n^{22}} 0.\,000\ 000\ 000\ 000\ 005\ 168\ 27\ -$$

$$\frac{m^{24}}{n^{24}} 0.\,000\ 000\ 000\ 000\ 000\ 296\ 07\ -$$

$$\frac{m^{26}}{n^{26}} 0.\,000\ 000\ 000\ 000\ 000\ 017\ 08\ -$$

$$\frac{m^{28}}{n^{28}} 0.\,000\ 000\ 000\ 000\ 000\ 000\ 99\ -$$

$$\frac{m^{30}}{n^{30}} 0.\,000\ 000\ 000\ 000\ 000\ 000\ 05$$

角 $\frac{m}{n}90°$ 的余弦的自然对数为

$$\log \cos \frac{m}{n}90° = \log(n-m) + \log(n+m) - 2\log n\ -$$

$$\frac{m^2}{n^2} 0.\,233\ 700\ 550\ 136\ 169\ 827\ 35\ -$$

$$\frac{m^4}{n^4} 0.\,007\ 339\ 015\ 802\ 096\ 027\ 27\ -$$

$$\frac{m^6}{n^6} 0.\,000\ 482\ 358\ 880\ 314\ 040\ 63\ -$$

$$\frac{m^8}{n^8} 0.\,000\ 038\ 794\ 756\ 324\ 029\ 82\ -$$

$$\frac{m^{10}}{n^{10}}0.\,000\ 003\ 408\ 272\ 608\ 965\ 10\ -$$

$$\frac{m^{12}}{n^{12}}0.\,000\ 000\ 314\ 308\ 097\ 186\ 59\ -$$

$$\frac{m^{14}}{n^{14}}0.\,000\ 000\ 029\ 891\ 502\ 744\ 50\ -$$

$$\frac{m^{16}}{n^{16}}0.\,000\ 000\ 002\ 904\ 644\ 672\ 39\ -$$

$$\frac{m^{18}}{n^{18}}0.\,000\ 000\ 000\ 286\ 826\ 395\ 18\ -$$

$$\frac{m^{20}}{n^{20}}0.\,000\ 000\ 000\ 028\ 680\ 769\ 74\ -$$

$$\frac{m^{22}}{n^{22}}0.\,000\ 000\ 000\ 002\ 896\ 979\ 56\ -$$

$$\frac{m^{24}}{n^{24}}0.\,000\ 000\ 000\ 000\ 295\ 060\ 24\ -$$

$$\frac{m^{26}}{n^{26}}0.\,000\ 000\ 000\ 000\ 030\ 262\ 49\ -$$

$$\frac{m^{28}}{n^{28}}0.\,000\ 000\ 000\ 000\ 003\ 122\ 32\ -$$

$$\frac{m^{30}}{n^{30}}0.\,000\ 000\ 000\ 000\ 000\ 323\ 79\ -$$

$$\frac{m^{32}}{n^{32}}0.\,000\ 000\ 000\ 000\ 000\ 033\ 73\ -$$

$$\frac{m^{34}}{n^{34}}0.\,000\ 000\ 000\ 000\ 000\ 003\ 52\ -$$

$$\frac{m^{36}}{n^{36}}0.\,000\ 000\ 000\ 000\ 000\ 000\ 37\ -$$

$$\frac{m^{38}}{n^{38}}0.\,000\ 000\ 000\ 000\ 000\ 000\ 04$$

§195

前节中正弦和余弦的自然对数乘上 $0.\,434\ 294\ 481\ 9\cdots$ 就得到相应的常用对数. 我们照习惯作法,相乘之后,给正弦和余弦的对数加上 10. 这样我们得到角 $\frac{m}{n}90°$ 的正弦的常用对数为

$$\log\sin\frac{m}{n}90° = \log m + \log(2n - m) + \log(2n + m) - 3\log n +$$

$$9.\,594\ 059\ 885\ 702\ 190\ -$$

$$\frac{m^2}{n^2}0.070\ 022\ 826\ 605\ 901\ -$$

$$\frac{m^4}{n^4}0.001\ 117\ 266\ 441\ 661\ -$$

$$\frac{m^6}{n^6}0.000\ 039\ 229\ 146\ 453\ -$$

$$\frac{m^8}{n^8}0.000\ 001\ 729\ 270\ 798\ -$$

$$\frac{m^{10}}{n^{10}}0.000\ 000\ 084\ 362\ 986\ -$$

$$\frac{m^{12}}{n^{12}}0.000\ 000\ 004\ 348\ 715\ -$$

$$\frac{m^{14}}{n^{14}}0.000\ 000\ 000\ 231\ 931\ -$$

$$\frac{m^{16}}{n^{16}}0.000\ 000\ 000\ 012\ 659\ -$$

$$\frac{m^{18}}{n^{18}}0.000\ 000\ 000\ 000\ 702\ -$$

$$\frac{m^{20}}{n^{20}}0.000\ 000\ 000\ 000\ 039$$

角 $\frac{m}{n}90°$ 的余弦的常用对数为

$$\log \cos \frac{m}{n}90° = \log(n-m) + \log(n+m) - 2\log n +$$

$$10.000\ 000\ 000\ 000\ 000\ -$$

$$\frac{m^2}{n^2}0.101\ 494\ 859\ 341\ 892\ -$$

$$\frac{m^4}{n^4}0.003\ 187\ 294\ 065\ 451\ -$$

$$\frac{m^6}{n^6}0.000\ 209\ 485\ 800\ 017\ -$$

$$\frac{m^8}{n^8}0.000\ 016\ 848\ 348\ 597\ -$$

$$\frac{m^{10}}{n^{10}}0.000\ 001\ 480\ 193\ 986\ -$$

$$\frac{m^{12}}{n^{12}}0.000\ 000\ 136\ 502\ 272\ -$$

$$\frac{m^{14}}{n^{14}}0.000\ 000\ 012\ 981\ 715\ -$$

$$\frac{m^{16}}{n^{16}} 0.000\,000\,001\,261\,471 -$$

$$\frac{m^{18}}{n^{18}} 0.000\,000\,000\,124\,567 -$$

$$\frac{m^{20}}{n^{20}} 0.000\,000\,000\,012\,456 -$$

$$\frac{m^{12}}{n^{22}} 0.000\,000\,000\,001\,258 -$$

$$\frac{m^{24}}{n^{24}} 0.000\,000\,000\,000\,128 -$$

$$\frac{m^{26}}{n^{26}} 0.000\,000\,000\,000\,013$$

§196

利用前两节的公式,我们可以越过正弦和余弦,直接求出任何角度的正弦和余弦的自然和常用两种对数. 我们指出一点,从一个角的正弦和余弦的对数,用简单的减法,我们就可以求出正切、余切、正割和余割的对数. 因此对正弦、余弦之外的三角函数,就没有必要去寻求专门的对数公式. 再指出一点,公式中 $m, n, n-m, n+m, \cdots$ 的对数,在求哪种对数的公式中,就应该是哪种对数. 最后一点是,比 $\frac{m}{n}$ 表示给定角与直角的比. 我们知道大于半直角的角的正弦,等于一个小于半直角的角的余弦,反之亦然. 所以分数 $\frac{m}{n}$ 必定不大于 $\frac{1}{2}$. 由此可以级数收敛很快.

§197

结束这个题目之前,我们讲一种更好的求任意角正切和正割的方法. 虽然正切和正割都可以由正弦和余弦求得,但要用除法,多位数除法是很麻烦的. 在 §135 中我们给出了正切和余切的公式,但未做推导,这里给补充.

§198

首先由 §181 角 $\frac{m}{2n}\pi$ 的正切表达式

$$\frac{1}{n^2 - m^2} + \frac{1}{9n^2 - m^2} + \frac{1}{25n^2 - m^2} + \cdots = \frac{\pi}{4mn}\tan\frac{m}{2n}\pi$$

得

$$\tan \frac{m}{2n}\pi = \frac{4mn}{\pi}\left(\frac{1}{n^2 - m^2} + \frac{1}{9n^2 - m^2} + \frac{1}{25n^2 - m^2} + \cdots\right)$$

再将

$$\frac{1}{n^2 - m^2} + \frac{1}{4n^2 - m^2} + \frac{1}{9n^2 - m^2} + \cdots = \frac{1}{2m^2} - \frac{\pi}{2mn}\cot\frac{m}{n}\pi$$

中的 n 换为 $2n$，得

$$\cot\frac{m}{2n}\pi = \frac{2n}{m\pi} - \frac{4mn}{\pi}\left(\frac{1}{4n^2 - m^2} + \frac{1}{16n^2 - m^2} + \frac{1}{36n^2 - m^2} + \cdots\right)$$

两式中的分数，开始的一两个易于计算，将其余的展成无穷级数，得

$$\tan\frac{m}{2n}\pi = \frac{mn}{n^2 - m^2}\frac{4}{\pi} +$$

$$\frac{4}{\pi}\left(\frac{m}{3^2 n} + \frac{m^3}{3^4 n^3} + \frac{m^5}{3^6 n^5} + \cdots\right) +$$

$$\frac{4}{\pi}\left(\frac{m}{5^2 n} + \frac{m^3}{5^4 n^3} + \frac{m^5}{5^6 n^5} + \cdots\right) +$$

$$\frac{4}{\pi}\left(\frac{m}{7^2 n} + \frac{m^3}{7^4 n^3} + \frac{m^5}{7^6 n^5} + \cdots\right)$$

$$\vdots$$

$$\cot\frac{m}{2n}\pi = \frac{n}{m}\frac{2}{\pi} - \frac{mn}{4n^2 - m^2}\frac{4}{\pi} -$$

$$\frac{4}{\pi}\left(\frac{m}{4^2 n} + \frac{m^3}{4^4 n^3} + \frac{m^5}{4^6 n^5} + \cdots\right) -$$

$$\frac{4}{\pi}\left(\frac{m}{6^2 n} + \frac{m^3}{6^4 n^3} + \frac{m^5}{6^6 n^5} + \cdots\right) -$$

$$\frac{4}{\pi}\left(\frac{m}{8^2 n} + \frac{m^3}{8^4 n^3} + \frac{m^5}{8^6 n^5} + \cdots\right)$$

$$\vdots$$

§ 198 a[①]

从已知的 π 值得

$$\frac{1}{\pi} = 0.318\ 309\ 886\ 183\ 790\ 671\ 537\ 767\ 926\ 745\ 028\ 724$$

我们已求得了我们记为 $A, B, C, D, \cdots$ 和 $\alpha, \beta, \gamma, \delta, \cdots$ 的各级数的和，用这两套记号可将上节公式改写为

$$\tan\frac{m}{2n}\pi = \frac{mn}{n^2 - m^2}\frac{4}{\pi} + \frac{m}{n}\frac{4}{\pi}(A - 1) +$$

---

① 原书误编两个 §198，参照俄译本改第二个 §198 为 §198a. —— 中译者.

$$\frac{m^3}{n^3}\frac{4}{\pi}(B-1) + \frac{m^5}{n^5}\frac{4}{\pi}(C-1) + \frac{m^7}{n^7}\frac{4}{\pi}(D-1) + \cdots$$

和

$$\cot\frac{m}{2n}\pi = \frac{n}{m}\frac{2}{\pi} - \frac{mn}{4n^2-m^2}\frac{4}{\pi} - \frac{m}{n}\frac{4}{\pi}\left(\alpha-\frac{1}{2^2}\right) -$$

$$\frac{m^3}{n^3}\frac{4}{\pi}\left(\beta-\frac{1}{2^4}\right) - \frac{m^5}{n^5}\frac{4}{\pi}\left(\gamma-\frac{1}{2^6}\right) - \frac{m^7}{n^7}\frac{4}{\pi}\left(\delta-\frac{1}{2^8}\right) - \cdots$$

从这两个公式可以得到 §135 的正切和余切表达式. §137 我们讲了如何从正切和余切经过简单的加减法得到正割和余割. 利用这些规则,造正弦、正切、正割表,造它们的对数表,都比原来容易很多.

第十二章　　分解分数函数为实部分分式

§199

第二章讲了,分数函数可分解成其分母线性因式个数,那么多个部分分式,每一个因式都是一个部分分式的分母. 自然,线性因式是虚的,由它作分母的部分分式也是虚的. 实分数函数分解成的虚部分分式是很少有用处的. 但我们讲过,作为分数函数分母的整函数,不管它含有多少个虚线性因式,我们都可以把它们表示成实二次因式. 这样,在允许部分分式的分母为实二次因式的条件之下,我们可以把任何一个分数函数都分解为实部分分式.

§200

记给定的分数函数为 $\dfrac{M}{N}$,N 的实线性因式所对应的部分分式,求法我们讲过了. 对于 N 的虚线性因式,我们改为考虑因式

$$p^2 - 2pqz\cos\varphi + q^2z^2$$

这时的分数函数,其形状为

$$\frac{A + Bz + Cz^2 + Dz^3 + Ez^4 + \cdots}{(p^2 - 2pqz\cos\varphi + q^2z^2)(\alpha + \beta z + \gamma z^2 + \delta z^3 + \cdots)}$$

我们求的以 $p^2 - 2pqz\cos\varphi + q^2z^2$ 为分母的部分分式应该为

$$\frac{\mathfrak{A} + \alpha z}{p^2 - 2pqz\cos\varphi + q^2z^2}$$

该分式的分母是二次的,因而分子的次数不能大于1,否则该分式含有一个整函数,应该分出去.

§201

为简单起见,令分子

$$A + Bz + Cz^2 + \cdots = M$$

令分母的第二因式

$$\alpha + \beta z + \gamma z^2 + \cdots = Z$$

记因式 Z 产生的部分分式为 $\dfrac{Y}{Z}$，则

$$Y = \frac{M - \mathfrak{A}Z - \alpha Zz}{p^2 - 2pqz\cos\varphi + q^2 z^2}$$

Y 应该是 z 的整函数，因而必定 $M - \mathfrak{A}Z - \alpha Zz$ 被 $p^2 - 2pqz\cos\varphi + q^2 z^2$ 整除. 从而，当

$$p^2 - 2pqz\cos\varphi + q^2 z^2 = 0$$

也即

$$z = \frac{p}{q}(\cos\varphi + \sqrt{-1}\sin\varphi)$$

或

$$z = \frac{p}{q}(\cos\varphi - \sqrt{-1}\sin\varphi)$$

时，$M - \mathfrak{A}Z - \alpha Zz$ 为零. 置 $\dfrac{p}{q} = f$，则

$$z^n = f^n(\cos n\varphi \pm \sqrt{-1}\sin n\varphi)$$

将 z^n 的这两个表达式代入，得到决定 $\mathfrak{A}$ 和 α 的两个方程.

§ 202

方程 $M = \mathfrak{A}Z + \alpha Zz$ 经过两种代入成为方程

$$\left. \begin{aligned} A + Bf\cos\varphi + Cf^2\cos 2\varphi + Df^3\cos 3\varphi + \cdots \pm \\ (Bf\sin\varphi + Cf^2\sin 2\varphi + Df^3\sin 3\varphi + \cdots)\sqrt{-1} \end{aligned} \right\} =$$

$$\begin{cases} \mathfrak{A}(\alpha + \beta f\cos\varphi + \gamma f^2\cos 2\varphi + \delta f^3\cos 3\varphi + \cdots) \pm \\ \mathfrak{A}(\beta f\sin\varphi + \gamma f^2\sin 2\varphi + \delta f^3\sin 3\varphi + \cdots)\sqrt{-1} + \\ \alpha(\alpha f\cos\varphi + \beta f^2\cos 2\varphi + \gamma f^3\cos 3\varphi + \cdots) \pm \\ \alpha(\alpha f\sin\varphi + \beta f^2\sin 2\varphi + \gamma f^3\sin 3\varphi + \cdots)\sqrt{-1} \end{cases}$$

为便于计算，令

$$A + \beta f\cos\varphi + Cf^2\cos 2\varphi + Df^3\cos 3\varphi + \cdots = \mathfrak{B}$$

$$\beta f\sin\varphi + Cf^2\sin 2\varphi + Df^3\sin 3\varphi + \cdots = \mathfrak{p}$$

$$\alpha + \beta f\cos\varphi + \gamma f^2\cos 2\varphi + \delta f^3\cos 3\varphi + \cdots = \mathfrak{Q}$$

$$\beta f\sin\varphi + \gamma f^2\sin 2\varphi + \delta f^3\sin 3\varphi + \cdots = \mathfrak{q}$$

$$\alpha f\cos\varphi + \beta f^2\cos 2\varphi + \gamma f^3\cos 3\varphi + \cdots = \mathfrak{R}$$

$$\alpha f\sin\varphi + \beta f^2\sin 2\varphi + \gamma f^3\sin 3\varphi + \cdots = \mathfrak{r}$$

在新的记号之下，我们的方程成为

$$\mathfrak{B} + \mathfrak{p}\sqrt{-1} = \mathfrak{A}\mathfrak{Q} + \mathfrak{A}\mathfrak{q}\sqrt{-1} + \alpha\mathfrak{R} \pm \alpha\mathfrak{r}\sqrt{-1}$$

由于双重符号,我们得到方程组

$$\mathfrak{B} = \mathfrak{A}\mathfrak{Q} + \alpha\mathfrak{R}$$

$$\mathfrak{p} = \mathfrak{A}\mathfrak{q} + \alpha\mathfrak{r}$$

解为

$$\mathfrak{A} = \frac{\mathfrak{B}\mathfrak{r} - \mathfrak{p}\mathfrak{R}}{\mathfrak{Q}\mathfrak{r} - \mathfrak{q}\mathfrak{R}}$$

$$\alpha = \frac{\mathfrak{B}\mathfrak{q} - \mathfrak{p}\mathfrak{Q}}{\mathfrak{q}\mathfrak{R} - \mathfrak{D}\mathfrak{r}}$$

这样一来,我们就得到了分数函数

$$\frac{M}{(p^2 - 2pqz\cos\varphi + q^2z^2)Z}$$

的部分分式

$$\frac{\mathfrak{A} + az}{p^2 - 2pqz\cos\varphi + q^2z^2}$$

的求法.

记 $f = \dfrac{p}{q}$,则:

代换 $z^n = f^n\cos n\varphi$,使 $M = \mathfrak{B}$;

代换 $z^n = f^n\sin n\varphi$,使 $M = \mathfrak{p}$;

代换 $z^n = f^n\cos n\varphi$,使 $Z = \mathfrak{Q}$;

代换 $z^n = f^n\sin n\varphi$,使 $Z = \mathfrak{q}$;

代换 $z^n = f^n\cos n\varphi$,使 $zZ = \mathfrak{R}$;

代换 $z^n = f^n\sin n\varphi$,使 $zZ = \mathfrak{r}$.

有了 $\mathfrak{B},\mathfrak{Q},\mathfrak{R},\mathfrak{p},\mathfrak{q},\mathfrak{r}$,也就有了

$$\mathfrak{A} = \frac{\mathfrak{B}\mathfrak{r} - \mathfrak{p}\mathfrak{R}}{\mathfrak{Q}\mathfrak{r} - \mathfrak{q}\mathfrak{R}}, \quad a = \frac{\mathfrak{p}\mathfrak{Q} - \mathfrak{B}\mathfrak{q}}{\mathfrak{Q}\mathfrak{r} - \mathfrak{q}\mathfrak{R}}$$

例 1 设给定的分数函数为

$$\frac{z^2}{(1 - z + z^2)(1 + z^4)}$$

我们先求对应于因式 $1 - z + z^2$ 的部分分式

$$\frac{\mathfrak{A} + \alpha z}{1 - z + z^2}$$

与通用表达式

$$p^2 - 2pqz\cos\varphi + q^2z^2$$

相比较,这里

$$p = 1, q = 1, \cos \varphi = \frac{1}{2}$$

从而

$$\varphi = 60° = \frac{\pi}{3}$$

由 $M = z^2, Z = 1 + z^4, f = 1$,我们得到

$$\mathfrak{B} = \cos \frac{2\pi}{3} = -\frac{1}{2}, \mathfrak{p} = \frac{\sqrt{3}}{2}$$

$$\mathfrak{Q} = 1 + \cos \frac{4\pi}{3} = \frac{1}{2}, \mathfrak{q} = -\frac{\sqrt{3}}{2}$$

$$\mathfrak{R} = \cos \frac{\pi}{3} + \cos \frac{5\pi}{3} = 1, \mathfrak{r} = 0$$

由此得

$$\mathfrak{A} = -1, \alpha = 0$$

从而所求部分分式为

$$\frac{-1}{1 - z + z^2}$$

所给函数等于求得的这个分式与下面这个分式的和

$$\frac{1 + z + z^2}{1 + z^4}$$

该分式分母 $1 + z^4$ 的因式为

$$1 + z\sqrt{2} + z^2 \text{ 和 } 1 - z\sqrt{2} + z^2$$

求对应于这两个分母的部分分式时,φ 相同,都为 $\frac{\pi}{4}$,一个的 $f = -1$,另一个的 $f = +1$.

例 2 我们来求这两个部分分式,也即求分数函数

$$\frac{1 + z + z^2}{(1 + z\sqrt{2} + z^2)(1 - z\sqrt{2} + z^2)}$$

的部分分式. 这里

$$M = 1 + z + z^2$$

对于第一个因式我们有

$$f = -1, \varphi = \frac{\pi}{4}, Z = 1 - z\sqrt{2} + z^2$$

从而

$$\mathfrak{B} = 1 - \cos \frac{\pi}{4} + \cos \frac{2\pi}{4} = \frac{\sqrt{2} - 1}{\sqrt{2}}$$

$$\mathfrak{p} = -\sin \frac{\pi}{4} + \sin \frac{2\pi}{4} = \frac{\sqrt{2} - 1}{\sqrt{2}}$$

$$\mathfrak{Q} = 1 + \sqrt{2} \cos \frac{\pi}{4} + \cos \frac{2\pi}{4} = 2$$

$$\mathfrak{q} = + \sqrt{2} \sin \frac{\pi}{4} + \sin \frac{2\pi}{4} = 2$$

$$\mathfrak{R} = - \cos \frac{\pi}{4} - \sqrt{2} \cos \frac{2\pi}{4} - \cos \frac{3\pi}{4} = 0$$

$$\mathfrak{r} = - \sin \frac{\pi}{4} - \sqrt{2} \sin \frac{2\pi}{4} - \sin \frac{3\pi}{4} = - 2\sqrt{2}$$

继而

$$\mathfrak{Q}\mathfrak{r} - \mathfrak{q}\mathfrak{R} = - 4\sqrt{2}$$

和

$$\mathfrak{A} = \frac{\sqrt{2} - 1}{2\sqrt{2}}, \alpha = 0$$

这样我们得到对应于因式 $1 + z\sqrt{2} + z^2$ 的部分分式为

$$\frac{(\sqrt{2} - 1) : 2\sqrt{2}}{1 + z\sqrt{2} + z^2}$$

类似地,我们得到另一个部分分式为

$$\frac{(\sqrt{2} + 1) : 2\sqrt{2}}{1 - z\sqrt{2} + z^2}$$

现在我们看到,例 1 所给函数

$$\frac{z^2}{(1 - z + z^2)(1 + z^4)}$$

分解成了

$$\frac{- 1}{1 - z + z^2} + \frac{(\sqrt{2} - 1) : 2\sqrt{2}}{1 + z\sqrt{2} + z^2} + \frac{(\sqrt{2} + 1) : 2\sqrt{2}}{1 - z\sqrt{2} + z^2}$$

例 3　分解函数

$$\frac{1 + 2z + z^2}{\left(1 - \frac{8}{5}z + z^2\right)(1 + 2z + 3z^2)}$$

为部分分式. 因式 $1 - \frac{8}{5}z + z^2$ 产生的部分分式为

$$\frac{\mathfrak{A} + \alpha z}{1 - \frac{8}{5} + z^2}$$

这里

$$p = 1, q = 1, \cos \varphi = \frac{4}{5}, f = 1$$

又

$$M = 1 + 2z + z^2, Z = 1 + 2z + 3z^2$$

由于这里角 φ 与直角的比未知,所以需计算 φ 和其倍数的正弦和余弦. 由 $\cos \varphi$ 得到所需

143

结果

$$\cos \varphi = \frac{4}{5}, \sin \varphi = \frac{3}{5}$$

$$\cos 2\varphi = \frac{7}{25}, \sin 2\varphi = \frac{24}{25}$$

$$\cos 3\varphi = -\frac{44}{125}, \sin 3\varphi = -\frac{117}{125}$$

从而

$$\mathfrak{B} = 1 + 2 \cdot \frac{4}{5} + \frac{7}{25} = \frac{72}{25}$$

$$\mathfrak{p} = 2 \cdot \frac{3}{5} + \frac{24}{25} = \frac{54}{25}$$

$$\mathfrak{Q} = 1 + 2 \cdot \frac{4}{5} + 3 \frac{7}{25} = \frac{86}{25}$$

$$\mathfrak{q} = 2 \cdot \frac{3}{5} + 3 \cdot \frac{24}{25} = \frac{102}{25}$$

$$\mathfrak{R} = \frac{4}{5} + 2 \cdot \frac{7}{25} - 3 \cdot \frac{44}{125} = \frac{38}{125}$$

$$\mathfrak{r} = \frac{3}{5} + 2 \cdot \frac{24}{25} + 3 \cdot \frac{117}{125} = \frac{666}{125}$$

由此得

$$\mathfrak{Q}\mathfrak{r} - \mathfrak{q}\mathfrak{R} = \frac{53\ 400}{25 \cdot 125} = \frac{2\ 136}{125}$$

从而

$$\mathfrak{A} = \frac{1\ 836}{2\ 136} = \frac{153}{178}, \alpha = -\frac{540}{2\ 136} = -\frac{45}{178}$$

这样我们得到由 $1 - \frac{8}{5}z + z^2$ 产生的部分分式为

$$\frac{9(17 - 5z) : 178}{1 - \frac{8}{5}z + z^2}$$

对应于另一个因式的部分分式,求法类似.

我们有

$$p = 1, q = -\sqrt{3}, \cos \varphi = \frac{1}{\sqrt{3}}$$

和

$$f = -\frac{1}{\sqrt{3}}, M = 1 + 2z + z^2, Z = 1 - \frac{8}{5}z + z^2$$

由 $\cos \varphi = \frac{1}{\sqrt{3}}$ 得所需结果

$$\cos \varphi = \frac{1}{\sqrt{3}}, \sin \varphi = \frac{\sqrt{2}}{\sqrt{3}}$$

$$\cos 2\varphi = -\frac{1}{3}, \sin 2\varphi = \frac{2\sqrt{2}}{3}$$

$$\cos 3\varphi = -\frac{5}{3\sqrt{3}}, \sin 3\varphi = \frac{\sqrt{2}}{3\sqrt{3}}$$

利用这些结果,我们得到

$$\mathfrak{B} = 1 - \frac{2}{\sqrt{3}} \cdot \frac{1}{\sqrt{3}} + \frac{1}{3} \cdot \left(-\frac{1}{3}\right) = \frac{2}{9}$$

$$\mathfrak{p} = -\frac{2}{\sqrt{3}} \cdot \frac{\sqrt{2}}{\sqrt{3}} + \frac{1}{3} \cdot \frac{2\sqrt{2}}{3} = -\frac{4\sqrt{2}}{3}$$

$$\mathfrak{Q} = 1 + \frac{8}{5\sqrt{3}} \cdot \frac{1}{\sqrt{3}} + \frac{1}{3} \cdot \left(-\frac{1}{3}\right) = \frac{64}{45}$$

$$\mathfrak{q} = \frac{8}{5\sqrt{3}} \cdot \frac{\sqrt{2}}{\sqrt{3}} + \frac{1}{3} \cdot \frac{2\sqrt{2}}{3} = \frac{34\sqrt{2}}{45}$$

$$\mathfrak{R} = -\frac{1}{\sqrt{3}} \cdot \frac{1}{\sqrt{3}} - \frac{8}{5 \cdot 3}\left(-\frac{1}{3}\right) - \frac{1}{3\sqrt{3}} \cdot \left(-\frac{5}{3\sqrt{3}}\right) = \frac{4}{135}$$

$$\mathfrak{r} = -\frac{1}{\sqrt{3}} \cdot \frac{\sqrt{2}}{\sqrt{3}} - \frac{8}{5 \cdot 3} \cdot \frac{2\sqrt{2}}{3} - \frac{1}{3 \cdot 3\sqrt{3}} \cdot \frac{\sqrt{2}}{3 \cdot \sqrt{3}} = -\frac{98\sqrt{2}}{135}$$

从而

$$\mathfrak{Q}\mathfrak{r} - \mathfrak{q}\mathfrak{R} = -\frac{712\sqrt{2}}{675}$$

继而

$$\mathfrak{A} = \frac{100}{712} = \frac{25}{178}, \alpha = \frac{540}{712} = \frac{135}{178}$$

最后我们得到函数

$$\frac{1 + 2z + z^2}{\left(1 - \frac{8}{5}z + z^2\right)\left(1 + 2z + 3z^2\right)}$$

的部分分式表示为

$$\frac{9(17 - 5z) : 178}{1 - \frac{8}{5}z + z^2} + \frac{5(5 + 27z) : 178}{1 + 2z + 3z^2}$$

§204

$\mathfrak{R}$ 和 $\mathfrak{r}$ 的值可由 $\mathfrak{Q}$ 和 $\mathfrak{q}$ 决定. 事实上,由

$$\mathfrak{Q} = \alpha + \beta f \cos \varphi + \gamma f^2 \cos 2\varphi + \delta f^3 \cos 3\varphi + \cdots$$

$$\mathfrak{q} = \beta f \sin \varphi + \gamma f^2 \sin 2\varphi + \delta f^3 \sin 3\varphi + \cdots$$

得

$$\mathfrak{Q}\cos \varphi - \mathfrak{q}\sin \varphi = \alpha \cos \varphi + \beta f \cos 2\varphi + \gamma f^2 \cos 3\varphi + \cdots$$

从而

$$\mathfrak{R} = f(\mathfrak{Q}\cos \varphi - \mathfrak{q}\sin \varphi)$$

类似地

$$\mathfrak{Q}\sin \varphi + \mathfrak{q}\cos \varphi = \alpha \sin \varphi + \beta f \sin 2\varphi + \gamma f^2 \sin 3\varphi + \cdots$$

从而

$$\mathfrak{r} = f(\mathfrak{Q}\sin \varphi + \mathfrak{q}\cos \varphi)$$

进一步,得到

$$\mathfrak{Q}\mathfrak{r} - \mathfrak{q}\mathfrak{R} = (\mathfrak{Q}^2 + \mathfrak{q}^2)f\sin \varphi$$
$$\mathfrak{B}\mathfrak{r} - \mathfrak{p}\mathfrak{R} = (\mathfrak{B}\mathfrak{Q} + \mathfrak{p}\mathfrak{q})f\sin \varphi + (\mathfrak{B}\mathfrak{q} - \mathfrak{p}\mathfrak{Q})f\cos \varphi$$

从而

$$\mathfrak{A} = \frac{\mathfrak{B}\mathfrak{Q} + \mathfrak{p}\mathfrak{q}}{\mathfrak{Q}^2 + \mathfrak{q}^2} + \frac{\mathfrak{B}\mathfrak{Q} - \mathfrak{p}\mathfrak{q}}{\mathfrak{Q}^2 + \mathfrak{q}^2} \cdot \frac{\cos \varphi}{\sin \varphi}$$

$$\alpha = -\frac{\mathfrak{B}\mathfrak{q} - \mathfrak{p}\mathfrak{Q}}{\mathfrak{Q}^2 + \mathfrak{q}^2} \cdot \frac{1}{f\sin \varphi}$$

这样,因式 $p^2 - 2pqz\cos \varphi + q^2z^2$ 产生的部分分式为

$$\frac{(\mathfrak{B}\mathfrak{Q} + \mathfrak{p}\mathfrak{q})f\sin \varphi + (\mathfrak{B}\mathfrak{Q} - \mathfrak{p}\mathfrak{q})(f\cos \varphi - z)}{(p^2 - 2pqz\cos \varphi + q^2z^2)(\mathfrak{Q}^2 + \mathfrak{q}^2)f\sin \varphi}$$

或者换 f 为 $\dfrac{p}{q}$,将它写成

$$\frac{(\mathfrak{B}\mathfrak{Q} + \mathfrak{p}\mathfrak{q})p\sin \varphi + (\mathfrak{B}\mathfrak{q} - \mathfrak{p}\mathfrak{Q})(p\cos \varphi - qz)}{(p^2 - 2pqz\cos \varphi + q^2z^2)(\mathfrak{Q}^2 + \mathfrak{q}^2)p\sin \varphi}$$

§ 205

上节我们推出了分数函数

$$\frac{M}{(p^2 - 2pqz\cos \varphi + q^2z^2)Z}$$

分母的因式 $p^2 - 2pqz\cos \varphi + q^2z^2$ 所产生的部分分式. 所得表达式中的 $\mathfrak{B}, \mathfrak{p}, \mathfrak{Q}, \mathfrak{q}$ 可以从 M, Z 求出. 方法是对 M, Z 做代换. 做代换 $z^n = \dfrac{p^n}{q^n}\cos n\varphi$,得

$$M = \mathfrak{B}, Z = \mathfrak{D}$$

做代换 $z^n = \dfrac{p^n}{q^n}$,得

$$M = \mathfrak{p}, Z = \mathfrak{Q}$$

注意,代换之前应将 M 和 Z 展开,即要使得它们的形状为

$$M = A + Bz + Cz^2 + Dz^3 + Ez^4 + \cdots$$
$$Z = \alpha + \beta z + \gamma z^2 + \delta z^3 + \varepsilon z^4 + \cdots$$

这样我们有

$$\mathfrak{B} = A + B \frac{p}{q}\cos \varphi + C \frac{p^2}{q^2}\cos 2\varphi + D \frac{p^3}{q^3}\cos 3\varphi + \cdots$$

$$\mathfrak{p} = B \frac{p}{q}\sin \varphi + C \frac{p^2}{q^2}\sin 2\varphi + D \frac{p^3}{q^3}\sin 3\varphi + \cdots$$

$$\mathfrak{Q} = \alpha + \beta \frac{p}{q}\cos \varphi + \gamma \frac{p^2}{q^2}\cos 2\varphi + \delta \frac{p^3}{q^3}\cos 3\varphi + \cdots$$

$$\mathfrak{q} = \beta \frac{p}{q}\sin \varphi + \gamma \frac{p^2}{q^2}\sin 2\varphi + \delta \frac{p^3}{q^3}\sin 3\varphi + \cdots$$

§ 206

如果 $p^2 - 2pqz\cos \varphi + q^2z^2$ 是 Z 的因式,那么代换

$$z^n = f^n(\cos n\varphi \pm \sqrt{-1}\sin n\varphi)$$

使 Z 为零,因而在这个代换之下,从方程

$$M = \mathfrak{A}z + \alpha Zz$$

得不到任何东西. 所以前面讲的方法不能使用. 当 $(p^2 - 2pqz\cos \varphi + q^2z^2)^2$ 或更高次幂为

函数 $\dfrac{M}{N}$ 分母的因式时,我们求另外形状的部分分式. 先讨论

$$N = (p^2 - 2pqz\cos \varphi + q^2z^2)^2 Z$$

的情形. 此时我们设 $(p^2 - 2pqz\cos \varphi + q^2z^2)^2$ 产生的部分分式为

$$\frac{\mathfrak{A} + \mathfrak{a}z}{(p^2 - 2pqz\cos \varphi + q^2z^2)^2} + \frac{\mathfrak{B} + \mathfrak{b}z}{p^2 - 2pqz\cos \varphi + q^2z^2}$$

$\mathfrak{A}, \mathfrak{a}, \mathfrak{B}, \mathfrak{b}$ 待定.

§ 207

依前节所设,表达式

$$\frac{M - (\mathfrak{A} + \mathfrak{a}z)Z - (\mathfrak{B} + \mathfrak{b}z)Z(p^2 - 2pqz\cos \varphi + q^2z^2)}{(p^2 - 2pqz\cos \varphi + q^2z^2)^2}$$

应该是整函数,也即分子应被分母除得尽. 首先,同于前面,表达式

$$M - (\mathfrak{A} + \mathfrak{a}z)Z$$

应被 $p^2 - 2pqz\cos \varphi + q^2z^2$ 除得尽,因而照用前面的方法即可得到 $\mathfrak{A}$ 和 $\mathfrak{a}$.

将 $z^n = \dfrac{p^n}{q^n}\cos n\varphi$ 代入 M 和 Z,得

$$M = \mathfrak{B}, Z = \mathfrak{N}$$

将 $z^n = \dfrac{p^n}{q^n}\sin n\varphi$ 代入 M 和 Z,得

$$M = \mathfrak{p}, Z = \mathfrak{n}$$

有了这几个值,利用前面的规则,我们得到

$$\mathfrak{A} = \frac{\mathfrak{B}\mathfrak{N} + \mathfrak{p}\mathfrak{n}}{\mathfrak{N}^2 + \mathfrak{n}^2} + \frac{\mathfrak{B}\mathfrak{n} - \mathfrak{p}\mathfrak{N}}{\mathfrak{N}^2 + \mathfrak{n}^2} \cdot \frac{\cos \varphi}{\sin \varphi}$$

$$\mathfrak{a} = -\frac{\mathfrak{B}\mathfrak{n} - \mathfrak{p}\mathfrak{N}}{\mathfrak{N}^2 + \mathfrak{n}^2} \cdot \frac{q}{p\sin \varphi}$$

§ 208

求得了 $\mathfrak{A}$ 和 $\mathfrak{a}$,那么

$$\frac{M - (\mathfrak{A} + \mathfrak{a}z)Z}{p^2 - 2pqz\cos \varphi + q^2 z^2}$$

是一个整函数,记它为 P,则跟前面一样的表达式

$$P - (\mathfrak{B} + \mathfrak{b}z)Z$$

一样地被 $p^2 - 2pqz\cos \varphi + q^2 z^2$ 整除,从而将 P 中的 z^n 换为 $\dfrac{p^n}{q^n}\cos n\varphi$ 和 $\dfrac{p^n}{q^n}\sin n\varphi$,记所得为 $\mathfrak{R}$ 和 $\mathfrak{r}$,得

$$\mathfrak{B} = \frac{\mathfrak{R}\mathfrak{N} + \mathfrak{r}\mathfrak{n}}{\mathfrak{R}^2 + \mathfrak{n}^2} + \frac{\mathfrak{B}\mathfrak{n} - \mathfrak{r}\mathfrak{R}}{\mathfrak{R}^2 + \mathfrak{n}^2} \cdot \frac{\cos \varphi}{\sin \varphi}$$

$$\mathfrak{b} = -\frac{\mathfrak{R}\mathfrak{n} - \mathfrak{r}\mathfrak{R}}{\mathfrak{R}^2 + \mathfrak{n}^2} \cdot \frac{q}{p\sin \varphi}$$

§ 209

对应于

$$(p^2 - 2pqz\cos \varphi + q^2 z^2)^k$$

的部分分式如何求,从以上所讲,我们已经可以得出结论,记

$$N = (p^2 - 2pqz\cos \varphi + q^2 z^2)^k Z$$

也即我们要将

$$\frac{M}{(p^2 - 2pqz\cos \varphi + q^2 z^2)^k Z}$$

分解成部分分式,假定因式 $(p^2 - 2pqz\cos \varphi + q^2 z^2)^k$ 产生的部分分式为

$$\frac{\mathfrak{A} + \mathfrak{a}z}{(p^2 - 2pqz\cos \varphi + q^2 z^2)^k} + \frac{\mathfrak{B} + \mathfrak{b}z}{(p^2 - 2pqz\cos \varphi + q^2 z^2)^{k-1}} +$$

$$\frac{\mathfrak{C} + \mathfrak{c}z}{(p^2 - 2pqz\cos \varphi + q^2 z^2)^{k-2}} + \frac{\mathfrak{D} + \mathfrak{d}z}{(p^2 - 2pqz\cos \varphi + q^2 z^2)^{k-3}} + \cdots$$

那么记

$$z^n = \frac{p^n}{q^n}\cos n\varphi \ \text{时}, M = \mathfrak{M}, Z = \mathfrak{N}$$

$$z^n = \frac{p^n}{q^n}\sin n\varphi \ \text{时}, M = m, Z = \mathfrak{n}$$

则

$$\mathfrak{A} = \frac{\mathfrak{M}\mathfrak{N} + m\mathfrak{n}}{\mathfrak{N}^2 + \mathfrak{n}^2} + \frac{\mathfrak{M}\mathfrak{n} - m\mathfrak{N}}{\mathfrak{N}^2 + \mathfrak{n}^2} \cdot \frac{\cos \varphi}{\sin \varphi}$$

$$\mathfrak{a} = -\frac{\mathfrak{M}\mathfrak{n} - m\mathfrak{N}}{\mathfrak{N}^2 + \mathfrak{n}^2} \cdot \frac{q}{p\sin \varphi}$$

首先, 令

$$\frac{M - (\mathfrak{A} + \mathfrak{a}z)Z}{p^2 - 2pqz\cos \varphi + q^2 z^2} = P$$

记

$$z^n = \frac{p^n}{q^n}\cos n\varphi \ \text{时}, P = \mathfrak{B}$$

$$z^n = \frac{p^n}{q^n}\sin n\varphi \ \text{时}, P = \mathfrak{p}$$

则

$$\mathfrak{B} = \frac{\mathfrak{B}\mathfrak{N} + \mathfrak{p}\mathfrak{n}}{\mathfrak{N}^2 + \mathfrak{n}^2} + \frac{\mathfrak{B}\mathfrak{n} - \mathfrak{p}\mathfrak{N}}{\mathfrak{N}^2 + \mathfrak{n}^2} \cdot \frac{\cos \varphi}{\sin \varphi}$$

$$\mathfrak{b} = -\frac{\mathfrak{B}\mathfrak{n} - \mathfrak{p}\mathfrak{N}}{\mathfrak{N}^2 + \mathfrak{n}^2} \cdot \frac{q}{p\sin \varphi}$$

其次, 令

$$\frac{P - (\mathfrak{B} + \mathfrak{b}z)Z}{p^2 - 2pqz\cos \varphi + q^2 z^2} = Q$$

记

$$z^n = \frac{p^n}{q^n}\cos n\varphi \ \text{时}, Q = \mathfrak{Q}$$

$$z^n = \frac{p^n}{q^n}\sin n\varphi \ \text{时}, Q = \mathfrak{q}$$

则

$$\mathfrak{C} = \frac{\mathfrak{Q}\mathfrak{N} + \mathfrak{q}\mathfrak{n}}{\mathfrak{N}^2 + \mathfrak{n}^2} + \frac{\mathfrak{Q}\mathfrak{n} - \mathfrak{q}\mathfrak{N}}{\mathfrak{N}^2 + \mathfrak{n}^2} \cdot \frac{\cos \varphi}{\sin \varphi}$$

$$\mathfrak{c} = -\frac{\mathfrak{Q}\mathfrak{n} - \mathfrak{q}\mathfrak{N}}{\mathfrak{N}^2 + \mathfrak{n}^2} \cdot \frac{q}{p\sin \varphi}$$

再次, 令

$$\frac{Q - (\mathfrak{C} + \mathfrak{c}z)}{p^2 - 2pqz\cos \varphi + q^2 z^2} = R$$

记

$$z^n = \frac{p^n}{q^n}\cos n\varphi \text{ 时}, R = \mathfrak{R}$$

$$z^n = \frac{p^n}{q^n}\sin n\varphi \text{ 时}, R = \mathfrak{r}$$

则

$$\mathfrak{D} = \frac{\mathfrak{R}\mathfrak{N} + \mathfrak{r}\mathfrak{n}}{\mathfrak{R}^2 + \mathfrak{n}^2} + \frac{\mathfrak{R}\mathfrak{n} - \mathfrak{r}\mathfrak{N}}{\mathfrak{R}^2 + \mathfrak{n}^2} \cdot \frac{\cos \varphi}{\sin \varphi}$$

$$\mathfrak{b} = -\frac{\mathfrak{R}\mathfrak{n} - \mathfrak{r}\mathfrak{N}}{\mathfrak{R}^2 + \mathfrak{n}^2} \cdot \frac{q}{p\sin \varphi}$$

继续下去,直至以 $p^2 - 2pqz\cos \varphi + q^2z^2$ 为分母的那个部分分式的分子被确定.

例4 考虑分数函数

$$\frac{z - z^3}{(1 + z^2)^4(1 + z^4)}$$

记分母的因式 $(1 + z^2)^4$ 产生的部分分式为

$$\frac{\mathfrak{A} + \alpha z}{(1 + z^2)^4} + \frac{\mathfrak{B} + \mathfrak{b}z}{(1 + z^2)^3} + \frac{\mathfrak{C} + cz}{(1 + z^2)^2} + \frac{\mathfrak{D} + \mathfrak{d}z}{1 + z^2}$$

与一般形式比较,得

$$p = 1, q = 1, \cos \varphi = 0, \varphi = \frac{\pi}{2}$$

又

$$M = z - z^3, Z = 1 + z^4$$

从而

$$\mathfrak{M} = 0, \mathfrak{m} = 2, \mathfrak{N} = 2, \mathfrak{n} = 0, \sin \varphi = 1$$

这样我们得到

$$\mathfrak{A} = -\frac{4}{4} \cdot 0 = 0, \alpha = 1$$

即

$$\mathfrak{A} + \alpha z = z$$

从而

$$P = \frac{z - z^3 - z - z^5}{1 + z^2} = -z^3$$

继而

$$\mathfrak{P} = 0, \mathfrak{p} = 1$$

进而

$$\mathfrak{B} = 0, \mathfrak{b} = \frac{1}{2}$$

这样,我们有

$$\mathfrak{B} + \mathfrak{b}z = \frac{1}{2}z \text{ 和 } Q = \frac{-z^3 - \frac{1}{2}z - \frac{1}{2}z^5}{1 + z^2} = -\frac{1}{2}z - \frac{1}{2}z^3$$

从而

$$\mathfrak{Q} = 0, \mathfrak{q} = 0$$

继而

$$\mathfrak{C} =, \mathfrak{c} = 0$$

由此得

$$R = -\frac{\dfrac{1}{2}z + \dfrac{1}{2}z^3}{1 + z^2} = -\frac{1}{2}z$$

从而

$$\mathfrak{R} = 0, r = -\frac{1}{2}$$

进而

$$\mathfrak{D} = 0, \mathfrak{b} = -\frac{1}{4}$$

得所求部分分式为

$$\frac{z}{(1 + z^2)^4} + \frac{z}{2(1 + z^2)^3} - \frac{z}{4(1 + z^3)}$$

剩下的那个分式的分子为

$$S = \frac{R - (\mathfrak{D} + \mathfrak{b}z)}{1 + z^2} = -\frac{1}{4}z + \frac{1}{4}z^3$$

分式为

$$\frac{-z + z^3}{4(1 + z^4)}$$

§210

这个方法在得到因式 $(p^2 - 2pqz\cos\varphi + q^2 z^2)^k$ 产生的部分分式的同时,还得到了以 Z 为分母的那个分式(两部分加起来等于题给的函数). 在求

$$\frac{M}{(p^2 - 2pq\cos\varphi + q^2 z^2)^K Z}$$

的由因式 $(p^2 - 2pqz\cos\varphi + q^2 z^2)^k$ 产生的各个部分分式的过程中形成了序列 $P, Q, R, S,$ $T, \cdots$. 这序列的最后一项,就是剩下那个分式的分子,分母为 Z. 如果 $K = 1, \dfrac{P}{Z}$ 就是剩下那个分式;如果 $K = 2, \dfrac{Q}{Z}$ 就是剩下那个公式;如果 $K = 3, \dfrac{R}{Z}$ 就是剩下那个分式,类推. 得到了以 Z 为分母的那个分式,我们要做的是再将它分解成部分分式.

第十三章　递推级数

§ 211

按分数函数表示的那样进行除法, 我们得到一种级数. 棣莫弗称这种级数为递推级数. 递推级数的任何一项, 都依某个固定的公式, 由前几项推出.

固定公式由分数函数的分母决定. 这我们前面讲过. 现在, 我们能够把分数函数分解为更简单的部分分式. 因而分数函数的递推级数, 可用更简单的递推级数之和表示. 本章我们就讲构成递推级数的更简递推级数.

§ 212

设用除法将真分数函数

$$\frac{a + bz + cz^2 + dz^3 + \cdots}{1 - \alpha z - \beta z^2 - \gamma z^3 - \delta z^4 - \cdots}$$

表示成了递推级数

$$A + Bz + Cz^2 + Dz^3 + Ez^4 + Fz^5 + \cdots$$

这真分数函数的部分分式我们会求, 将部分分式表示成递推级数, 做起来简单, 其性质易于考查. 部分分式的递推级数加起来就是这真分数函数的递推级数

$$A + Bz + Cz^2 + Dz^3 + Ez^4 + Fz^5 + \cdots$$

§ 213

设部分分式产生的递推级数为

$$a + bz + cz^2 + dz^3 + ez^4 + \cdots$$
$$a' + b'z + c'z^2 + d'z^3 + e'z^4 + \cdots$$
$$a'' + b''z + c''z^2 + d''z^3 + e''z^4 + \cdots$$
$$a''' + b'''z + c'''z^2 + d'''z^3 + e'''z^4 + \cdots$$
$$\vdots$$

这些级数加起来应该等于

$$A + Bz + Cz^2 + Dz^3 + Ez^4 + \cdots$$

由此我们得到

$$A = a + a' + a'' + a''' + \cdots$$
$$B = b + b' + b'' + b''' + \cdots$$
$$C = c + c' + c'' + c''' + \cdots$$
$$D = d + d' + d'' + d''' + \cdots$$
$$\vdots$$

这样一来,如果能够求出部分分式产生的各个级数中 z^n 的系数,那么这些系数的和就是递推级数 $A + Bz + Cz^2 + Dz^3 + \cdots$ 中 z^n 的系数.

§214

这里可能产生一个疑问,两个级数相等,它们同次幂的系数一定相等吗,即

$$A + Bz + Cz^2 + Dz^3 + \cdots = \mathfrak{A} + \mathfrak{B}z + \mathfrak{C}z^2 + \mathfrak{D}z^3 + \cdots$$

时,一定有 $A = \mathfrak{A}, B = \mathfrak{B}, C = \mathfrak{C}, D = \mathfrak{D}, \cdots$ 吗? 我们利用等式对 z 的任何值都成立这一点,就可消除这一疑问. 如果 $z = 0$,则显然 $A = \mathfrak{A}$,两边去掉这相等的项,除剩下的方程以 z,我们得到

$$B + Cz + Dz^2 + \cdots = \mathfrak{B} + \mathfrak{C}z + \mathfrak{D}z^2 + \cdots$$

由此我们得到 $B = \mathfrak{B}$. 类似地,我们得到 $C = \mathfrak{C}, D = \mathfrak{D}, \cdots$

§215

现在我们考察由分数函数的各种部分分式所产生的级数. 首先,分式

$$\frac{\mathfrak{A}}{1 - pz}$$

产生的级数为

$$\frac{\mathfrak{A}}{1 - pz} = \mathfrak{A} + \mathfrak{A}pz + \mathfrak{A}p^2z^2 + \mathfrak{A}p^3z^3 + \cdots$$

其通项为

$$\mathfrak{A}p^nz^n$$

称这个表达式为通项,是因为将其中的 n 依次换为所有的整数,我们就得到级数的所有的项.

其次,分式

$$\frac{\mathfrak{A}}{(1 - pz)^2}$$

产生的级数为

$$\frac{\mathfrak{A}}{(1 - pz)^2} = \mathfrak{A} + 2\mathfrak{A}pz + 3\mathfrak{A}p^2z^2 + 4\mathfrak{A}p^3z^3 + \cdots$$

其通项为

$$(n + 1)\mathfrak{A}p^n z^n$$

再次

$$\frac{\mathfrak{A}}{(1 - pz)^3} = \mathfrak{A} + 3\mathfrak{A}pz + 6\mathfrak{A}p^2 z^2 + 10\mathfrak{A}p^3 z^3 + \cdots$$

其通项为

$$\frac{(n + 1)(n + 2)}{1 \cdot 2}\mathfrak{A}p^n z^n$$

一般地,分式

$$\frac{\mathfrak{A}}{(1 - pz)^k}$$

产生的级数

$$\frac{\mathfrak{A}}{(1 - pz)^k} = \mathfrak{A} + k\mathfrak{A}pz + \frac{k(k + 1)}{1 \cdot 2}\mathfrak{A}p^2 z^2 + \frac{k(k + 1)(k + 2)}{1 \cdot 2 \cdot 3}\mathfrak{A}p^3 z^3 + \cdots$$

其通项为

$$\frac{(n + 1)(n + 2)(n + 3)\cdots(n + k - 1)}{1 \cdot 2 \cdot 3 \cdot \cdots \cdot (k - 1)}\mathfrak{A}p^n z^n$$

从级数的构成本身,得到这通项为

$$\frac{k(k + 1)(k + 2)\cdots(k + n - 1)}{1 \cdot 2 \cdot 3 \cdot \cdots \cdot n}\mathfrak{A}p^n z^n$$

这两个通项的相等,可由交叉相乘得出. 事实上,交叉相乘得

$$1 \cdot 2 \cdot 3 \cdot \cdots \cdot n(n + 1) \cdots \cdot (n + k - 1) =$$
$$1 \cdot 2 \cdot 3 \cdot \cdots \cdot (k - 1) \cdot k \cdots \cdot (k + n - 1)$$

这是一个等式.

§ 216

这样,每给一个分数函数,我们先将它分解成状如 $\dfrac{\mathfrak{A}}{(1 - pz)^k}$ 的部分分式,再求出每个部分分式的递推级数的通项,最后将求得的通项加起来,就得到所给分数函数的递推级数

$$A + Bz + Cz^2 + Dz^3 + \cdots$$

的通项.

例1 求分数函数

$$\frac{1 - z}{1 - z - 2z^2}$$

的递推级数的通项.

由该函数得到的级数是

$$1 + 0z + 2z^2 + 2z^3 + 6z^4 + 10z^5 + 22z^6 + 42z^7 + 86z^8 + \cdots$$

为了求得通项的系数,我们先将

$$\frac{1-z}{1-z-2z^2}$$

分解成部分分式,得

$$\frac{\dfrac{2}{3}}{1+z} + \frac{\dfrac{1}{3}}{1-2z}$$

由此得到所求通项为

$$\left(\frac{2}{3}(-1)^n + \frac{1}{3}2^n\right)z^n = \frac{2^n \pm 2}{3}z^n$$

n 为偶数时取正号,n 为奇数时取负号.

例2 求分式

$$\frac{1-z}{1-5z+6z^2}$$

产生的递推级数

$$1 + 4z + 14z^2 + 46z^3 + 146z^4 + 454z^5 + \cdots$$

的通项.

分母等于 $(1-2z)(1-3z)$,从而分式分解为

$$\frac{-1}{1-2z} + \frac{2}{1-3z}$$

由此得通项为

$$2 \cdot 3^n z^n - 2^n z^n = (2 \cdot 3^n - 2^n)z^n$$

例3 求分式

$$\frac{1+2z}{1-z-z^2}$$

展成的级数

$$1 + 3z + 4z^2 + 7z^3 + 11z^4 + 18z^5 + 29z^6 + 47z^7 + \cdots$$

的通项

分母的因式为

$$1 - \frac{1+\sqrt{5}}{2}z \ \text{和} \ 1 - \frac{1-\sqrt{5}}{2}z$$

从而分式的分解式为

$$\frac{\dfrac{1+\sqrt{5}}{2}}{1 - \dfrac{1+\sqrt{5}}{2}z} + \frac{\dfrac{1-\sqrt{5}}{2}}{1 - \dfrac{1-\sqrt{5}}{2}z}$$

由此得通项为

$$\left(\frac{1+\sqrt{5}}{2}\right)^{n+1}z^n + \left(\frac{1-\sqrt{5}}{2}\right)^{n+1}z^n$$

例4 求分式

$$\frac{a+bz}{1-\alpha z-\beta z^2}$$

展成的级数

$$a + (\alpha a + b)z + (\alpha^2 a + \alpha b + \beta a)z^2 + (\alpha^3 a + \alpha^2 b + 2\alpha\beta a + \beta b)z^3 + \cdots$$

的通项.

所给分式的部分分式表示式为

$$\frac{(a(\sqrt{\alpha^2+4\beta}+\alpha)+2b):2\sqrt{\alpha^2+4\beta}}{1-\dfrac{\alpha+\sqrt{\alpha^2+4\beta}}{2}z} + \frac{(a(\sqrt{\alpha^2+4\beta}-\alpha)-2b):2\sqrt{\alpha^2+4\beta}}{1-\dfrac{\alpha-\sqrt{\alpha^2+4\beta}}{2}z}$$

由此得所求通项为

$$\frac{a(\sqrt{\alpha^2+4\beta}+\alpha)+2b}{2\sqrt{\alpha^2+4\beta}}\left(\frac{\alpha+\sqrt{\alpha^2+4\beta}}{2}\right)^n z^n +$$

$$\frac{a(\sqrt{\alpha^2+4\beta}-\alpha)-2b}{2\sqrt{\alpha^2+4\beta}}\left(\frac{\alpha-\sqrt{\alpha^2+4\beta}}{2}\right)^n z^n$$

这是通项的通用公式,适用于每项都由前两项推出的递推级数.

例5 求分式

$$\frac{1}{1-z-z^2+z^3} = \frac{1}{(1-z)^2(1+z)}$$

展成的级数

$$1 + z + 2z^2 + 2z^3 + 3z^4 + 3z^5 + 4z^6 + 4z^7 + \cdots$$

的通项.

级数系数的规律性是显然的. 分式的部分分式表示成为

$$\frac{\dfrac{1}{2}}{(1-z)^2} + \frac{\dfrac{1}{4}}{1-z} + \frac{\dfrac{1}{4}}{1+z}$$

由此得通项为

$$\frac{1}{2}(n+1)z^n + \frac{1}{4}z^n + \frac{1}{4}(-1)^n z^n = \frac{2n+3\pm1}{4}z^n$$

n 为偶数时取正号,n 为奇数时取负号.

§217

用上述方法我们可以求出一切递推级数的通项,因为分式都可以分解成以线性因式的幂为分母的部分分式. 但是如果我们想避开虚表达式,那我们就得考虑状如

$$\frac{\mathfrak{A} + \mathfrak{B}pz}{1 - 2pz\cos\varphi + p^2z^2}, \frac{\mathfrak{A} + \mathfrak{B}pz}{(1 - 2pz\cos\varphi + p^2z^2)^2}, \frac{\mathfrak{A} + \mathfrak{B}pz}{(1 - 2pz\cos\varphi + p^2z^2)^k}$$

的部分分式所展成的级数. 首先, 由于

$$\cos n\varphi = 2\cos\varphi\cos(n-1)\varphi - \cos(n-2)\varphi$$

我们得到

$$\frac{\mathfrak{A}}{1 - 2pz\cos\varphi + p^2z^2}$$

展成的级数为

$$\mathfrak{A} + 2\mathfrak{A}pz\cos\varphi + 2\mathfrak{A}p^2z^2\cos 2\varphi + 2\mathfrak{A}p^3z^3\cos 3\varphi +$$
$$2\mathfrak{A}p^4z^4 + \cos 4\varphi + \cdots + \mathfrak{A}p^2z^2 + 2\mathfrak{A}p^3z^3\cos\varphi +$$
$$2\mathfrak{A}p^4z^4\cos 2\varphi + \cdots + \mathfrak{A}p^4z^4 + \cdots$$
$$\vdots$$

这个级数的通项求起来不那么容易.

§218

为了写出上节级数的通项, 我们考虑这样两个级数
$$Ppz\sin\varphi + Pp^2z^2\sin 2\varphi + Pp^3z^3\sin 3\varphi + Pz^4z^4\sin 4\varphi + \cdots$$
$$Q + Qpz\cos\varphi + Qp^2z^2\cos 2\varphi + Qp^3z^3\cos 3\varphi + Qp^4z^4\cos 4\varphi + \cdots$$
它们分别是分母同为

$$1 - 2pz\cos\varphi + p^2z^2$$

的两个分式的展开式. 前一个分式为

$$\frac{Ppz\sin\varphi}{1 - 2pz\cos\varphi + p^2z^2}$$

后一个分式为

$$\frac{Q - Qpz\cos\varphi}{1 - 2pz\cos\varphi + p^2z^2}$$

这两个分式相加, 和为

$$\frac{Q + Ppz\sin\varphi - Qpz\cos\varphi}{1 - 2pz\cos\varphi + p^2z^2}$$

这个和展成的级数, 其通项为

$$(P\sin n\varphi + Q\cos n\varphi)p^nz^n$$

将分式

$$\frac{\mathfrak{A} + \mathfrak{B}pz}{1 - 2pz\cos\varphi + p^2z^2}$$

与刚才的和相比较, 得

$$Q = \mathfrak{A}, P = \mathfrak{A}\cos\varphi + \mathfrak{B}\csc\varphi$$

从而, 展开

$$\frac{\mathfrak{A} + \mathfrak{B}pz}{1 - 2pz\cos\varphi + p^2z^2}$$

所成的级数,其通项为

$$\frac{\mathfrak{A}\cos\varphi\sin n\varphi + \mathfrak{B}\sin n\varphi + \mathfrak{A}\sin\varphi\cos n\varphi}{\sin\varphi}p^nz^n = \frac{\mathfrak{A}\sin(n+1)\varphi + \mathfrak{B}\sin n\varphi}{\sin\varphi}p^nz^n$$

§ 219

为了得到以幂

$$(1 - 2pz\cos\varphi + p^2z^2)^K$$

为分母情况下的通项,我们把这种分式表示成两个含有虚数的分式之和

$$\frac{a}{(1 - (\cos\varphi + \sqrt{-1}\sin\varphi)pz)^K} + \frac{b}{(1 - (\cos\varphi - \sqrt{-1}\sin\varphi)pz)^K}$$

这个和展成的级数,其通项为

$$\frac{(n+1)(n+2)(n+3)\cdots(n+K-1)}{1\cdot2\cdot3\cdots(K-1)}(\cos n\varphi + \sqrt{-1}\sin n\varphi)ap^nz^n +$$

$$\frac{(n+1)(n+2)(n+3)\cdots(n+K-1)}{1\cdot2\cdot3\cdots(K-1)}(\cos n\varphi - \sqrt{-1}\sin n\varphi)bp^nz^n$$

令

$$a + b = f, a - b = \frac{g}{\sqrt{-1}}$$

则

$$a = \frac{f\sqrt{-1} + g}{2\sqrt{-1}}, b = \frac{f\sqrt{-1} - g}{2\sqrt{-1}}$$

那么,表达式

$$\frac{(n+1)(n+2)(n+3)\cdots(n+K-1)}{1\cdot2\cdot3\cdots(K-1)}(f\cos n\varphi + g\sin n\varphi)p^nz^n$$

就是分式的和

$$\frac{\frac{1}{2}f + \frac{1}{2\sqrt{-1}}g}{(1 - (\cos\varphi + \sqrt{-1}\sin\varphi)pz)^K} + \frac{\frac{1}{2}f - \frac{1}{2\sqrt{-1}}g}{(1 - (\cos\varphi - \sqrt{-1}\sin\varphi)pz)^K}$$

或写成单个分式

$$\frac{\left\{\begin{array}{l}f - Kfpz\cos\varphi + \frac{K(K-1)}{1\cdot2}fp^2z^2\cos2\varphi - \frac{K(K-1)(K-2)}{1\cdot2\cdot3}fp^3z^3\cos3\varphi + \cdots + \\ Kgpz\sin\varphi - \frac{K(K-1)}{1\cdot2}fp^2z^2\sin2\varphi + \frac{K(K-1)(K-2)}{1\cdot2\cdot3}fp^3z^3\sin3\varphi - \cdots\end{array}\right\}}{(1 - 2pz\cos\varphi + p^2z^2)^k}$$

展成的级数的通项.

如果 $k = 2$,那么分式

$$\frac{f - 2pz(f\cos\varphi - g\sin\varphi) + p^2z^2(f\cos 2\varphi - g\sin 2\varphi)}{(1 - 2pz\cos\varphi + p^2z^2)^2}$$

产生的级数,其通项为

$$(n + 1)(f\cos n\varphi + g\sin n\varphi)p^nz^n$$

但是,由分式

$$\frac{a}{1 - 2pz\cos\varphi + p^2z^2} = \frac{a - 2apz\cos\varphi + ap^2z^2}{(1 - 2pz\cos\varphi + p^2z^2)^2}$$

产生的级数,其通项为

$$\frac{a\sin(n + 1)\varphi}{\sin\varphi}p^nz^n$$

将这两个分式相加,并令

$$a + f = \mathfrak{A}$$
$$2a\cos\varphi + 2f\cos\varphi - g\sin\varphi = -\mathfrak{B}$$
$$a + f\cos 2\varphi - g\sin 2\varphi = 0$$

则

$$g = \frac{\mathfrak{B} + 2\mathfrak{A}\cos\varphi}{2\sin\varphi} = \frac{\mathfrak{B}\sin\varphi + \mathfrak{A}\sin 2\varphi}{2\sin^2\varphi}$$

$$a = \frac{\mathfrak{A} + \mathfrak{B}\cos\varphi}{1 - \cos 2\varphi} = \frac{\mathfrak{A} + \mathfrak{B}\cos\varphi}{2\sin^2\varphi}$$

$$f = -\frac{\mathfrak{A}\cos 2\varphi + \mathfrak{B}\cos\varphi}{2\sin^2\varphi}$$

由此,分式

$$\frac{\mathfrak{A} + \mathfrak{B}pz}{(1 - 2pz\cos\varphi + p^2z^2)^2}$$

产生的级数,其通项为

$$\frac{\mathfrak{A} + \mathfrak{B}\cos\varphi}{2\sin^3\varphi}\sin(n + 1)\varphi p^nz^n + (n + 1) \cdot$$

$$\frac{\mathfrak{B}\sin\varphi\sin n\varphi + \mathfrak{A}\sin 2\varphi\sin n\varphi - \mathfrak{B}\cos\varphi\cos n\varphi - \mathfrak{A}\cos 2\varphi\cos n\varphi}{2\sin^2\varphi}p^nz^n =$$

$$-\frac{(n + 1)(\mathfrak{A}\cos(n + 2)\varphi + \mathfrak{B}\sin(n + 1)\varphi)}{2\sin^2\varphi}p^nz^n +$$

$$\frac{(\mathfrak{A} + \mathfrak{B}\cos\varphi)\sin(n + 1)\varphi}{2\sin^3\varphi}p^nz^n =$$

$$\frac{\frac{1}{2}(n + 3)\sin(n + 1)\varphi - \frac{1}{2}(n + 1)\sin(n + 3)\varphi}{2\sin^3\varphi}\mathfrak{A}p^nz^n +$$

$$\frac{\frac{1}{2}(n+2)\sin n\varphi - \frac{1}{2}n\sin(n+2)\varphi}{2\sin^3\varphi}\mathfrak{B}p^n z^n$$

也即,分式

$$\frac{\mathfrak{A} + \mathfrak{B}pz}{(1 - 2pz\cos\varphi + p^2z^2)^2}$$

产生的级数,其通项为

$$\frac{(n+3)\sin(n+1)\varphi - (n+1)\sin(n+3)\varphi}{4\sin^3\varphi}\mathfrak{A}p^n z^n +$$

$$\frac{(n+2)\sin n\varphi - n\sin(n+2)\varphi}{4\sin^3\varphi}\mathfrak{B}p^n z^n$$

§ 221

$k = 3$ 时,分式

$$\frac{f - 3pz(f\cos\varphi - g\sin\varphi) + 3p^2z^2(f\cos2\varphi - g\sin2\varphi) - p^3z^3(f\cos3 - g\sin3\varphi)}{(1 - 2pz\cos\varphi + p^2z^2)^3}$$

产生的级数,其通项为

$$\frac{(n+1)(n+2)}{1\cdot2}(f\cos n\varphi + g\sin n\varphi)p^n z^n$$

而分式

$$\frac{a + bpz}{(1 - 2pz\cos\varphi + p^2z^2)^2} = \frac{a - pz(2a\cos\varphi - b) + p^2z^2(a - 2b\cos\varphi) + bq^3z^3}{(1 - 2pz\cos\varphi + p^2z^2)^3}$$

产生的级数,其通项为

$$\frac{(n+3)\sin(n+1)\varphi - (n+1)\sin(n+3)\varphi}{4\sin^3\varphi}ap^n z^n +$$

$$\frac{(n+2)\sin n\varphi - n\sin(n+2)\varphi}{4\sin^3\varphi}bp^n z^n$$

这两个分式相加,并令分子等于 $\mathfrak{A}$,则

$$a + f = \mathfrak{A}$$
$$3f\cos\varphi - 3g\sin\varphi + 2a\cos\varphi - b = 0$$
$$3f\cos2\varphi - 3g\sin2\varphi + a - 2b\cos\varphi = 0$$
$$f\cos3\varphi - g\sin3\varphi - b = 0$$

从而得

$$a = \frac{f\cos3\varphi - g\sin3\varphi - 3f\cos\varphi + 3g\sin\varphi}{2\cos\varphi} =$$

$$2g\sin^2\varphi\tan\varphi - f - 2f\sin^2\varphi$$

又得

$$\frac{f}{g} = \frac{\sin 5\varphi - 2\sin 3\varphi + \sin \varphi}{\cos 5\varphi - 2\cos 3\varphi + \cos \varphi}$$

和

$$a + f = \mathfrak{A} = 2g\sin^2\varphi \tan \varphi - 2f\sin^2\varphi$$

也即

$$\frac{\mathfrak{A}}{2\sin^2\varphi} = \frac{g\sin \varphi - f\cos \varphi}{\cos \varphi} \cdot$$

由此最后得到

$$f = \frac{\mathfrak{A}(\sin \varphi - 2\sin 3\varphi + \sin 5\varphi)}{16\sin^5\varphi}$$

$$g = \frac{\mathfrak{A}(\cos \varphi - 2\cos 3\varphi + \cos 5\varphi)}{16\sin^5\varphi}$$

由于

$$16\sin^5\varphi = \sin 5\varphi - 5\sin 3\varphi + 10\sin \varphi$$

得到

$$a = \frac{\mathfrak{A}(9\sin \varphi - 3\sin 3\varphi)}{16\sin^5\varphi}$$

$$b = \frac{\mathfrak{A}(-\sin 2\varphi + \sin 2\varphi)}{16\sin^5\varphi} = 0$$

又由于

$$3\sin \varphi - \sin 3\varphi = 4\sin^3\varphi$$

得到

$$a = \frac{3\mathfrak{A}}{4\sin^2\varphi}$$

这样一来,通项为

$$\frac{(n+1)(n+2)}{1 \cdot 2}\mathfrak{A}p^n z^n \frac{\sin(n+1)\varphi - 2\sin(n+3)\varphi + \sin(n+5)\varphi}{16\sin^5\varphi} +$$

$$3\mathfrak{A}p^n z^n \cdot \frac{(n+3)\sin(n+1)\varphi - (n+1)\sin(n+3)\varphi}{16\sin^5\varphi} =$$

$$\frac{\mathfrak{A}p^n z^n}{16\sin^5\varphi}\left\{\frac{(n+4)(n+5)}{1 \cdot 2}\sin(n+1)\varphi -\right.$$

$$\frac{2(n+1)(n+5)}{1 \cdot 2}\sin(n+3)\varphi +$$

$$\left.\frac{(n+1)(n+2)}{1 \cdot 2}\sin(n+5)\varphi\right\}$$

§222

这样,产生于

$$\frac{\mathfrak{A} + \mathfrak{B}pz}{(1 - 2pz\cos\varphi + p^2z^2)^3}$$

的级数,其通项为

$$\frac{\mathfrak{A}p^nz^n}{16\sin^5\varphi}\left\{\frac{(n+4)(n+5)}{1\cdot2}\sin(n+1)\varphi -\right.$$

$$\frac{2(n+1)(n+5)}{1\cdot2}\sin(n+3)\varphi +$$

$$\left.\frac{(n+1)(n+2)}{1\cdot2}\sin(n+5)\varphi\right\} +$$

$$\frac{\mathfrak{B}p^nz^n}{16\sin^5\varphi}\left\{\frac{(n+3)(n+4)}{1\cdot2}\sin n\varphi -\right.$$

$$\frac{2n(n+4)}{1\cdot2}\sin(n+2)\varphi +$$

$$\left.\frac{n(n+1)}{1\cdot2}\sin(n+4)\varphi\right\}$$

进一步,让 k 的值加 1,我们有,产生于

$$\frac{\mathfrak{A} + \mathfrak{B}pz}{(1 - 2pz\cos\varphi + p^2z^2)^4}$$

的级数,其通项为

$$\frac{\mathfrak{A}p^nz^n}{64\sin^7\varphi}\left\{\frac{(n+7)(n+6)(n+5)}{1\cdot2\cdot3}\sin(n+1)\varphi -\right.$$

$$\frac{3(n+1)(n+7)(n+6)}{1\cdot2\cdot3}\sin(n+3)\varphi +$$

$$\frac{3(n+1)(n+2)(n+7)}{1\cdot2\cdot3}\sin(n+5)\varphi -$$

$$\left.\frac{(n+1)(n+2)(n+3)}{1\cdot2\cdot3}\sin(n+7)\varphi\right\} +$$

$$\frac{\mathfrak{B}p^nz^n}{64\sin^7\varphi}\left\{\frac{(n+6)(n+5)(n+4)}{1\cdot2\cdot3}\sin n\varphi -\right.$$

$$\frac{3n(n+6)(n+5)}{1\cdot2\cdot3}\sin(n+2)\varphi +$$

$$\frac{3n(n+1)(n+6)}{1\cdot2\cdot3}\sin(n+4)\varphi -$$

$$\left.\frac{n(n+1)(n+2)}{1\cdot2\cdot3}\sin(n+6)\varphi\right\}$$

分母幂次更高时,通项的求法,不难从上面的讨论弄清. 我们列出下面的等式[1],供进一步讨论时使用.

$$\sin\varphi = \sin\varphi$$

---

① 参见 §262. ——译者

$$4\sin^3\varphi = 3\sin\varphi - \sin 3\varphi$$
$$16\sin^5\varphi = 10\sin\varphi - 5\sin 3\varphi + \sin 5\varphi$$
$$64\sin^7\varphi = 35\sin\varphi - 21\sin 3\varphi + 7\sin 5\varphi - \sin 7\varphi$$
$$256\sin^9\varphi = 125\sin\varphi - 84\sin 3\varphi + 36\sin 5\varphi - 9\sin 7\varphi + \sin 9\varphi - \cdots$$

§223

部分分式级数的通项,我们会求了. 部分分式级数通项之和,就是分式级数的通项. 下面举例,具体说明.

从分式

$$\frac{1}{(1-z)(1-z^2)(1-z^3)} = \frac{1}{1-z-z^2+z^4+z^5-z^6}$$

得递推级数

$$1 + z + 2z^2 + 3z^3 + 4z^4 + 5z^5 + 7z^6 + 8z^7 + 10z^8 + 12z^9 + \cdots$$

求通项.

分解分母为因式,得

$$\frac{1}{(1-z)^3(1+z)(1+z+z^2)}$$

分解分式为部分分式,得

$$\frac{1}{6(1-z)^3} + \frac{1}{4(1-z)^2} + \frac{17}{72(1-z)} + \frac{1}{8(1+z)} + \frac{2+z}{9(1+z+z^2)}$$

第一个部分分式 $\dfrac{1}{6(1-z)^3}$ 给出通项

$$\frac{(n+1)(n+2)1}{1\cdot 2}\frac{1}{6}z^n = \frac{n^2+3n+2}{12}z^n$$

第二、三、四个部分分式

$$\frac{1}{4(1-z)^2}, \frac{17}{72(1-z)}, \frac{1}{8(1+z)}$$

给出的通项依次为

$$\frac{n+1}{4}z^n, \frac{17}{72}z^n, \frac{1}{8}(-1)^n z^n$$

第五个部分分式

$$\frac{2+z}{9(1+z+z^2)}$$

与

$$\frac{\mathfrak{A}+\mathfrak{B}pz}{1-2pz\cos\varphi+p^2z^2}(\,§218)$$

相比较,我们有

$$p = -1, \varphi = \frac{\pi}{3} = 60°, \mathfrak{A} = \frac{2}{9}, \mathfrak{B} = -\frac{1}{9}$$

从而第五个部分分式给出的通项为

$$\frac{2\sin(n+1)\varphi - \sin n\varphi}{9\sin\varphi}(-1)^n z^n = \frac{4\sin(n+1)\varphi - 2\sin n\varphi}{9\sqrt{3}}(-1)^n z^n =$$

$$\frac{4\sin(n+1)\frac{\pi}{3} - 2\sin n\frac{\pi}{3}}{9\sqrt{3}}(-1)^n z^n$$

这五个通项的和

$$\left(\frac{n^2}{12} + \frac{n}{2} + \frac{47}{72}\right)z^n \pm \frac{1}{8}z^n \pm \frac{4\sin(n+1)\frac{\pi}{3} - 2\sin n\frac{\pi}{3}}{9\sqrt{3}}z^n$$

就是我们所求的通项. n 为偶数时取正号, n 为奇数时取负号, 我们指出, $n = 3m$ 时

$$\frac{4\sin\frac{1}{3}(n+1)\pi - 2\sin\frac{1}{3}n\pi}{9\sqrt{3}} = \pm\frac{2}{9}$$

$n = 3m + 1$ 或 $n = 3m + 2$ 时, 该表达式等于 $\mp\frac{1}{9}$ (n 为偶数时取负号, n 为奇数时取正号).

由此我们得到:

如果	则通项为
$n = 6m + 0$	$\left(\frac{n^2}{12} + \frac{n}{2} + 1\right)z^n$
$n = 6m + 1$	$\left(\frac{n^2}{12} + \frac{n}{2} + \frac{5}{12}\right)z^n$
$n = 6m + 2$	$\left(\frac{n^2}{12} + \frac{n}{2} + \frac{2}{3}\right)z^n$
$n = 6m + 3$	$\left(\frac{n^2}{12} + \frac{n}{2} + \frac{3}{4}\right)z^n$
$n = 6m + 4$	$\left(\frac{n^2}{12} + \frac{n}{2} + \frac{2}{3}\right)z^n$
$n = 6m + 5$	$\left(\frac{n^2}{12} + \frac{n}{2} + \frac{5}{12}\right)z^n$

例如 $n = 50$, 此时 $n = 6m + 2$, 级数的项为 $234z^{50}$.

例 6 从分式

$$\frac{1 + z + z^2}{1 - z - z^4 + z^5}$$

得到递推级数

$$1 + 2z + 3z^2 + 3z^3 + 4z^4 + 5z^5 + 6z^6 + 6z^7 + 7z^8 + \cdots$$

求通项.

该分式可化成

$$\frac{1 + z + z^2}{(1 - z)^2 (1 + z)(1 + z^2)}$$

从而可分解成

$$\frac{3}{4(1 - z)^2} + \frac{3}{8(1 - z)} + \frac{1}{8(1 + z)} + \frac{-1 + z}{4(1 + z^2)}$$

前三个部分分式

$$\frac{3}{4(1 - z)^2}, \frac{3}{8(1 - z)}, \frac{1}{8(1 + z)}$$

给出的通项依次为

$$\frac{3(n + 1)}{4} z^n, \frac{3}{8} z^n, \frac{1}{8}(-1)^n z^n$$

将第四个部分分式$\frac{-1 + z}{4(1 + z^2)}$与表达式

$$\frac{\mathfrak{A} + \mathfrak{B} pz}{1 - 2pz\cos \varphi + p^2 z^2}$$

相比较,我们有

$$p = 1, \cos \varphi = 0, \varphi = \frac{\pi}{2}, \mathfrak{A} = -\frac{1}{4}, \mathfrak{B} = +\frac{1}{4}$$

从而,第四个部分分式对应的通项为

$$(-\frac{1}{4}\sin \frac{n + 1}{2}\pi + \frac{1}{4}\sin \frac{n}{2}\pi) z^n$$

我们所求的通项就等于这四个通项的和

$$(\frac{3}{4}n + \frac{9}{8}) z^n \pm \frac{1}{8} z^n - \frac{1}{4}(\sin \frac{n + 1}{2}\pi - \sin \frac{n}{2}\pi) z^n$$

由此我们得到:

如果	则通项为
$n = 4m + 0$	$(\frac{3}{4}n + 1) z^n$
$n = 4m + 1$	$(\frac{3}{4}n + \frac{5}{4}) z^n$
$n = 4m + 2$	$(\frac{3}{4}n + \frac{3}{2}) z^n$
$n = 4m + 3$	$(\frac{3}{4}n + \frac{3}{4}) z^n$

例如,$n = 50$,此时 $n = 4m + 2$,级数的项为 $39z^{50}$.

§224

由递推级数,易于得到产生它的分式,有了这分式,就可以按刚讨论过的规则求出级数的通项. 从递推级数的递推性, 即每一项都可由它的前几项推出, 我们可直接写出产生它的分式的分母. 这分母的因式决定通项的形状, 分子决定通项的系数. 设递推级数为

$$A + Bz + Cz^2 + Dz^3 + Ez^4 + Fz^5 + \cdots$$

假定递推规律为

$$D = \alpha C + \beta B + \gamma A, E = \alpha D + \beta C + \gamma B, F = \alpha E + \beta D + \gamma C, \cdots$$

则分母为

$$1 - \alpha z - \beta z^2 - \gamma z^3$$

棣莫弗称

$$+ \alpha, + \beta, + \gamma$$

为递推尺度, 递推尺度决定递推规律, 并给出由递推级数所产生的分式的分母.

§ 225

为了求出通项, 也即求出任何幂 z^n 的系数, 我们先求出 $1 - \alpha z - \beta z^2 - \gamma z^3$ 的线性因式, 或者有时为避免虚数, 求出它的二次因式. 如果因式都是实的, 且相异, 为

$$(1 - pz)(1 - qz)(1 - rz)$$

那么产生级数的分式可分解为

$$\frac{\mathfrak{A}}{1 - pz} + \frac{\mathfrak{B}}{1 - qz} + \frac{\mathfrak{C}}{1 - rz}$$

因而级数的通项为

$$(\mathfrak{A}p^n + \mathfrak{B}q^n + \mathfrak{C}r^n)z^n$$

如果因式中有两个相等, 例如 $q = p$, 则通项为

$$((\mathfrak{A}(n+1) + \mathfrak{B})p^n + \mathfrak{C}r^n)z^n$$

如果 $p = q = r$, 则通项为

$$(\mathfrak{A}\frac{(n+1)(n+2)}{1 \cdot 2} + \mathfrak{B}(n+1) + \mathfrak{C})p^n z^n$$

如果分母 $1 - \alpha z - \beta z^2 - \gamma z^3$ 有二次因式, 即它等于

$$(1 - pz)(1 - 2qz\cos\varphi + q^2 z^2)$$

则通项为

$$(\mathfrak{A}p^n + \frac{\mathfrak{B}\sin(n+1)\varphi + \mathfrak{C}\sin n\varphi}{\sin\varphi}q^n)z^n$$

令 n 等于 $1,2,3$, 我们就应该得到 A, Bz, Cz^2, 由此即可求出 $\mathfrak{A}, \mathfrak{B}, \mathfrak{C}$ 的值.

§ 226

如果递推尺度只有两个数, 即级数的每一项都可由其前两项推出, 关系式为

$$C = \alpha B - \beta A, D = \alpha C - \beta B, E = \alpha D - \beta C, \cdots$$

则产生级数

$$A + Bz + Cz^2 + Dz^3 + Ez^4 + \cdots + Pz^n + Qz^{n+1} + \cdots$$

的分式的分母为

$$1 - \alpha z + \beta z^2$$

如果这分母的因式为

$$(1 - pz)(1 - qz)$$

则

$$p + q = \alpha, pq = \beta$$

且级数的通项为

$$(\mathfrak{A}p^n + \mathfrak{B}q^n)z^n$$

由此, $n = 0$, 得

$$A = \mathfrak{A} + \mathfrak{B}$$

$n = 1$ 得

$$B = \mathfrak{A}p + \mathfrak{B}q$$

从而

$$Aq - B = \mathfrak{A}(q - p)$$

$$\mathfrak{A} = \frac{Aq - B}{q - p}, \mathfrak{B} = \frac{Ap - B}{p - q}$$

有了 $\mathfrak{A}$ 和 $\mathfrak{B}$, 就可以得到

$$P = \mathfrak{A}p^n + \mathfrak{B}q^n, Q = \mathfrak{A}p^{n+1} + \mathfrak{B}q^{n+1}$$

$$\mathfrak{A}\mathfrak{B} = \frac{B^2 - \alpha AB + \beta A^2}{4\beta - \alpha^2}$$

§ 227

有了上节的准备, 我们可以找到方法, 使得每项都可以由它的前一项, 而不是前两项推出, 由

$$P = \mathfrak{A}p^n + \mathfrak{B}q^n, Q = \mathfrak{A}p \cdot p^n + \mathfrak{B}q \cdot q^n$$

得

$$Pq - Q = \mathfrak{A}(q - p)p^n, Pq - Q = \mathfrak{B}(p - q)q^n$$

两式相乘, 得

$$P^2 pq - (p + q)PQ + Q^2 + \mathfrak{A}\mathfrak{B}(p - q)^2 p^n q^n = 0$$

但

$$p + q = \alpha, pq = \beta, (p - q)^2 = (p + q)^2 - 4pq = \alpha^2 - 4\beta, p^n q^n = \beta^n$$

代入前式, 得

$$\beta P^2 - \alpha PQ + Q^2 = (\beta A^2 - \alpha AB + B^2)\beta^n$$

或

$$\frac{\beta P^2 - \alpha PQ + Q^2}{\beta A^2 - \alpha AB + \beta^2} = \beta^n$$

每一项都是由前两项推出的,这是递推级数的一条重要性质. 根据这条性质,从任何一项 P 都可推出其下一项 Q

$$Q = \frac{1}{2}\alpha P + \sqrt{\left(\frac{1}{4}\alpha^2 - \beta\right)P^2 + (B^2 - \alpha AB + \beta A^2)\beta^n}$$

虽然式中有根号,但不会得到无理数,因为递推级数的项都是有理的.

§ 228

进一步,从任给的相邻两项 Pz^n 和 Qz^{n+1},我们可以求出远离它们的项 Xz^{2n}. 令
$$X = fP^2 + gPQ - h\mathfrak{A}\mathfrak{B}\beta^n$$

由

$$P = \mathfrak{A}p^n + \mathfrak{B}q^n$$
$$Q = \mathfrak{A}p^{n+1} + \mathfrak{B}q^{n+1}$$
$$X = \mathfrak{A}p^{2n} + \mathfrak{B}q^{2n}$$

得

$$fP^2 = f\mathfrak{A}^2 p^{2n} + f\mathfrak{B}^2 q^{2n} + 2f\mathfrak{A}\mathfrak{B}\beta^n$$
$$gPQ = g\mathfrak{A}^2 p \cdot p^{2n} + g\mathfrak{B}^2 q \cdot q^{2n} + g\mathfrak{A}\mathfrak{B}\alpha\beta^n$$
$$- h\mathfrak{A}\mathfrak{B}\beta^n = - h\mathfrak{A}\mathfrak{B}\beta^n$$
$$X = \mathfrak{A}P^{2n} + \mathfrak{B}Q^{2n}$$

比较右端,得

$$f + gp = \frac{1}{\mathfrak{A}}$$

$$f + gp = \frac{1}{\mathfrak{B}}$$

$$h = 2f + g\alpha$$

从而

$$g = \frac{\mathfrak{B} - \mathfrak{A}}{\mathfrak{A}\mathfrak{B}(p - q)}, f = \frac{\mathfrak{A}p - \mathfrak{B}q}{\mathfrak{A}\mathfrak{B}(p - q)}$$

但

$$\mathfrak{B} - \mathfrak{A} = \frac{\alpha A - 2B}{p - q}, \mathfrak{A}p - \mathfrak{B}q = \frac{\alpha B - 2\beta A}{p - q}$$

代入上式,得

$$f = \frac{\alpha B - 2\beta A}{\mathfrak{A}\mathfrak{B}(\alpha^2 - 4\beta)}, g = \frac{\alpha A - 2B}{\mathfrak{A}\mathfrak{B}(\alpha^2 - 4\beta)}$$

或者

$$f = \frac{2\beta A - \alpha B}{B^2 - \alpha AB + \beta A^2}$$

$$g = \frac{2B - \alpha A}{B^2 - \alpha AB + \beta A^2}$$

$$h = \frac{(4\beta - \alpha^2)A}{B^2 - \alpha AB + \beta A^2}$$

最后得到

$$X = \frac{(2\beta A - \alpha B)P^2 + (2B - \alpha A)PQ}{B^2 - \alpha AB + \beta A^2} - A\beta^n$$

用类似地方法我们得到

$$X = \frac{(\alpha\beta A - (\alpha^2 - 2\beta)B)P^2 + (2B - \alpha A)Q^2}{\alpha(B^2 - \alpha AB + \beta A^2)} - \frac{2B\beta^n}{\alpha}$$

从 X 的两个表达式中消去含 β^n 的项,得

$$X = \frac{(\beta A - \alpha B)P^2 + 2BPQ - AQ^2}{B^2 - \alpha AB + \beta A^2}$$

§ 229

用上节方法,我们来确定更远的项,记级数为

$$A + Bz + Cz^2 + \cdots + Pz^n + Qz^{n+1} + Rz^{n+2} + \cdots + Xz^{2n} + Yz^{2n+1} + Zz^{2n+2} + \cdots$$

那么由上节结果我们有

$$Z = \frac{(\beta A - \alpha B)Q^2 + 2BQR - AR^2}{B^2 - \alpha AB + \beta A^2}$$

将

$$R = \alpha Q - \beta P$$

代入,得

$$Z = \frac{-\beta^2 AP^2 + 2\beta(\alpha A - B)PQ + (\alpha B - (\alpha^2 - \beta)A)Q^2}{B^2 - \alpha AB + \beta A^2}$$

由 $Z = \alpha Y - \beta X$,从而 $Y = \dfrac{Z + \beta X}{\alpha}$;由此得

$$Y = \frac{-\beta BP^2 + 2\beta APQ + (B - \alpha A)Q^2}{B^2 - \alpha AB + \beta A^2}$$

这样,用上节方法从 X, Y 我们可以确定 z^{4n} 和 z^{4n+1} 的系数,再进一步,可以确定 z^{8n} 和 z^{8n+1} 的系数,类推.

    例   递推级数

$$1 + 3z + 4z^2 + 7z^3 + 11z^4 + 18z^5 + \cdots + Pz^n + Qz^{n+1} + \cdots$$

每一项的系数都等于其前两项系数的和,从而产生这个级数的分式的分母为

$$1 - z - z^2$$

继而

$$\alpha = 1, \beta = -1, \, \text{又} \, A = 1, B = 3$$

进而

$$B^2 - \alpha AB + \beta A^2 = 5$$

这样我们得到

$$Q = \frac{P + \sqrt{5P^2 + 20(-1)^n}}{2} = \frac{P + \sqrt{5P^2 \pm 20}}{2}$$

其中的双重符号, n 为偶数时取正, n 为奇数时取负. 取 $n = 4$, 此时 $P = 11$, 计算得

$$Q = \frac{11 + \sqrt{5 \cdot 121 + 20}}{2} = \frac{11 + 25}{2} = 18$$

记 z^{2n} 的系数为 X, 则

$$X = \frac{-4P^2 + 6PQ - Q^2}{5}$$

由此得到 z^8 的系数为

$$\frac{-4 \cdot 121 + 6 \cdot 198 - 324}{5} = 76$$

由

$$Q = \frac{P + \sqrt{5P^2 \pm 20}}{2}$$

得

$$Q^2 = \frac{3P^2 \pm 10 + P\sqrt{5P^2 \pm 20}}{2}$$

从而

$$X = \frac{-P^2 \mp 2 + P\sqrt{5P^2 \pm 20}}{2}$$

我们看到, 在本例中, 对任何的 n, 由 Pz^n 我们都得到

$$\frac{P + \sqrt{5P^2 \pm 20}}{2}z^{n+1}, \quad \frac{-P^2 \mp 2 + P\sqrt{5P^2 \pm 20}}{2}z^{2n}$$

§ 230

类似地, 对每项都由其前三项推出的递推级数, 也可求出每项只由其前两项推出的公式. 设级数

$$A + Bz + Cz^2 + Dz^3 + \cdots + Pz^n + Qz^{n+1} + Rz^{n+2} + \cdots$$

每项都由其前三项推出, 递推尺度为 $\alpha, -\beta, +\gamma$, 也即产生该级数的那个分式, 其分母为

$$1 - \alpha z + \beta z^2 - \gamma z^3$$

借助分母的因式

$$(1 - pz)(1 - qz)(1 - rz)$$

表示 P, Q, R 时, 我们有

$$P = \mathfrak{A}p^n + \mathfrak{B}q^n + \mathfrak{C}r^n$$

$$Q = \mathfrak{A}pp^n + \mathfrak{B}qq^n + \mathfrak{C}rr^n$$

$$R = \mathfrak{A}p^2 p^n + \mathfrak{B}q^2 q^n + \mathfrak{C}r^2 r^n$$

由于

$$p + q + r = \alpha, pq + pr + qr = \beta, pqr = \gamma$$

我们得到方程

$$R^3 - (2\alpha Q - \beta P)R^2 + ((\alpha^2 + \beta)Q^2 - (\alpha\beta + 3\gamma)PQ + \alpha\gamma P^2)R -$$
$$((\alpha\beta - \gamma)Q^3 - (\alpha\gamma + \beta^2)Q^2 P + 2\beta\gamma P^2 Q - \gamma^2 P^3) =$$
$$(C^3 - (2\alpha B - \beta A)C^2 + ((\alpha^2 + \beta)B^2 - (\alpha\beta + 3\gamma)AB + \alpha\gamma A^2)C -$$
$$((\alpha\beta - \gamma)B^3 - (\alpha\gamma + \beta^2)AB^2 + 2\beta\gamma A^2 B - \gamma^2 A^3)) \cdot \gamma^n$$

这是 R 的三次方程,这个方程的解,就是由前两项 P, Q 推出 R 的公式.

§231

上面讨论了递推级数的通项. 现在我们来考察它的和. 先指出一点,递推级数的和等于产生它的那个分式. 这分式的分母可根据递推规律写出. 所以就只剩下求分子了. 设级数为

$$A + Bz + Cz^2 + Dz^3 + Ez^4 + Fz^5 + Gz^6 + \cdots$$

递推规律给出分母为

$$1 - \alpha z + \beta z^2 - \gamma z^3 + \delta z^4$$

记级数的和,也即产生级数的分式为

$$\frac{a + bz + cz^2 + dz^3}{1 - \alpha z + \beta z^2 - \gamma z^3 + \delta z^4}$$

相比较,我们得到

$$a = A$$
$$b = B - \alpha A$$
$$c = C - \alpha B + \beta A$$
$$d = D - \alpha C + \beta B - \gamma A$$

代入上式,得级数的和为

$$\frac{A + (B - \alpha A)z + (C - \alpha B + \beta A)z^2 + (D - \alpha C + \beta B - \gamma A)z^3}{1 - \alpha z + \beta z^2 - \gamma z^3 + \delta z^4}$$

§232

有了级数和,求出到某项为止的部分和就不难了. 记部分和为

$$s = A + Bz + Cz^2 + Dz^3 + Ez^4 + \cdots + Pz^n$$

级数和已知,现在求 Pz^n 后面那一部分的和,记它为

$$t = Qz^{n+1} + Rz^{n+2} + Sz^{n+3} + Tz^{n+4} + \cdots$$

用 z^{n+1} 除这个 t,我们得到一个类似于整个级数的级数,因而它的和为

$$t = \frac{Qz^{n+1} + (R - \alpha Q)z^{n+2} + (S - \alpha R + \beta Q)z^{n+3} + (T - \alpha S + \beta R - \gamma Q)z^{n+4}}{1 - \alpha z + \beta z^2 - \gamma z^3 + \delta z^4}$$

从整个级数的和减去后面那一部分的和,就得到我们所要的部分和

$$s = \frac{A + (B - \alpha A)z + (C - \alpha B + \beta A)z^2 + (D - \alpha C + \beta B - \gamma A)z^3}{1 - \alpha z + \beta z^2 - \gamma z^3 + \delta z^4} -$$

$$\frac{Qz^{n+1} + (R - \alpha Q)z^{n+2} + (S - \alpha R + \beta Q)z^{n+3} + (T - \alpha S + \beta R - \gamma Q)z^{n+4}}{1 - \alpha z + \beta z^2 - \gamma z^3 + \delta z^4}$$

§ 233

如果递推尺度为两个数:α, $-\beta$,那么从分式

$$\frac{A + (B - \alpha A)z}{1 - \alpha z + \beta z^2}$$

得到的

$$A + Bz + Cz^2 + Dz^3 + \cdots + Pz^n$$

的和为

$$\frac{A + (B - \alpha A)z - Qz^{n+1} - (R - \alpha Q)z^{n+2}}{1 - \alpha z + \beta z^2}$$

由级数的性质我们有

$$R = \alpha Q - \beta P$$

代入上式,得

$$\frac{A + (B - \alpha A)z - Qz^{n+1} + \beta Pz^{n+2}}{1 - \alpha z + \beta z^2}$$

例 7 设级数截止到 Pz^n 的这一部分为

$$1 + 3z + 4z^2 + 7z^3 + \cdots + Pz^n$$

这里

$$\alpha = 1, \beta = -1, A = 1, B = 3$$

则这一部分的和为

$$\frac{1 + 2z - Qz^{n+1} - Pz^{n+2}}{1 - z - z^2}$$

令 $z = 1$,则这和等于

$$1 + 3 + 4 + 7 + 11 + \cdots + P = P + Q - 3$$

将

$$Q = \frac{P + \sqrt{5P^2 \pm 20}}{2}$$

代入,得

$$1 + 3 + 4 + 7 + 11 + \cdots + P = \frac{3P - 6 + \sqrt{5P^2 \pm 20}}{2}$$

也即这时的部分和可从最后一项求出.

第十四章　　多倍角和等分角

§234

设 z 为单位圆的一个角或一段弧, 其正弦为 x, 余弦为 y, 正切为 t, 则

$$x^2 + y^2 = 1, t = \frac{x}{y}$$

前面我们讲了, 角序列 $z, 2z, 3z, 4z, 5z, \cdots$ 对应的正弦序列和余弦序列, 都构成递推尺度[①]
为 $2y, -1$ 的递推级数, 我们先看正弦序列

$$\sin 0z = 0$$
$$\sin 1z = x$$
$$\sin 2z = 2xy$$
$$\sin 3z = 4xy^2 - x$$
$$\sin 4z = 8xy^3 - 4xy$$
$$\sin 5z = 16xy^4 - 12xy^2 + x$$
$$\sin 6z = 32xy^5 - 32xy^3 + 6xy$$
$$\sin 7z = 64xy^6 - 80xy^4 + 24xy^2 - x$$
$$\sin 8z = 128xy^7 - 192xy^5 + 80xy^3 - 8xy$$

由此得

$$\sin nz = x(2^{n-1}y^{n-1} - (n-2)2^{n-3}y^{n-3} + \frac{(n-3)(n-4)}{1 \cdot 2}2^{n-5}y^{n-5} -$$

$$\frac{(n-4)(n-5)(n-6)}{1 \cdot 2 \cdot 3}2^{n-7}y^{n-7} +$$

$$\frac{(n-5)(n-6)(n-7)(n-8)}{1 \cdot 2 \cdot 3 \cdot 4}2^{n-9}y^{n-9} - \cdots)$$

§235

令弧 $nz = s$, 则

---

① 递推尺度的定义见 §224—— 译者

$$\sin nz = \sin s = \sin(\pi - s) = \sin(2\pi + s) = \sin(3\pi - s) = \cdots$$

这些正弦都相等. 由此我们得到 x 的值

$$\sin\frac{s}{n}, \sin\frac{\pi - s}{n}, \sin\frac{2\pi + s}{n}, \sin\frac{3\pi - s}{n}, \sin\frac{4\pi + s}{n}, \cdots$$

总共 n 个, 它们都满足上节最后的方程. 也即这 n 个值都是上节最后那个方程的根. 这里要注意的一点是, 不能取相同的值做我们方程的根, 即所得表达式只能取用一次. 取定, 则方程的根已知, 比较方程的根与系数, 我们可以得到一些有价值的结果, 这种比较需要在方程只含未知数 x 时才能进行, 因而我们将 y 换成 $\sqrt{1 - x^2}$. 这代换因 n 的奇偶而结果不同.

§ 236

我们先考虑 n 为奇数的情形. 弦序列 $-z, +z, +3z, +5z, \cdots$ 公差为 $2z$, 而 $2z$ 的余弦为 $1 - 2x^2$, 所以对应正弦序列的递推尺度为 $2 - 4x^2, -1$, 由此得

$$\sin(-z) = -x$$
$$\sin z = x$$
$$\sin 3z = 3x - 4x^3$$
$$\sin 5z = 5x - 20x^3 + 16x^5$$
$$\sin 7z = 7x - 56x^3 + 112x^5 - 64x^7$$
$$\sin 9z = 9x - 120x^3 + 432x^5 - 576x^7 + 256x^9$$

从而, n 为奇数时

$$\sin nz = nx - \frac{n(n^2 - 1)}{1 \cdot 2 \cdot 3}x^3 + \frac{n(n^2 - 1)(n^2 - 9)}{1 \cdot 2 \cdot 3 \cdot 4 \cdot 5}x^5 -$$
$$\frac{n(n^2 - 1)(n^2 - 9)(n^2 - 25)}{1 \cdot 2 \cdot 3 \cdot 4 \cdot 5 \cdot 6 \cdot 7}x^7 + \cdots$$

该方程的根为

$$\sin z, \sin\left(\frac{2\pi}{n} + z\right), \sin\left(\frac{4\pi}{n} + z\right), \sin\left(\frac{6\pi}{n} + z\right), \sin\left(\frac{8\pi}{n} + z\right), \cdots$$

§ 237

从上节方程得

$$0 = 1 - \frac{nx}{\sin nz} + \frac{n(n^2 - 1)}{1 \cdot 2 \cdot 3}\frac{x^3}{\sin nz} - \frac{n(n^2 - 1)(n^2 - 9)}{1 \cdot 2 \cdot 3 \cdot 4 \cdot 5}\frac{x^5}{\sin nz} + \cdots \pm 2^{n-1}\frac{x^n}{\sin nz}$$

(双重符号处, n 为 4 的倍数减 1 时取正, 否则取负), 其右端的因式形式为

$$\left(1 - \frac{x}{\sin z}\right)\left(1 - \frac{x}{\sin\left(\frac{2\pi}{n} + z\right)}\right)\left(1 - \frac{x}{\sin\left(\frac{4\pi}{n} + z\right)}\right)\cdots$$

由此得

$$\frac{n}{\sin nz} = \frac{1}{\sin z} + \frac{1}{\sin(\frac{2\pi}{n} + z)} + \frac{1}{\sin(\frac{4\pi}{n} + z)} + \frac{1}{\sin(\frac{6\pi}{n} + z)} + \cdots$$

共 n 项. 由根的积得

$$\mp \frac{2^{n-1}}{\sin nz} = \frac{1}{\sin z \cdot \sin(\frac{2\pi}{n} + z)\sin(\frac{4\pi}{n} + z)\sin(\frac{6\pi}{n} + z)\cdots}$$

或

$$\sin nz = \mp 2^{n-1}\sin z\sin(\frac{2\pi}{n} + z)\sin(\frac{4\pi}{n} + z)\sin(\frac{6\pi}{n} + z)\cdots$$

由方程的倒数第二项为零得

$$0 = \sin z + \sin(\frac{2\pi}{n} + z) + \sin(\frac{4\pi}{n} + z) + \sin(\frac{6\pi}{n} + z) + \cdots$$

例1 $n = 3$ 时,得

$$0 = \sin z + \sin(120° + z) + \sin(240° + z) = \sin z + \sin(60° - z) - \sin(60° + z)$$

$$\frac{3}{\sin 3z} = \frac{1}{\sin z} + \frac{1}{\sin(120° + z)} + \frac{1}{\sin(240° + z)} =$$

$$\frac{1}{\sin z} + \frac{1}{\sin(60° - z)} - \frac{1}{\sin(60° + z)}$$

$$\sin 3z = -4\sin z\sin(120° + z)\sin(240° + z) =$$

$$4\sin z\sin(60° - z) \cdot \sin(60° + z)$$

跟前面我们注意到的一样,这里也有

$$\sin(60° + z) = \sin z + \sin(60° - z)$$

$$3\csc z = \csc z + \csc(60° - z) - \csc(60° + z)$$

例2 $n = 5$ 时,有

$$0 = \sin z + \sin(\frac{2}{5}\pi + z) + \sin(\frac{4}{5}\pi + z) + \sin(\frac{6}{5}\pi + z) + \sin(\frac{8}{5}\pi + z)$$

或

$$0 = \sin z + \sin(\frac{2}{5}\pi + z) + \sin(\frac{1}{5}\pi - z) - \sin(\frac{1}{5}\pi + z) - \sin(\frac{2}{5}\pi - z)$$

或

$$0 = \sin z + \sin(\frac{1}{5}\pi - z) - \sin(\frac{1}{5}\pi + z) - \sin(\frac{2}{5}\pi - z) + \sin(\frac{2}{5}\pi + z)$$

还有

$$\frac{5}{\sin 5z} = \frac{1}{\sin z} + \frac{1}{\sin(\frac{1}{5}\pi - z)} - \frac{1}{\sin(\frac{1}{5}\pi + z)} -$$

$$\frac{1}{\sin(\frac{2}{5}\pi - z)} + \frac{1}{\sin(\frac{2}{5}\pi + z)}$$

和

$$\sin 5z = 16\sin z\sin(\frac{1}{5}\pi - z)\sin(\frac{1}{5}\pi + z)\sin(\frac{2}{5}\pi - z)\sin(\frac{2}{5}\pi + z)$$

例3 $n = 2m + 1$ 时,则

$$0 = \sin z + \sin(\frac{\pi}{n} - z) - \sin(\frac{\pi}{n} + z) -$$

$$\sin(\frac{2\pi}{n} - z) + \sin(\frac{2\pi}{n} + z) +$$

$$\sin(\frac{3\pi}{n} - z) - \sin(\frac{3\pi}{n} + z) - \cdots \pm$$

$$\sin(\frac{m}{n}\pi - z) \mp \sin(\frac{m}{n}\pi + z)$$

双重符号处,m 为奇数时取上,m 为偶数时取下.

另一个方程是

$$\frac{n}{\sin nz} = \frac{1}{\sin z} + \frac{1}{\sin(\frac{\pi}{n} - z)} - \frac{1}{\sin(\frac{\pi}{n} + z)} -$$

$$\frac{1}{\sin(\frac{2\pi}{n} - z)} + \frac{1}{\sin(\frac{2\pi}{n} + z)} +$$

$$\frac{1}{\sin(\frac{3\pi}{n} - z)} - \frac{1}{\sin(\frac{3\pi}{n} + z)} - \cdots \pm$$

$$\frac{1}{\sin(\frac{m\pi}{n} - z)} \mp \frac{1}{\sin(\frac{m\pi}{n} + z)}$$

该方程不难用余割写出.

再一个是由剩积得到的

$$\sin nz = 2^{2m}\sin z\sin(\frac{\pi}{n} - z)\sin(\frac{\pi}{n} + z) \cdot$$

$$\sin(\frac{2\pi}{n} - z)\sin(\frac{2\pi}{n} + z) \cdot$$

$$\sin(\frac{3\pi}{n} - z)\sin(\frac{3\pi}{n} + z) \cdot \cdots \cdot$$

$$\sin(\frac{m\pi}{n} - z)\sin(\frac{m\pi}{n} + z)$$

§238

现在考虑 n 为偶数的情形. 由

$$y = \sqrt{1 - x^2} \text{ 和 } \cos 2z = 1 - 2x^2$$

知此时递推尺度为 $2 - 4x^2, -1$，从而

$$\sin 0z = 0$$

$$\sin 2z = 2x\sqrt{1 - x^2}$$

$$\sin 4z = (4x - 8x^3)\sqrt{1 - x^2}$$

$$\sin 6z = (6x - 32x^3 + 32x^5)\sqrt{1 - x^2}$$

$$\sin 8z = (8x - 80x^3 + 192x^5 - 128x^7)\sqrt{1 - x^2}$$

一般地，我们有

$$\sin nz = \left(nx - \frac{n(n^2 - 4)}{1 \cdot 2 \cdot 3}x^3 + \frac{n(n^2 - 4)(n^2 - 16)}{1 \cdot 2 \cdot 3 \cdot 4 \cdot 5}x^5 - \right.$$

$$\frac{n(n^2 - 4)(n^2 - 16)(n^2 - 36)}{1 \cdot 2 \cdot 3 \cdot 4 \cdot 5 \cdot 6 \cdot 7}x^7 + \cdots \pm$$

$$\left. 2^{n-1}x^{n-1} \right) \cdot \sqrt{1 - x^2}$$

n 为任何偶数.

§ 239

为脱去上节方程中的根号，两边平方，得

$$\sin^2 nz = n^2 x^2 + Px^4 + Qx^6 + \cdots - 2^{2n-2}x^{2n}$$

或

$$x^{2n} - \cdots - \frac{n^2}{2^{2n-2}}x^2 + \frac{1}{2^{2n-2}}\sin^2 nz = 0$$

该方程的根为

$$\pm \sin z, \quad \pm \sin\left(\frac{\pi}{n} - z\right), \quad \pm \sin\left(\frac{2\pi}{n} + z\right), \quad \pm \sin\left(\frac{3\pi}{n} - z\right), \quad \pm \sin\left(\frac{4\pi}{n} + z\right)\cdots$$

共计 n 个，每个都具有双重符号. 由最后一项等于全体根的积，开方得

$$\sin nz = \pm 2^{n-1}\sin z \sin\left(\frac{\pi}{n} - z\right)\sin\left(\frac{2\pi}{n} + z\right)\sin\left(\frac{3\pi}{n} - z\right)\cdots$$

利用该公式时，每次都应该考虑双重符号取正或取负.

例 4 n 依次取 $2, 4, 6, \cdots$，我们得到

$$\sin 2z = 2\sin z \sin\left(\frac{\pi}{2} - z\right)$$

$$\sin 4z = 8\sin z \sin\left(\frac{\pi}{4} - z\right)\sin\left(\frac{\pi}{4} + z\right)\sin\left(\frac{\pi}{2} - z\right)$$

$$\sin 6z = 32\sin z \sin\left(\frac{\pi}{6} - z\right)\sin\left(\frac{\pi}{6} + z\right)\sin\left(\frac{2\pi}{6} - z\right)\sin\left(\frac{2\pi}{6} + z\right)\sin\left(\frac{3\pi}{6} - z\right)$$

$$\sin 8z = 128\sin z \sin\left(\frac{\pi}{8} - z\right)\sin\left(\frac{\pi}{8} + z\right)\sin\left(\frac{2\pi}{8} - z\right)\sin\left(\frac{2\pi}{8} + z\right) \cdot$$

$$\sin(\frac{3\pi}{8} - z)\sin(\frac{3\pi}{8} + z)\sin(\frac{4\pi}{8} - z)$$

§ 240

从刚才的例子可以看出,一般地,n 为偶数时,我们有

$$\sin nz = 2^{n-1}\sin z\sin(\frac{\pi}{n} - z)\sin(\frac{\pi}{n} + z)\cdot$$

$$\sin(\frac{2\pi}{n} - z)\sin(\frac{2\pi}{n} + z)\cdot$$

$$\sin(\frac{3\pi}{n} - z)\sin(\frac{3\pi}{n} + z)\cdot\cdots\cdot$$

$$\sin(\frac{\pi}{2} - z)$$

与前面得到的 n 为奇数时的公式相比较,我们看到,这两种情况可用同一个公式表示. 即 n 为奇数和 n 为偶数我们都有

$$\sin nz = 2^{n-1}\sin z\sin(\frac{\pi}{n} - z)\sin(\frac{\pi}{n} + z)\cdot$$

$$\sin(\frac{2\pi}{n} - z)\sin(\frac{2\pi}{n} + z)\sin(\frac{3\pi}{n} - z)\sin(\frac{3\pi}{n} + z)\cdot$$

$$\vdots$$

因式的个数为 n.

§ 241

多倍角正弦的这种乘积公式,不仅可以用于求多倍角正弦的对数,并且可用于求正弦的类似于 §184 那样的乘积公式. 现在我们有

$$\sin z = 1\sin z$$

$$\sin 2z = 2\sin z\sin(\frac{\pi}{2} - z)$$

$$\sin 3z = 4\sin z\sin(\frac{\pi}{3} - z)\sin(\frac{\pi}{3} + z)$$

$$\sin 4z = 8\sin z\sin(\frac{\pi}{4} - z)\sin(\frac{\pi}{4} + z)\sin(\frac{2\pi}{4} - z)$$

$$\sin 5z = 16\sin z\sin(\frac{\pi}{5} - z)\sin(\frac{\pi}{5} + z)\sin(\frac{2\pi}{5} - z)\sin(\frac{2\pi}{5} + z)$$

$$\sin 6z = 32\sin z\sin(\frac{\pi}{6} - z)\sin(\frac{\pi}{6} + z)\sin(\frac{2\pi}{6} - z)\sin(\frac{2\pi}{6} + z)\sin(\frac{3\pi}{6} - z)$$

$$\vdots$$

§242

利用 $\dfrac{\sin 2nz}{\sin nz} = 2\cos nz$ 可以把多倍角的余弦表示为乘积

$$\cos z = 1\sin\left(\frac{\pi}{2} - z\right)$$

$$\cos 2z = 2\sin\left(\frac{\pi}{4} - z\right)\sin\left(\frac{\pi}{4} + z\right)$$

$$\cos 3z = 4\sin\left(\frac{\pi}{6} - z\right)\sin\left(\frac{\pi}{6} + z\right)\sin\left(\frac{3\pi}{6} - z\right)$$

$$\cos 4z = 8\sin\left(\frac{\pi}{8} - z\right)\sin\left(\frac{\pi}{8} + z\right)\sin\left(\frac{3\pi}{8} - z\right)\sin\left(\frac{3\pi}{8} + z\right)$$

$$\cos 5z = 16\sin\left(\frac{\pi}{10} - z\right)\sin\left(\frac{\pi}{10} + z\right)\sin\left(\frac{3\pi}{10} - z\right)\sin\left(\frac{3\pi}{10} + z\right)\sin\left(\frac{5\pi}{10} - z\right)$$

一般地

$$\cos nz = 2^{n-1}\sin\left(\frac{\pi}{2n} - z\right)\sin\left(\frac{\pi}{2n} + z\right) \cdot$$

$$\sin\left(\frac{3\pi}{2n} - z\right)\sin\left(\frac{3\pi}{2n} + z\right) \cdot$$

$$\sin\left(\frac{5\pi}{2n} - z\right)\sin\left(\frac{5\pi}{2n} + z\right) \cdot$$

$$\vdots$$

因式个数为 n.

§243

从多倍角余弦本身也可以推出上节的公式. 事实上, 令 $\cos z = y$, 则

$$\cos 0z = 1$$

$$\cos 1z = y$$

$$\cos 2z = 2y^2 - 1$$

$$\cos 3z = 4y^3 - 3y$$

$$\cos 4z = 8y^4 - 8y^2 + 1$$

$$\cos 5z = 16y^5 - 20y^3 + 5y$$

$$\cos 6z = 32y^6 - 48y^4 + 18y^2 - 1$$

$$\cos 7z = 64y^7 - 112y^5 + 56y^3 - 7y$$

一般地

$$\cos nz = 2^{n-1}y^n - \frac{n}{1}2^{n-3}y^{n-2} +$$

$$\frac{n(n-3)}{1\cdot 2}2^{n-5}y^{n-4} -$$

$$\frac{n(n-4)(n-5)}{1\cdot 2\cdot 3}2^{n-7}y^{n-6} +$$

$$\frac{n(n-5)(n-6)(n-7)}{1\cdot 2\cdot 3\cdot 4}2^{n-9}y^{n-8} - \cdots$$

由

$$\cos nz = \cos(2\pi - nz) = \cos(2\pi + nz) = \cos(4\pi \pm nz) = \cos(6\pi \pm nz) = \cdots$$

知表达式

$$\cos z, \cos\left(\frac{2\pi}{n} \pm z\right), \cos\left(\frac{4\pi}{n} \pm z\right), \cos\left(\frac{6\pi}{n} \pm z\right), \cdots$$

都是上面方程的根,这里不同表达式的个数,等于方程根的个数 n.

§244

首先我们指出,由于缺少第二项,所以只需 $n \neq 1$,全体根的和就应该等于零,即

$$0 = \cos z + \cos\left(\frac{2\pi}{n} - z\right) + \cos\left(\frac{2\pi}{n} + z\right) + \cos\left(\frac{4\pi}{n} - z\right) + \cos\left(\frac{4\pi}{n} + z\right) + \cdots$$

右端共 n 项. n 为偶数时,这等号的成立可直接看出,每一个正项都与一个等于它的负项对消. 下面多们考虑 n 为奇数但不等于 1 的情形. 由于

$$\cos v = - \cos(\pi - v)$$

我们得到

$$0 = \cos z - \cos\left(\frac{\pi}{3} - z\right) - \cos\left(\frac{\pi}{3} + z\right)$$

$$0 = \cos z - \cos\left(\frac{\pi}{5} - z\right) - \cos\left(\frac{\pi}{5} + z\right) + \cos\left(\frac{2\pi}{5} - z\right) + \cos\left(\frac{2\pi}{5} + z\right)$$

$$0 = \cos z - \cos\left(\frac{\pi}{7} - z\right) - \cos\left(\frac{\pi}{7} + z\right) + \cos\left(\frac{2\pi}{7} - z\right) +$$

$$\cos\left(\frac{2\pi}{7} + z\right) - \cos\left(\frac{3\pi}{7} - z\right) - \cos\left(\frac{3\pi}{7} + z\right)$$

一般地,当 n 为任何一个大于 1 的奇数时,我们有

$$0 = \cos z - \cos\left(\frac{\pi}{n} - z\right) - \cos\left(\frac{\pi}{n} + z\right) +$$

$$\cos\left(\frac{2\pi}{n} - z\right) + \cos\left(\frac{2\pi}{n} + z\right) -$$

$$\cos\left(\frac{3\pi}{n} - z\right) - \cos\left(\frac{3\pi}{n} + z\right) +$$

$$\cos\left(\frac{4\pi}{n} - z\right) + \cos\left(\frac{4\pi}{n} + z\right) -$$

$$\vdots$$

右端项数为 n.

§245

关于所有项的积的公式,它们将因 n 为奇数,奇偶数[①]和偶偶数[②]而不同. 但都包含在 §242 的公式之中,只需将那里的正弦化为余弦,得

$$\cos z = 1\cos z$$

$$\cos 2z = 2\cos\left(\frac{\pi}{4} + z\right)\cos\left(\frac{\pi}{4} - z\right)$$

$$\cos 3z = 4\cos\left(\frac{2\pi}{6} + z\right)\cos\left(\frac{2\pi}{6} - z\right)\cos z$$

$$\cos 4z = 8\cos\left(\frac{3\pi}{8} + z\right)\cos\left(\frac{3\pi}{8} - z\right)\cos\left(\frac{\pi}{8} + z\right)\cos\left(\frac{\pi}{8} - z\right)$$

$$\cos 5z = 16\cos\left(\frac{4\pi}{10} + z\right)\cos\left(\frac{4\pi}{10} - z\right)\cos\left(\frac{2\pi}{10} + z\right)\cdot\cos\left(\frac{2\pi}{10} - z\right)\cos z$$

一般地,我们有

$$\cos nz = z^{n-1}\cos\left(\frac{n-1}{2n}\pi + z\right)\cos\left(\frac{n-1}{2n}\pi - z\right)\cdot$$

$$\cos\left(\frac{n-3}{2n}\pi + z\right)\cos\left(\frac{n-3}{2n}\pi - z\right)\cdot$$

$$\cos\left(\frac{n-5}{2n}\pi + z\right)\cos\left(\frac{n-5}{2n}\pi - z\right)\cdot$$

$$\cos\left(\frac{n-7}{2n}\pi + z\right)\cdots$$

右端因式的个数为 n.

§246

当 n 为奇数,使方程的第一项为 1,则

$$0 = 1 \mp \frac{ny}{\cos nz} + \cdots$$

双重符号处,$n = 4m + 1$ 时取上,$n = 4m - 1$ 时取下. 由此我们得到

$$\frac{1}{\cos z} = \frac{1}{\cos z}$$

$$-\frac{3}{\cos 3z} = \frac{1}{\cos z} - \frac{1}{\cos\left(\frac{\pi}{3} - z\right)} - \frac{1}{\cos\left(\frac{\pi}{3} + z\right)}$$

---

① 4 除不尽的偶数 —— 译者.
② 4 除得尽的偶数 —— 译者.

$$\frac{5}{\cos 5z} = \frac{1}{\cos z} - \frac{1}{\cos(\frac{\pi}{5} - z)} - \frac{1}{\cos(\frac{\pi}{5} + z)}$$

$$\frac{1}{\cos(\frac{2\pi}{5} - z)} + \frac{1}{\cos(\frac{2\pi}{5} + z)}$$

一般地,当 $n = 2m + 1$ 时,我们有

$$\frac{n}{\cos nz} = \frac{2m + 1}{\cos(2m + 1)z} = \frac{1}{\cos(\frac{m}{n}\pi + z)} + \frac{1}{\cos(\frac{m}{n}\pi - z)} -$$

$$\frac{1}{\cos(\frac{m - 1}{n}\pi + z)} - \frac{1}{\cos(\frac{m - 1}{n}\pi - z)} +$$

$$\frac{1}{\cos(\frac{m - 2}{n}\pi + z)} + \frac{1}{\cos(\frac{m - 2}{n}\pi - z)} -$$

$$\frac{1}{\cos(\frac{m - 3}{n}\pi + z)} \cdots$$

右端项数为 n.

<h1 style="text-align:center">§ 247</h1>

利用 $\dfrac{1}{\cos v} = \sec v$,我们可以推出下面这些有关正割的性质

$$\sec z = \sec z$$

$$3\sec 3z = \sec(\frac{\pi}{3} + z) + \sec(\frac{\pi}{3} - z) - \sec(\frac{0\pi}{3} + z)$$

$$5\sec 5z = \sec(\frac{2\pi}{5} + z) + \sec(\frac{2\pi}{5} - z) - \sec(\frac{\pi}{5} + z) - \sec(\frac{\pi}{5} - z) + \sec(\frac{0\pi}{5} + z)$$

$$7\sec 7z = \sec(\frac{3\pi}{7} + z) + \sec(\frac{3\pi}{7} - z) - \sec(\frac{2\pi}{7} + z) -$$

$$\sec(\frac{2\pi}{7} - z) + \sec(\frac{\pi}{7} + z) + \sec(\frac{\pi}{7} - z) - \sec(\frac{0\pi}{7} + z)$$

一般地,$n = 2m + 1$,则

$$n\sec nz = \sec(\frac{m}{n}\pi + z) + \sec(\frac{m}{n}\pi - z) -$$

$$\sec(\frac{m - 1}{n}\pi + z) - \sec(\frac{m - 1}{n}\pi - z) +$$

$$\sec(\frac{m - 2}{n}\pi + z) + \sec(\frac{m - 2}{n}\pi - z) -$$

$$\sec\left(\frac{m-3}{n}\pi + z\right) - \sec\left(\frac{m-3}{n}\pi - z\right) +$$

$$\sec\left(\frac{m-4}{n}\pi + z\right) + \cdots \pm \sec z$$

§248

关于余割,从 §237 我们得到

$$\csc z = \csc z$$

$$3\csc 3z = \csc z + \csc\left(\frac{\pi}{3} - z\right) - \csc\left(\frac{\pi}{3} + z\right)$$

$$5\csc 5z = \csc z + \csc\left(\frac{\pi}{5} - z\right) - \csc\left(\frac{\pi}{5} + z\right) - \csc\left(\frac{2\pi}{5} - z\right) + \csc\left(\frac{2\pi}{5} + z\right)$$

$$7\csc 7z = \csc z + \csc\left(\frac{\pi}{7} - z\right) - \csc\left(\frac{\pi}{7} + z\right) - \csc\left(\frac{2\pi}{7} - z\right) +$$

$$\csc\left(\frac{2\pi}{7} + z\right) + \csc\left(\frac{3\pi}{7} - z\right) - \csc\left(\frac{3\pi}{7} + z\right)$$

一般地,$n = 2m + 1$ 时,我们有

$$n\csc nz = \csc z + \csc\left(\frac{\pi}{n} - z\right) - \csc\left(\frac{\pi}{n} + z\right) -$$

$$\csc\left(\frac{2\pi}{n} - z\right) + \csc\left(\frac{2\pi}{n} + z\right) +$$

$$\csc\left(\frac{3\pi}{n} - z\right) - \csc\left(\frac{3\pi}{n} + z\right) - \cdots \mp$$

$$\csc\left(\frac{m\pi}{n} - z\right) \pm \csc\left(\frac{m\pi}{n} + z\right)$$

双重符号处,m 为偶数时取上,m 为奇数时取下.

§249

§133 我们看到

$$\cos nz \pm \sqrt{-1}\sin nz = (\cos z \pm \sqrt{-1}\sin z)^n$$

从而

$$\cos nz = \frac{(\cos z + \sqrt{-1}\sin z)^n + (\cos z - \sqrt{-1}\sin z)^n}{2}$$

$$\sin nz = \frac{(\cos z + \sqrt{-1}\sin z)^n - (\cos z - \sqrt{-1}\sin z)^n}{2\sqrt{-1}}$$

进而

$$\tan nz = \frac{(\cos z + \sqrt{-1}\sin z)^n - (\cos z - \sqrt{-1}\sin z)^n}{(\cos z + \sqrt{-1}\sin z)^n \sqrt{-1} + (\cos z - \sqrt{-1}\sin z)^n \sqrt{-1}}$$

令

$$\tan z = \frac{\sin z}{\cos z} = t$$

则

$$\tan nz = \frac{(1 + t\sqrt{-1})^n - (1 - t\sqrt{-1})^n}{(1 + t\sqrt{-1})^n \sqrt{-1} + (1 - t\sqrt{-1})^n \sqrt{-1}}$$

由此我们得到下列多倍角的正切

$$\tan z = t$$

$$\tan 2z = \frac{2t}{1 - t^2}$$

$$\tan 3z = \frac{3t - t^3}{1 - 3t^2}$$

$$\tan 4z = \frac{4t - 4t^3}{1 - 6t^2 + t^4}$$

$$\tan 5z = \frac{5t - 10t^3 + t^5}{1 - 10t^2 + 5t^4}$$

一般地

$$\tan nz = \frac{nt - \dfrac{n(n-1)(n-2)}{1 \cdot 2 \cdot 3}t^3 + \dfrac{n(n-1)(n-2)(n-3)(n-4)}{1 \cdot 2 \cdot 3 \cdot 4 \cdot 5}t^5 - \cdots}{1 - \dfrac{n(n-1)}{1 \cdot 2}t^2 + \dfrac{n(n-1)(n-2)(n-3)}{1 \cdot 2 \cdot 3 \cdot 4}t^4 - \cdots}$$

由

$$\tan(nz) = \tan(\pi + nz) = \tan(2\pi + nz) = \tan(3\pi + nz) = \cdots$$

知

$$\tan z, \tan(\frac{\pi}{n} + z), \tan(\frac{2\pi}{n} + z), \tan(\frac{3\pi}{n} + z), \cdots$$

为 t 的值或方程的根,个数为 n.

§ 250

使方程的第一项为 1,我们得到

$$0 = 1 - \frac{n}{\tan nz}t - \frac{n(n-1)}{1 \cdot 2}t^2 + \frac{n(n-1)(n-2)}{1 \cdot 2 \cdot 3 \cdot \tan nz}t^3 + \cdots$$

将该方程的系数与根比较,得

$$n\cot nz = \cot z + \cot(\frac{\pi}{n} + z) + \cot(\frac{2\pi}{n} + z) + \cot(\frac{3\pi}{n} + z) +$$

$$\cot(\frac{4\pi}{n} + z) + \cdots + \cot(\frac{n-1}{n}\pi + z)$$

由此得这些余切的平方和等于

$$\frac{n^2}{\sin^2 nz} - n$$

更高次幂也可用类似地方法确定. 将 n 换为确定的数, 得

$$\cot z = \cot z$$

$$2\cot 2z = \cot z + \cot\left(\frac{\pi}{2} + z\right)$$

$$3\cot 3z = \cot z + \cot\left(\frac{\pi}{3} + z\right) + \cot\left(\frac{2\pi}{3} + z\right)$$

$$4\cot 4z = \cot z + \cot\left(\frac{\pi}{4} + z\right) + \cot\left(\frac{2\pi}{4} + z\right) + \cot\left(\frac{3\pi}{4} + z\right)$$

$$5\cot 5z = \cot z + \cot\left(\frac{\pi}{5} + z\right) + \cot\left(\frac{2\pi}{5} + z\right) + \cot\left(\frac{3\pi}{5} + z\right) + \cot\left(\frac{4\pi}{5} + z\right)$$

§251

由 $\cot v = -\cot(\pi - v)$ 得

$$\cot z = \cot z$$

$$2\cot 2z = \cot z - \cot\left(\frac{\pi}{2} - z\right)$$

$$3\cot 3z = \cot z - \cot\left(\frac{\pi}{3} - z\right) + \cot\left(\frac{\pi}{3} + z\right)$$

$$4\cot 4z = \cot z - \cot\left(\frac{\pi}{4} - z\right) + \cot\left(\frac{\pi}{4} + z\right) - \cot\left(\frac{2\pi}{4} - z\right)$$

$$5\cot 5z = \cot z - \cot\left(\frac{\pi}{5} - z\right) + \cot\left(\frac{\pi}{5} + z\right) - \cot\left(\frac{2\pi}{5} - z\right) + \cot\left(\frac{2\pi}{5} + z\right)$$

一般地

$$n\cot nz = \cot z - \cot\left(\frac{\pi}{n} - z\right) + \cot\left(\frac{\pi}{n} + z\right) -$$

$$\cot\left(\frac{2\pi}{n} - z\right) + \cot\left(\frac{2\pi}{n} + z\right) -$$

$$\cot\left(\frac{3\pi}{n} - z\right) + \cot\left(\frac{3\pi}{n} + z\right) -$$

$$\vdots$$

取够 n 项为止.

§252

考虑高次方程, 先看奇数, 即 $n = 2m + 1$ 的情形. 从 §249 得

$$t - \tan z = 0$$

$$t^3 - 3t^2\tan 3z - 3t + \tan 3z = 0$$
$$t^5 - 5t^4\tan 5z - 10t^3 + 10t^2\tan 5z + 5t - \tan 5z = 0$$

一般地

$$t^n - nt^{n-1}\tan nz - \cdots \mp \tan nz = 0$$

双重符号处, m 为偶数时取负, m 为奇数时取正. 从第二项系数得

$$\tan z = \tan z$$

$$3\tan 3z = \tan z + \tan(\frac{\pi}{3} + z) + \tan(\frac{2\pi}{3} + z)$$

$$5\tan 5z = \tan z + \tan(\frac{\pi}{5} + z) + \tan(\frac{2\pi}{5} + z) + \tan(\frac{3\pi}{5} + z) + \tan(\frac{4\pi}{5} + z)$$

$$\vdots$$

§253

利用 $\tan v = -\tan(\pi - v)$ 可将大于直角的角的正切化为小于直角的角的正切, 有

$$\tan z = \tan z$$

$$3\tan 3z = \tan z - \tan(\frac{\pi}{3} - z) + \tan(\frac{\pi}{3} + z)$$

$$5\tan 5z = \tan z - \tan(\frac{\pi}{5} - z) + \tan(\frac{\pi}{5} + z) - \tan(\frac{2\pi}{5} - z) + \tan(\frac{2\pi}{5} + z)$$

$$7\tan 7z = \tan z - \tan(\frac{\pi}{7} - z) + \tan(\frac{\pi}{7} + z) - \tan(\frac{2\pi}{7} - z) +$$

$$\tan(\frac{2\pi}{7} + z) - \tan(\frac{3\pi}{7} - z) + \tan(\frac{3\pi}{7} + z)$$

一般地, $n = 2m + 1$ 时, 有

$$n\tan nz = \tan z - \tan(\frac{\pi}{n} - z) + \tan(\frac{\pi}{n} + z) -$$

$$\tan(\frac{2\pi}{n} - z) + \tan(\frac{2\pi}{n} + z) -$$

$$\tan(\frac{3\pi}{n} - z) + \cdots -$$

$$\tan(\frac{m\pi}{n} - z) + \tan(\frac{m\pi}{n} + z)$$

§254

由于上节各式, 其右端负号个数依次偶奇交替, 所以这些正切的积就等于 $\tan nz$, 不带双重符号. 即

$$\tan z = \tan z$$

$$\tan 3z = \tan z \tan(\frac{\pi}{3} - z)\tan(\frac{\pi}{3} + z)$$

$$\tan 5z = \tan z \tan(\frac{\pi}{5} - z)\tan(\frac{\pi}{5} + z)\tan(\frac{2\pi}{5} - z)\tan(\frac{2\pi}{5} + z)$$

一般地，$n = 2m + 1$ 时

$$\tan nz = \tan z \tan(\frac{\pi}{n} - z)\tan(\frac{\pi}{n} + z) \cdot$$

$$\tan(\frac{2\pi}{n} - z)\tan(\frac{2\pi}{n} + z) \cdot$$

$$\tan(\frac{3\pi}{n} - z) \cdot \cdots \cdot$$

$$\tan(\frac{m\pi}{n} - z)\tan(\frac{m\pi}{n} + z)$$

§ 255

现在讨论 n 为偶数的情形，考虑高次方程，得

$$t^2 + 2t\cot 2z - 1 = 0$$
$$t^4 + 4t^3\cot 4z - 6t^2 - 4t\cot 4z + 1 = 0$$

一般地，$n = 2m$ 时

$$t^n + nt^{n-1}\cot nz - \cdots \mp 1 = 0$$

双重符号外，m 为奇数时取负，m 为偶数时取正，将第二项的系数与根比较，得

$$-2\cot 2z = \tan z + \tan(\frac{\pi}{2} + z)$$

$$-4\cot 4z = \tan z + \tan(\frac{\pi}{4} + z) + \tan(\frac{2\pi}{4} + z) + \tan(\frac{3\pi}{4} + z)$$

$$-6\cot 6z = \tan z + \tan(\frac{\pi}{6} + z) + \tan(\frac{2\pi}{6} + z) + \tan(\frac{3\pi}{6} + z) +$$

$$\tan(\frac{4\pi}{6} + z) + \tan(\frac{5\pi}{6} + z)$$

$$\vdots$$

§ 256

利用 $\tan v = -\tan(\pi - v)$，得

$$2\cot 2z = -\tan z + \tan(\frac{\pi}{2} - z)$$

$$4\cot 4z = -\tan z + \tan(\frac{\pi}{4} - z) - \tan(\frac{\pi}{4} + z) + \tan(\frac{2\pi}{4} - z)$$

$$6\cot 6z = -\tan z + \tan(\frac{\pi}{6} - z) - \tan(\frac{\pi}{6} + z) + \tan(\frac{2\pi}{6} - z) -$$

$$\tan(\frac{2\pi}{6} + z) + \tan(\frac{3\pi}{6} - z)$$

一般地, $n = 2m$ 时

$$n\cot nz = -\tan z + \tan(\frac{\pi}{n} - z) - \tan(\frac{\pi}{n} + z) +$$

$$\tan(\frac{2\pi}{n} - z) - \tan(\frac{2\pi}{n} + z) +$$

$$\tan(\frac{3\pi}{n} - z) - \tan(\frac{3\pi}{n} + z) + \cdots +$$

$$\tan(\frac{m\pi}{n} - z)$$

§257

类似 §254, 从上节表达式我们也得到全体根的不带双重符号的积

$$1 = \tan z\tan(\frac{\pi}{2} - z)$$

$$1 = \tan z\tan(\frac{\pi}{4} - z)\tan(\frac{\pi}{4} + z)\tan(\frac{2\pi}{4} - z)$$

$$1 = \tan z\tan(\frac{\pi}{6} - z)\tan(\frac{\pi}{6} + z)\tan(\frac{2\pi}{6} - z)\tan(\frac{2\pi}{6} + z)\tan(\frac{3\pi}{6} - z)$$

容易看出, 各式中角度都成对出现, 每对互余, 互余角正切的积为 1, 因而全体的乘积也为 1.

§258

成等差序列的角, 其正弦和余弦都成递推级数. 利用前一章的结果, 不管这种正弦和余弦的个数是多少, 它们的和我们都会求. 设成等差序列的角为

$$a, a + b, a + 2b, a + 3b, a + 4b, a + 5b, \cdots$$

我们先求这种角正弦所成级数之和

$$s = \sin a + \sin(a + b) + \sin(a + 2b) + \sin(a + 3b) + \cdots$$

该递推级数的递推尺度为 $2\cos b$, -1, 因而其和等于一个以

$$1 - 2z\cos b + z^2$$

为分母的分式在 $z = 1$ 时的值. 这个分式为

$$\frac{\sin a + z(\sin(a + b) - 2\sin a\cos b)}{1 - 2z\cos b + z^2}$$

令 $z = 1$, 得

$$s = \frac{\sin a + \sin(a + b) - 2\sin a\cos b}{2 - 2\cos b} = \frac{\sin a - \sin(a - b)}{2(1 - \cos b)}$$

这里应用了

$$2\sin a\cos b = \sin(a + b) + \sin(a - b)$$

由

$$\sin f - \sin g = \cos\frac{f + g}{2}\sin\frac{f - g}{2}$$

得

$$\sin a - \sin(a - b) = 2\cos(a - \frac{1}{2}b)\sin\frac{b}{2}$$

又

$$1 - \cos b = 2\sin^2\frac{b}{2}$$

这样我们得到

$$s = \frac{\cos(a - \frac{1}{2}b)}{2\sin\frac{b}{2}}$$

§ 259

利用上节结果我们可求出成等差序列的随便多少个角的正弦之和. 例如我们求下面这个和

$$\sin a + \sin(a + b) + \sin(a + 2b) + \sin(a + 3b) + \cdots + \sin(a + nb)$$

将这个级数延长到无穷, 那么它的和为 $\dfrac{\cos(a - \frac{b}{2})}{2\sin\frac{b}{2}}$, 我们考虑延长出来的部分

$$\sin(a + (n + 1)b) + \sin(a + (n + 2)b) + \sin(a + (n + 3)b) + \cdots$$

这延长出来的部分, 其和为 $\dfrac{\cos(a + (n + \frac{1}{2})b)}{2\sin\frac{1}{2}b}$. 前一个和减去后一个和, 得到的就是我们所求的和. 也即, 记

$$s = \sin a + \sin(a + b) + \sin(a + 2b) + \sin(a + 3b) + \cdots + \sin(a + nb)$$

则

$$s = \frac{\cos(a - \frac{1}{2}b) - \cos(a + (n + \frac{1}{2})b)}{2\sin\frac{1}{2}b} =$$

$$\frac{\sin(a + \frac{1}{2}nb)\sin\frac{1}{2}(n+1)b}{\sin\frac{1}{2}b}$$

§ 260

余弦的这样的和,求法类似. 记

$$s = \cos a + \cos(a+b) + \cos(a+2b) + \cos(a+3b) + \cdots$$

则 s 等于

$$\frac{\cos a + z(\cos(a+b) - 2\cos a\cos b)}{1 - 2z\cos b + z^2}$$

在 $z = 1$ 时的值. 由

$$2\cos a\cos b = \cos(a-b) + \cos(a+b)$$

得

$$s = \frac{\cos a - \cos(a-b)}{2(1 - \cos b)}$$

由

$$\cos f - \cos g = 2\sin\frac{f+g}{2}\sin\frac{g-f}{2}$$

得

$$\cos - \cos(a-b) = -2\sin(a - \frac{1}{2}b)\sin\frac{1}{2}b$$

又

$$1 - \cos b = 2\sin^2\frac{b}{2}$$

这样我们得到

$$s = -\frac{\sin(a - \frac{1}{2}b)}{2\sin\frac{1}{2}b}$$

类似地,我们得到,级数

$$\cos(a + (n+1)b) + \cos(a + (n+2)b) + \cos(a + (n+3)b) + \cdots$$

的和为

$$-\frac{\sin(a + (n + \frac{1}{2})b)}{2\sin\frac{1}{2}b}$$

从第一个和减第二个和,我们得到级数

$\cos a + \cos(a+b) + \cos(a+2b) + \cos(a+3b) + \cdots + \cos(a+nb)$ 的和为

$$\frac{-\sin\left(a - \frac{1}{2}b\right) + \sin\left[a + \left(n + \frac{1}{2}\right)b\right]}{2\sin\frac{1}{2}b} = \frac{\cos\left(a + \frac{1}{2}nb\right)\sin\frac{1}{2}(n+1)b}{\sin\frac{1}{2}b}$$

§261

利用前面指出的原理,可以解决很多有关正弦和正切的问题. 例如求正弦和正切的二次和更高次幂的和就是其中的一类. 所有这些和都可以由前面方程其余的系数,用类似地方法推出,所以我们不再讲. 但关于提到的问题我们指出一点:正弦和余弦的任何次幂都可以用正弦和余弦表示. 为清楚起见,我们稍做说明.

§262

为此我们列出几个引理

$$2\sin a\sin z = \cos(a - z) - \cos(a + z)$$
$$2\cos a\sin z = \sin(a + z) - \sin(a - z)$$
$$2\sin a\cos z = \sin(a + z) + \sin(a - z)$$
$$2\cos a\cos z = \cos(a - z) + \cos(a + z)$$

先求正弦的幂

$$\sin z = \sin z$$
$$2\sin^2 z = 1 - \cos 2z$$
$$4\sin^3 z = 3\sin z - \sin 3z$$
$$8\sin^4 z = 3 - 4\cos 2z + \cos 4z$$
$$16\sin^5 z = 10\sin z - 5\sin 3z + \sin 5z$$
$$32\sin^6 z = 10 - 15\cos 2z + 6\cos 4z - \cos 6z$$
$$64\sin^7 z = 35\sin z - 21\sin 3z + 7\sin 5z - \sin 7z$$
$$128\sin^8 z = 35 - 56\cos 2z + 28\cos 4z - 8\cos 6z + \cos 8z$$
$$256\sin^9 z = 126\sin z - 84\sin 3z + 36\sin 5z - 9\sin 7z + \sin 9z$$
$$\vdots$$

这里的系数,是二项式对应幂展开式的右半,只是偶次幂时自由项等于二项式幂展开式对应系数的一半.

§263

余弦幂类似

$$\cos z = \cos z$$
$$2\cos^2 z = 1 + \cos 2z$$

$$4\cos^3 z = 3\cos z + \cos 3z$$
$$8\cos^4 z = 3 + 4\cos 2z + \cos 4z$$
$$16\cos^5 z = 10\cos z + 5\cos 3z + \cos 5z$$
$$32\cos^6 z = 10 + 15\cos 2z + 6\cos 4z + \cos 6z$$
$$64\cos^7 z = 35\cos z + 21\cos 3z + 7\cos 5z + \cos 7z$$
$$\vdots$$

系数规律同于正弦.

第十五章　　源于乘积的级数

§264

考虑状如

$$(1 + \alpha z)(1 + \beta z)(1 + \gamma z)(1 + \delta z)(1 + \varepsilon z)(1 + \zeta z)\cdots$$

的乘积,因式个数可以有限,也可以无穷. 记展开式所成级数为

$$1 + Az + Bz^2 + Cz^3 + Dz^4 + Ez^5 + Fz^6 + \cdots$$

显然,系数 $A,B,C,D,E,\cdots$ 都由数 $\alpha,\beta,\gamma,\delta,\varepsilon,\zeta,\cdots$ 构成,方式是

$$A = \alpha + \beta + \gamma + \delta + \varepsilon + \zeta + \cdots = \text{所有单个数的和}$$
$$B = \text{每两个之积的和}$$
$$C = \text{每三个之积的和}$$
$$D = \text{每四个之积的和}$$
$$E = \text{每五个之积的和}$$

等等,直至全体 $\alpha,\beta,\gamma,\delta,\cdots$ 之积.

§265

令 $z = 1$,则乘积

$$(1 + \alpha)(1 + \beta)(1 + \gamma)(1 + \delta)(1 + \varepsilon)$$

等于 1 加上 $\alpha,\beta,\gamma,\delta,\varepsilon,\cdots$ 全体所构成的总和,这总和依次包含:单个数的和、每两个之积的和、每三个之积的和,直至 $\alpha,\beta,\gamma,\delta,\varepsilon,\cdots$ 全体的积. 总和中可以包含相同的数,同一个数由不同方式得到几次就包含几次.

§266

令 $z = -1$,同于上一节,乘积

$$(1 - \alpha)(1 - \beta)(1 - \gamma)(1 - \delta)(1 - \varepsilon)\cdots$$

也等于 1 加上由 $\alpha,\beta,\gamma,\delta,\varepsilon,\cdots$ 全体所构成的总和,这总和也依次包含:单个数的和、每两个之积的和、每三个之积的和,直至 $\alpha,\beta,\gamma,\delta,\varepsilon,\cdots$ 全体的积. 不同的只是,这里一般

地,单个、每三个、每五个、每奇数个之积都取负号;每两个、每四个、每偶数个之积,同于前节,仍取正号.

§267

取所有的质数

$$2,3,5,7,11,13,\cdots$$

作 $\alpha,\beta,\gamma,\delta,\cdots$,则乘积为

$$(1+2)(1+3)(1+5)(1+7)(1+11)(1+13)=P$$

源于这个 P 的级数,包含1,包含所有的质数,还包含不同质数的乘积. 即

$$P=1+2+3+5+6+7+10+11+13+14+15+17+\cdots$$

它包含幂和幂的倍数以外的所有自然数. 它不包含 $4,8,9,12,16,18,\cdots$,因为它们或者是幂,如 $4,8,9,16,\cdots$,或者是幂的倍数,如

$$12,18,\cdots$$

§268

取质数的幂的倒数作 $\alpha,\beta,\gamma,\delta,\varepsilon,\cdots$,结果类似. 令

$$P=\left(1+\frac{1}{2^n}\right)\left(1+\frac{1}{3^n}\left(1+\frac{1}{5^n}\right)\left(1+\frac{1}{7^n}\right)\left(1+\frac{1}{11^n}\right)\cdots$$

展开得

$$P=1+\frac{1}{2^n}+\frac{1}{3^n}+\frac{1}{5^n}+\frac{1}{6^n}+\frac{1}{7^n}+\frac{1}{10^n}+\frac{1}{11^n}+\cdots$$

分母中含有幂和幂的倍数以外的所有数. 整数中除了质数和不同质数的积,剩下的都是质数的幂或这种幂的倍数.

§269

如果照 §266 那样,取上节倒数的负数作 $\alpha,\beta,\gamma,\delta,\cdots$,那么,令

$$P=\left(1-\frac{1}{2^n}\right)\left(1-\frac{1}{3^n}\right)\left(1-\frac{1}{5^n}\right)\left(1-\frac{1}{7^n}\right)\left(1-\frac{1}{11^n}\right)\cdots$$

则展开得

$$P=1-\frac{1}{2^n}-\frac{1}{3^n}-\frac{1}{5^n}+\frac{1}{6^n}-\frac{1}{7^n}+\frac{1}{10^n}-\frac{1}{11^n}-\frac{1}{13^n}+\frac{1}{14^n}+\frac{1}{15^n}-\cdots$$

跟前节一样,幂和幂的倍数以外的数都包含在这里的分母中. 一般地,质数本身、三个、五个,奇数个质数的积,前面的符号是负的;两个、四个、六个,偶数个质数的积,前面的符号是正的. 例如 $30=2\cdot3\cdot5$,不含幂,所以 $\frac{1}{30^n}$ 是我们级数的一项,又由于30是三个不同质

数的积,所以 $\dfrac{1}{30^n}$ 前面是负号.

§270

考虑表达式

$$\frac{1}{(1-\alpha z)(1-\beta z)(1-\gamma z)(1-\delta z)(1-\varepsilon z)\cdots}$$

进行除法,得级数

$$1 + Az + Bz^2 + Cz^3 + Dz^4 + Ez^5 + Fz^6 + \cdots$$

系数 $A, B, C, D, E, \cdots$,显然由 $\alpha, \beta, \gamma, \delta, \varepsilon, \cdots$ 组成,方式是

$$A = 全体单个数的和$$
$$B = 每两个之积的和$$
$$C = 每三个之积的和$$
$$D = 每四个之积的和$$

等等. 这里的积,因子可相同.

§271

$z = 1$ 时表达式

$$\frac{1}{(1-\alpha)(1-\beta)(1-\gamma)(1-\delta)(1-\varepsilon)\cdots}$$

等于1加上 $\alpha, \beta, \gamma, \delta, \varepsilon, \zeta, \cdots$ 产生的数,产生的数包含它们自身,以及两个和更多个的积. 跟 §265 不同,那里积的因子不许相同,这里积的因子中可以有两个或多个是相同的;那里不包含 $\alpha, \beta, \gamma, \delta, \cdots$ 的幂和幂的倍数,这里包含.

§272

不管上节表达式因式个数有限还是无穷,它产生的级数,其项数都是无穷的. 例如

$$\frac{1}{1-\dfrac{1}{2}} = 1 + \frac{1}{2} + \frac{1}{4} + \frac{1}{8} + \frac{1}{16} + \frac{1}{32} + \cdots$$

分母是2的所有的幂. 再如

$$\frac{1}{\left(1-\dfrac{1}{2}\right)\left(1-\dfrac{1}{3}\right)} = 1 + \frac{1}{2} + \frac{1}{3} + \frac{1}{4} + \frac{1}{6} + \frac{1}{8} + \frac{1}{9} + \frac{1}{12} + \frac{1}{16} + \frac{1}{18} + \cdots$$

这里分母不含2和3以外的因数.

§273

取所有质数的倒数作 $\alpha, \beta, \gamma, \delta, \cdots$ 记

$$P = \frac{1}{(1 - \frac{1}{2})(1 - \frac{1}{3})(1 - \frac{1}{5})(1 - \frac{1}{7})(1 - \frac{1}{11})(1 - \frac{1}{13})\cdots}$$

展开,得

$$P = 1 + \frac{1}{2} + \frac{1}{3} + \frac{1}{4} + \frac{1}{5} + \frac{1}{6} + \frac{1}{7} + \frac{1}{8} + \frac{1}{9} + \cdots$$

这里分母既包含质数本身,也包含质数的乘积. 因为自然数无例外地,都或者是质数,或者是质数的乘积. 所以全体自然数都必定在这里的分母中出现.

§274

将质数换成质数的幂,结果类似. 记

$$P = \frac{1}{(1 - \frac{1}{2^n})(1 - \frac{1}{3^n})(1 - \frac{1}{5^n})(1 - \frac{1}{7^n})(1 - \frac{1}{11^n})\cdots}$$

展开,得

$$P = 1 + \frac{1}{2^n} + \frac{1}{3^n} + \frac{1}{4^n} + \frac{1}{5^n} + \frac{1}{6^n} + \frac{1}{7^n} + \frac{1}{8^n} + \cdots$$

自然数无例外地都在这里出现. 如果将因式中的负号都换为正号,即

$$P = \frac{1}{(1 + \frac{1}{2^n})(1 + \frac{1}{3^n})(1 + \frac{1}{5^n})(1 + \frac{1}{7^n})(1 + \frac{1}{11^n})\cdots}$$

那么我们有

$$P = 1 - \frac{1}{2^n} - \frac{1}{3^n} + \frac{1}{4^n} - \frac{1}{5^n} + \frac{1}{6^n} - \frac{1}{7^n} - \frac{1}{8^n} + \frac{1}{9^n} + \frac{1}{10^n} - \cdots$$

分母为单个质数的项为负,分母为两个质数(相同或相异)积的项为正. 一般地,分母为偶数个质数积的项为正,分母为奇数个质数积的项为负. 例如

$$240 = 2 \cdot 2 \cdot 2 \cdot 2 \cdot 3 \cdot 5$$

是六个质数的积,所以项 $\frac{1}{240^n}$ 为正. 在 §270 中置 $z = 1$,可以看出这一规律.

§275

将上节与 §269 相比较,我们有两个积为 1 的级数. 记

$$P = \cfrac{1}{\left(1 - \frac{1}{2^n}\right)\left(1 - \frac{1}{3^n}\right)\left(1 - \frac{1}{5^n}\right)\left(1 - \frac{1}{7^n}\right)\left(1 - \frac{1}{11^n}\right)\cdots}$$

$$Q = \left(1 - \frac{1}{2^n}\right)\left(1 - \frac{1}{3^n}\right)\left(1 - \frac{1}{5^n}\right)\left(1 - \frac{1}{7^n}\right)\left(1 - \frac{1}{11^n}\right)\cdots$$

则

$$P = 1 + \frac{1}{2^n} + \frac{1}{3^n} + \frac{1}{4^n} + \frac{1}{5^n} + \frac{1}{6^n} + \frac{1}{7^n} + \frac{1}{8^n} + \cdots$$

$$Q = 1 - \frac{1}{2^n} - \frac{1}{3^n} - \frac{1}{5^n} + \frac{1}{6^n} - \frac{1}{7^n} + \frac{1}{10^n} - \frac{1}{11^n} + \cdots$$

显然,这两个级数的积 $PQ = 1$.

§276

记

$$P = \cfrac{1}{\left(1 + \frac{1}{2^n}\right)\left(1 + \frac{1}{3^n}\right)\left(1 + \frac{1}{5^n}\right)\left(1 + \frac{1}{7^n}\right)\left(1 + \frac{1}{11^n}\right)\cdots}$$

$$Q = \left(1 + \frac{1}{2^n}\right)\left(1 + \frac{1}{3^n}\right)\left(1 + \frac{1}{5^n}\right)\left(1 + \frac{1}{7^n}\right)\left(1 + \frac{1}{11^n}\right)\cdots$$

则

$$P = 1 - \frac{1}{2^n} - \frac{1}{3^n} + \frac{1}{4^n} - \frac{1}{5^n} + \frac{1}{6^n} - \frac{1}{7^n} - \frac{1}{8^n} + \frac{1}{9^n}\cdots$$

$$Q = 1 + \frac{1}{2^n} + \frac{1}{3^n} + \frac{1}{5^n} + \frac{1}{6^n} + \frac{1}{7^n} + \frac{1}{10^n} + \frac{1}{11^n} + \cdots$$

我们也有 $PQ = 1$. 这样,知道这两个级数中一个的和,就可以求出另一个的和.

§277

反之,从这些级数的和也可求出一些无穷乘积的值. 例如

$$M = 1 + \frac{1}{2^n} + \frac{1}{3^n} + \frac{1}{4^n} + \frac{1}{5^n} + \frac{1}{6^n} + \frac{1}{7^n} + \cdots$$

$$N = 1 + \frac{1}{2^{2n}} + \frac{1}{2^{2n}} + \frac{1}{4^{2n}} + \frac{1}{5^{2n}} + \frac{1}{6^{2n}} + \frac{1}{7^{2n}} + \cdots$$

时我们有

$$M = \cfrac{1}{\left(1 - \frac{1}{2^n}\right)\left(1 - \frac{1}{3^n}\right)\left(1 - \frac{1}{5^n}\right)\left(1 - \frac{1}{7^n}\right)\left(1 - \frac{1}{11^n}\right)\cdots}$$

$$N = \frac{1}{\left(1 - \frac{1}{2^{2n}}\right)\left(1 - \frac{1}{3^{2n}}\right)\left(1 - \frac{1}{5^{2n}}\right)\left(1 - \frac{1}{7^{2n}}\right)\left(1 - \frac{1}{11^{2n}}\right)\cdots}$$

相除得

$$\frac{M}{N} = \left(1 + \frac{1}{2^n}\right)\left(1 + \frac{1}{3^n}\right)\left(1 + \frac{1}{5^n}\right)\left(1 + \frac{1}{7^n}\right)\left(1 + \frac{1}{11^n}\right)\cdots$$

进一步得

$$\frac{M^2}{N} = \frac{2^n + 1}{2^n - 1} \cdot \frac{3^n + 1}{3^n - 1} \cdot \frac{5^n + 1}{5^n - 1} \cdot \frac{7^n + 1}{7^n - 1} \cdot \frac{11^n + 1}{11^n - 1} \cdots$$

从 M, N 得到了上面无穷乘积的值，也可得到下列级数的和

$$\frac{1}{M} = 1 - \frac{1}{2^n} - \frac{1}{3^n} - \frac{1}{5^n} + \frac{1}{6^n} - \frac{1}{7^n} + \frac{1}{10^n} - \frac{1}{11^n} - \cdots$$

$$\frac{1}{N} = 1 - \frac{1}{2^{2n}} - \frac{1}{3^{2n}} - \frac{1}{5^{2n}} + \frac{1}{6^{2n}} - \frac{1}{7^{2n}} + \frac{1}{10^{2n}} - \frac{1}{11^{2n}} - \cdots$$

$$\frac{M}{N} = 1 + \frac{1}{2^n} + \frac{1}{3^n} + \frac{1}{5^n} + \frac{1}{6^n} + \frac{1}{7^n} + \frac{1}{10^n} + \frac{1}{11^n} + \cdots$$

$$\frac{N}{M} = 1 - \frac{1}{2^n} - \frac{1}{3^n} + \frac{1}{4^n} - \frac{1}{5^n} + \frac{1}{6^n} - \frac{1}{7^n} - \frac{1}{8^n} + \frac{1}{9^n} + \frac{1}{10^n} - \cdots$$

进行组合，还可得到很多另外的级数之和.

例 1 令 $n = 1$，前面我们看到

$$\log \frac{1}{1 - x} = x + \frac{x^2}{2} + \frac{x^3}{3} + \frac{x^4}{4} + \frac{x^5}{5} + \frac{x^6}{6} + \cdots$$

从而令 $x = 1$，则

$$\log \frac{1}{1 - 1} = \log \infty = 1 + \frac{1}{2} + \frac{1}{3} + \frac{1}{4} + \frac{1}{5} + \frac{1}{6} + \cdots$$

由无穷大的对数也是无穷大，我们得到

$$M = 1 + \frac{1}{2} + \frac{1}{3} + \frac{1}{4} + \frac{1}{5} + \frac{1}{6} + \frac{1}{7} + \cdots = \infty$$

从而由 $\frac{1}{M} = \frac{1}{\infty} = 0$ 得

$$0 = 1 - \frac{1}{2} - \frac{1}{3} - \frac{1}{5} + \frac{1}{6} - \frac{1}{7} + \frac{1}{10} - \frac{1}{11} - \frac{1}{13} + \frac{1}{14} + \frac{1}{15} - \cdots$$

继而，对乘积我们有

$$M = \infty = \frac{1}{\left(1 - \frac{1}{2}\right)\left(1 - \frac{1}{3}\right)\left(1 - \frac{1}{5}\right)\left(1 - \frac{1}{7}\right)\left(1 - \frac{1}{11}\right)\cdots}$$

由此得

$$\infty = \frac{2}{1} \cdot \frac{3}{2} \cdot \frac{5}{4} \cdot \frac{7}{6} \cdot \frac{11}{10} \cdot \frac{13}{12} \cdot \frac{17}{16} \cdot \frac{19}{18} \cdots$$

$$0 = \frac{1}{2} \cdot \frac{2}{3} \cdot \frac{4}{5} \cdot \frac{6}{7} \cdot \frac{10}{11} \cdot \frac{12}{13} \cdot \frac{16}{17} \cdot \frac{18}{19} \cdots$$

§167 我们看到

$$N = 1 + \frac{1}{2^2} + \frac{1}{3^2} + \frac{1}{4^2} + \frac{1}{5^2} + \frac{1}{6^2} + \frac{1}{7^2} + \cdots = \frac{\pi^2}{6}$$

由此得

$$\frac{6}{\pi^2} = 1 - \frac{1}{2^2} - \frac{1}{3^2} - \frac{1}{5^2} + \frac{1}{6^2} - \frac{1}{7^2} + \frac{1}{10^2} - \frac{1}{11^2} - \cdots$$

$$\infty = 1 + \frac{1}{2} + \frac{1}{3} + \frac{1}{5} + \frac{1}{6} + \frac{1}{7} + \frac{1}{10} + \frac{1}{11} + \cdots$$

$$0 = 1 - \frac{1}{2} - \frac{1}{3} + \frac{1}{4} - \frac{1}{5} + \frac{1}{6} - \frac{1}{7} - \frac{1}{8} + \frac{1}{9} + \frac{1}{10} - \frac{1}{11} - \cdots$$

取乘积,得

$$\frac{\pi^2}{6} = \frac{2^2}{2^2 - 1} \cdot \frac{3^2}{3^2 - 1} \cdot \frac{5^2}{5^2 - 1} \cdot \frac{7^2}{7^2 - 1} \cdot \frac{11^2}{11^2 - 1} \cdot \cdots$$

或

$$\frac{\pi^2}{6} = \frac{4}{3} \cdot \frac{9}{8} \cdot \frac{25}{24} \cdot \frac{49}{48} \cdot \frac{121}{120} \cdot \frac{169}{168} \cdot \cdots$$

由 $\frac{M}{N} = \infty$ 或 $\frac{N}{M} = 0$ 得

$$\infty = \frac{3}{2} \cdot \frac{4}{3} \cdot \frac{6}{5} \cdot \frac{8}{7} \cdot \frac{12}{11} \cdot \frac{14}{13} \cdot \frac{18}{17} \cdot \frac{20}{19} \cdot \cdots$$

或

$$0 = \frac{2}{3} \cdot \frac{3}{4} \cdot \frac{5}{6} \cdot \frac{7}{8} \cdot \frac{11}{12} \cdot \frac{13}{14} \cdot \frac{17}{18} \cdot \frac{19}{20} \cdot \cdots$$

也得到

$$\infty = \frac{3}{1} \cdot \frac{4}{2} \cdot \frac{6}{4} \cdot \frac{8}{6} \cdot \frac{12}{10} \cdot \frac{14}{12} \cdot \frac{18}{16} \cdot \frac{20}{18} \cdot \cdots$$

或

$$0 = \frac{1}{3} \cdot \frac{1}{2} \cdot \frac{2}{3} \cdot \frac{3}{4} \cdot \frac{5}{6} \cdot \frac{6}{7} \cdot \frac{8}{9} \cdot \frac{9}{10} \cdot \cdots$$

最后一个乘积中,从第二个分数开始,分子都比分母小 1,且分子分母的和构成质数序列 3,5,7,11,13,17,19,….

例 2 令 $n = 2$,那么根据 §167 的证明,我们有

$$M = 1 + \frac{1}{2^2} + \frac{1}{3^2} + \frac{1}{4^2} + \frac{1}{5^2} + \frac{1}{6^2} + \frac{1}{7^2} + \cdots = \frac{\pi^2}{6}$$

$$N = 1 + \frac{1}{2^4} + \frac{1}{3^4} + \frac{1}{4^4} + \frac{1}{5^4} + \frac{1}{6^4} + \frac{1}{7^4} + \cdots = \frac{\pi^4}{90}$$

由此首先得到下列级数的和

$$\frac{6}{\pi^2} = 1 - \frac{1}{2^2} - \frac{1}{3^2} - \frac{1}{5^2} + \frac{1}{6^2} - \frac{1}{7^2} + \frac{1}{10^2} - \frac{1}{11^2} - \cdots$$

$$\frac{90}{\pi^4} = 1 - \frac{1}{2^4} - \frac{1}{3^4} - \frac{1}{5^4} + \frac{1}{6^4} - \frac{1}{7^4} + \frac{1}{10^4} - \frac{1}{11^4} - \cdots$$

$$\frac{15}{\pi^2} = 1 + \frac{1}{2^2} + \frac{1}{3^2} + \frac{1}{5^2} + \frac{1}{6^2} + \frac{1}{7^2} + \frac{1}{10^2} + \frac{1}{11^2} + \cdots$$

$$\frac{\pi^2}{15} = 1 - \frac{1}{2^2} - \frac{1}{3^2} + \frac{1}{4^2} - \frac{1}{5^2} + \frac{1}{6^2} - \frac{1}{7^2} - \frac{1}{8^2} + \frac{1}{9^2} + \frac{1}{10^2} - \cdots$$

继而得到下列乘积的值

$$\frac{\pi^2}{6} = \frac{2^2}{2^2-1} \cdot \frac{3^2}{3^2-1} \cdot \frac{5^2}{5^2-1} \cdot \frac{7^2}{7^2-1} \cdot \frac{11^2}{11^2-1} \cdot \cdots$$

$$\frac{\pi^4}{90} = \frac{2^4}{2^4-1} \cdot \frac{3^4}{3^4-1} \cdot \frac{5^4}{5^4-1} \cdot \frac{7^4}{7^4-1} \cdot \frac{11^4}{11^4-1} \cdot \cdots$$

$$\frac{15}{\pi^2} = \frac{2^2+1}{2^2} \cdot \frac{3^2+1}{3^2} \cdot \frac{5^2+1}{5^2} \cdot \frac{7^2+1}{7^2} \cdot \frac{11^2+1}{11^2} \cdot \cdots$$

或

$$\frac{\pi^2}{15} = \frac{4}{5} \cdot \frac{9}{10} \cdot \frac{25}{26} \cdot \frac{49}{50} \cdot \frac{121}{122} \cdot \frac{169}{170} \cdot \cdots$$

和

$$\frac{5}{2} = \frac{2^2+1}{2^2-1} \cdot \frac{3^2+1}{3^2-1} \cdot \frac{5^2+1}{5^2-1} \cdot \frac{7^2+1}{7^2-1} \cdot \frac{11^2+1}{11^2-1} \cdot \cdots$$

或

$$\frac{5}{2} = \frac{5}{3} \cdot \frac{5}{4} \cdot \frac{13}{12} \cdot \frac{25}{24} \cdot \frac{61}{60} \cdot \frac{85}{84} \cdot \cdots$$

或

$$\frac{3}{2} = \frac{5}{4} \cdot \frac{13}{12} \cdot \frac{25}{24} \cdot \frac{61}{60} \cdot \frac{85}{84} \cdot \cdots$$

最后一个乘积中分子都比分母大 1,且分子分母的和构成质数平方序列 $3^2, 5^2, 7^2,$ $11^2, \cdots$

例3 §167 求出了 n 为偶数时 M 的值,取 $n = 4$,我们有

$$M = 1 + \frac{1}{2^4} + \frac{1}{3^4} + \frac{1}{4^4} + \frac{1}{5^4} + \frac{1}{6^4} + \cdots = \frac{\pi^4}{90}$$

$$N = 1 + \frac{1}{2^8} + \frac{1}{3^8} + \frac{1}{4^8} + \frac{1}{5^8} + \frac{1}{6^8} + \cdots = \frac{\pi^8}{9\,450}$$

由此首先我们得到下列级数的和

$$\frac{90}{\pi^4} = 1 - \frac{1}{2^4} - \frac{1}{3^4} - \frac{1}{5^4} + \frac{1}{6^4} - \frac{1}{7^4} + \frac{1}{10^4} - \frac{1}{11^4} - \cdots$$

$$\frac{9\,450}{\pi^8} = 1 - \frac{1}{2^8} - \frac{1}{3^8} - \frac{1}{5^8} + \frac{1}{6^8} - \frac{1}{7^8} + \frac{1}{10^8} - \frac{1}{11^8} - \cdots$$

$$\frac{105}{\pi^4} = 1 + \frac{1}{2^4} + \frac{1}{3^4} + \frac{1}{5^4} + \frac{1}{6^4} + \frac{1}{7^4} + \frac{1}{10^4} + \frac{1}{11^4} + \cdots$$

$$\frac{\pi^4}{105} = 1 - \frac{1}{2^4} - \frac{1}{3^4} + \frac{1}{4^4} - \frac{1}{5^4} + \frac{1}{6^4} - \frac{1}{7^4} - \frac{1}{8^4} + \frac{1}{9^4} + \cdots$$

接下去我们得到下列乘积的值

$$\frac{\pi^4}{90} = \frac{2^4}{2^4 - 1} \cdot \frac{3^4}{3^4 - 1} \cdot \frac{5^4}{5^4 - 1} \cdot \frac{7^4}{7^4 - 1} \cdot \frac{11^4}{11^4 - 1} \cdot \cdots$$

$$\frac{\pi^8}{9\,450} = \frac{2^8}{2^8 - 1} \cdot \frac{3^8}{3^8 - 1} \cdot \frac{5^8}{5^8 - 1} \cdot \frac{7^8}{7^8 - 1} \cdot \frac{11^8}{11^8 - 1} \cdot \cdots$$

$$\frac{105}{\pi^4} = \frac{2^4 + 1}{2^4} \cdot \frac{3^4 + 1}{3^4} \cdot \frac{5^4 + 1}{5^4} \cdot \frac{7^4 + 1}{7^4} \cdot \frac{11^4 + 1}{11^4} \cdot \cdots$$

和

$$\frac{7}{6} = \frac{2^4 + 1}{2^4 - 1} \cdot \frac{3^4 + 1}{3^4 - 1} \cdot \frac{5^4 + 1}{5^4 - 1} \cdot \frac{7^4 + 1}{7^4 - 1} \cdot \frac{11^4 + 1}{11^4 - 1} \cdot \cdots$$

或

$$\frac{35}{34} = \frac{41}{40} \cdot \frac{313}{312} \cdot \frac{1\,201}{1\,200} \cdot \frac{7\,321}{7\,320} \cdot \cdots$$

最后这个表达式右端的分数,分子都比分母大 1,且分子分母的和依次是质数
$$3, 5, 7, 11, \cdots$$
的四次方.

§278

我们可以将级数

$$M = 1 + \frac{1}{2^n} + \frac{1}{3^n} + \frac{1}{4^n} + \frac{1}{5^n} + \frac{1}{6^n} + \cdots$$

的和表示为乘积,这给利用对数带来方便. 由

$$M = \frac{1}{\left(1 - \dfrac{1}{2^n}\right)\left(1 - \dfrac{1}{3^n}\right)\left(1 - \dfrac{1}{5^n}\right)\left(1 - \dfrac{1}{7^n}\right)\left(1 - \dfrac{1}{11^n}\right)\cdots}$$

我们得到

$$\log M = -\log\left(1 - \frac{1}{2^n}\right) - \log\left(1 - \frac{1}{3^n}\right) - \log\left(1 - \frac{1}{5^n}\right) - \log\left(1 - \frac{1}{7^n}\right) - \cdots$$

取自然对数,得

$$\log M = 1\left(\frac{1}{2^n} + \frac{1}{3^n} + \frac{1}{5^n} + \frac{1}{7^n} + \frac{1}{11^n} + \cdots\right) +$$

$$\frac{1}{2}\left(\frac{1}{2^{2n}} + \frac{1}{3^{2n}} + \frac{1}{5^{2n}} + \frac{1}{7^{2n}} + \frac{1}{11^{2n}} + \cdots\right) +$$

$$\frac{1}{3}\left(\frac{1}{2^{3n}} + \frac{1}{3^{3n}} + \frac{1}{5^{3n}} + \frac{1}{7^{3n}} + \frac{1}{11^{3n}} + \cdots\right) +$$

$$\frac{1}{4}\left(\frac{1}{2^{4n}} + \frac{1}{3^{4n}} + \frac{1}{5^{4n}} + \frac{1}{7^{4n}} + \frac{1}{11^{4n}} + \cdots\right) +$$

$$\vdots$$

此外,令

$$N = 1 + \frac{1}{2^{2n}} + \frac{1}{3^{2n}} + \frac{1}{4^{2n}} + \frac{1}{5^{2n}} + \frac{1}{6^{2n}} + \cdots$$

则

$$N = \frac{1}{\left(1 - \dfrac{1}{2^{2n}}\right)\left(1 - \dfrac{1}{3^{2n}}\right)\left(1 - \dfrac{1}{5^{2n}}\right)\left(1 - \dfrac{1}{7^{2n}}\right)\left(1 - \dfrac{1}{11^{2n}}\right)\cdots}$$

取自然对数,得

$$\log N = 1\left(\frac{1}{2^{2n}} + \frac{1}{3^{2n}} + \frac{1}{5^{2n}} + \frac{1}{7^{2n}} + \frac{1}{11^{2n}} + \cdots\right) +$$

$$\frac{1}{2}\left(\frac{1}{2^{4n}} + \frac{1}{3^{4n}} + \frac{1}{5^{4n}} + \frac{1}{7^{4n}} + \frac{1}{11^{4n}} + \cdots\right) +$$

$$\frac{1}{3}\left(\frac{1}{2^{6n}} + \frac{1}{3^{6n}} + \frac{1}{5^{6n}} + \frac{1}{7^{6n}} + \frac{1}{11^{6n}} + \cdots\right) +$$

$$\frac{1}{4}\left(\frac{1}{2^{8n}} + \frac{1}{3^{8n}} + \frac{1}{5^{8n}} + \frac{1}{7^{8n}} + \frac{1}{11^{8n}} + \cdots\right) +$$

$$\vdots$$

由这两个结果我们得到

$$\log M = \frac{1}{2}\log N = 1\left(\frac{1}{2^{n}} + \frac{1}{3^{n}} + \frac{1}{5^{n}} + \frac{1}{7^{n}} + \frac{1}{11^{n}} + \cdots\right) +$$

$$\frac{1}{3}\left(\frac{1}{2^{3n}} + \frac{1}{3^{3n}} + \frac{1}{5^{3n}} + \frac{1}{7^{3n}} + \frac{1}{11^{3n}} + \cdots\right) +$$

$$\frac{1}{5}\left(\frac{1}{2^{5n}} + \frac{1}{3^{5n}} + \frac{1}{5^{5n}} + \frac{1}{7^{5n}} + \frac{1}{11^{5n}} + \cdots\right) +$$

$$\frac{1}{7}\left(\frac{1}{2^{7n}} + \frac{1}{3^{7n}} + \frac{1}{5^{7n}} + \frac{1}{7^{7n}} + \frac{1}{11^{7n}} + \cdots\right) +$$

$$\vdots$$

§ 279

如果 $n = 1$,我们有

$$M = 1 + \frac{1}{2} + \frac{1}{3} + \frac{1}{4} + \frac{1}{5} + \cdots = \log \infty$$

和

$$N = \frac{\pi^2}{6}$$

由此得

$$\log(\log \infty) - \frac{1}{2}\log\frac{\pi^2}{6} = 1\left(\frac{1}{2} + \frac{1}{3} + \frac{1}{5} + \frac{1}{7} + \frac{1}{11} + \cdots\right) +$$

$$\frac{1}{3}\left(\frac{1}{2^3} + \frac{1}{3^3} + \frac{1}{5^3} + \frac{1}{7^3} + \frac{1}{11^3} + \cdots\right) +$$

$$\frac{1}{5}\left(\frac{1}{2^5} + \frac{1}{3^5} + \frac{1}{5^5} + \frac{1}{7^5} + \frac{1}{11^5} + \cdots\right) +$$

$$\frac{1}{7}\left(\frac{1}{2^7} + \frac{1}{3^7} + \frac{1}{5^7} + \frac{1}{7^7} + \frac{1}{11^7} + \cdots\right) +$$

$$\vdots$$

右端括号中的级数,从第二个开始,和都是有限数;而且加起来,和仍然是有限数,还相当小. 由此我们得到,第一个级数

$$\frac{1}{2} + \frac{1}{3} + \frac{1}{5} + \frac{1}{7} + \frac{1}{11} + \cdots$$

的和应该为无穷大,也即与级数

$$1 + \frac{1}{2} + \frac{1}{3} + \frac{1}{4} + \frac{1}{5} + \frac{1}{6} + \cdots$$

的自然对数之差应该是一个足够小的量.

§ 280

令 $n = 2$,则

$$M = \frac{\pi^2}{6}, N = \frac{\pi^4}{90}$$

由此得

$$2\log \pi - \log 6 = 1\left(\frac{1}{2^2} + \frac{1}{3^2} + \frac{1}{5^2} + \frac{1}{7^2} + \frac{1}{11^2} + \cdots\right) +$$

$$\frac{1}{2}\left(\frac{1}{2^4} + \frac{1}{3^4} + \frac{1}{5^4} + \frac{1}{7^4} + \frac{1}{11^4} + \cdots\right) +$$

$$\frac{1}{3}\left(\frac{1}{2^6} + \frac{1}{3^6} + \frac{1}{5^6} + \frac{1}{7^6} + \frac{1}{11^6} + \cdots\right) +$$

$$\vdots$$

$$4\log \pi - \log 90 = 1\left(\frac{1}{2^4} + \frac{1}{3^4} + \frac{1}{5^4} + \frac{1}{7^4} + \frac{1}{11^4} + \cdots\right) +$$

$$\frac{1}{2}\left(\frac{1}{2^8} + \frac{1}{3^8} + \frac{1}{5^8} + \frac{1}{7^8} + \frac{1}{11^8} + \cdots\right) +$$

$$\frac{1}{3}\left(\frac{1}{2^{12}} + \frac{1}{3^{12}} + \frac{1}{5^{12}} + \frac{1}{7^{12}} + \frac{1}{11^{12}} + \cdots\right) +$$

$$\vdots$$

$$\frac{1}{2}\log\frac{5}{2} = 1\left(\frac{1}{2^2} + \frac{1}{3^2} + \frac{1}{5^2} + \frac{1}{7^2} + \frac{1}{11^2} + \cdots\right) +$$

$$\frac{1}{3}\left(\frac{1}{2^6} + \frac{1}{3^6} + \frac{1}{5^6} + \frac{1}{7^6} + \frac{1}{11^6} + \cdots\right) +$$

$$\frac{1}{5}\left(\frac{1}{2^{10}} + \frac{1}{3^{10}} + \frac{1}{5^{10}} + \frac{1}{7^{10}} + \frac{1}{11^{10}} + \cdots\right) +$$

$$\vdots$$

§281

虽然写出质数序列本身,这规律未知,但有办法指出质数高次幂倒数所成级数和的近似值. 设

$$M = 1 + \frac{1}{2^n} + \frac{1}{3^n} + \frac{1}{4^n} + \frac{1}{5^n} + \frac{1}{6^n} + \frac{1}{7^n} + \cdots$$

$$S = \frac{1}{2^n} + \frac{1}{3n} + \frac{1}{5^n} + \frac{1}{7^n} + \frac{1}{11^n} + \frac{1}{13^n} + \cdots$$

则

$$S = M - 1 - \frac{1}{4^n} - \frac{1}{6^n} - \frac{1}{8^n} - \frac{1}{9^n} - \frac{1}{10^n} - \cdots$$

由

$$\frac{M}{2^n} = \frac{1}{2^n} + \frac{1}{4^n} + \frac{1}{6^n} + \frac{1}{8^n} + \frac{1}{10^n} + \frac{1}{12^n} + \cdots$$

得

$$S = M - \frac{M}{2^n} - 1 + \frac{1}{2^n} - \frac{1}{9^n} - \frac{1}{15^n} - \frac{1}{21^n} - \cdots =$$

$$(M-1)\left(1 - \frac{1}{2^n}\right) - \frac{1}{9^n} - \frac{1}{15^n} - \frac{1}{21^n} - \frac{1}{25^n} - \frac{1}{27^n} - \cdots$$

又由

$$M\left(1 - \frac{1}{2^n}\right)\frac{1}{3^n} = \frac{1}{3^n} + \frac{1}{9^n} + \frac{1}{15^n} + \frac{1}{21^n} + \cdots$$

得

$$S = (M-1)\left(1 - \frac{1}{2^n}\right)\left(1 - \frac{1}{3^n}\right) + \frac{1}{6^n} - \frac{1}{25^n} - \frac{1}{35^n} - \frac{1}{45^n} - \cdots$$

M 的值已知,所以只要 n 适当地大,就可以方便地求出 S.

§282

求出了高次幂时的和,用导出的公式就可以求出低次幂时的和. 级数

$$\frac{1}{2^n} + \frac{1}{3^n} + \frac{1}{5^n} + \frac{1}{7^n} + \frac{1}{11^n} + \frac{1}{13^n} + \frac{1}{17^n} + \cdots$$

的下面的和就是用这种方法求出的:

n 为	级数的和为
$n = 2$	0. 452 247 420 041 222
$n = 4$	0. 076 993 139 764 252
$n = 6$	0. 017 070 086 850 639
$n = 8$	0. 004 061 405 366 515
$n = 10$	0. 000 993 603 573 633
$n = 12$	0. 000 246 026 470 033
$n = 14$	0. 000 061 244 396 725
$n = 16$	0. 000 015 282 026 219
$n = 18$	0. 000 003 817 278 702
$n = 20$	0. 000 000 953 961 123
$n = 22$	0. 000 000 238 450 446
$n = 24$	0. 000 000 059 608 184
$n = 26$	0. 000 000 014 901 555
$n = 28$	0. 000 000 003 725 333
$n = 30$	0. 000 000 000 931 323
$n = 32$	0. 000 000 000 232 830
$n = 34$	0. 000 000 000 058 207
$n = 36$	0. 000 000 000 014 551

次数更高的偶次幂的和,是下降的,每前进一步约下降四分之三,即后步约为前步的四分之一.

§ 283

级数

$$1 + \frac{1}{2^n} + \frac{1}{3^n} + \frac{1}{4^n} + \cdots$$

可以直接变为乘积,方法是:记

$$A = 1 + \frac{1}{2^n} + \frac{1}{3^n} + \frac{1}{4^n} + \frac{1}{5^n} + \frac{1}{6^n} + \frac{1}{7^n} + \frac{1}{8^n} + \cdots$$

从 A 减去

$$\frac{1}{2^n}A = \frac{1}{2^n} + \frac{1}{4^n} + \frac{1}{6^n} + \frac{1}{8^n} + \cdots$$

得

$$\left(1 - \frac{1}{2^n}\right)A = 1 + \frac{1}{3^n} + \frac{1}{5^n} + \frac{1}{7^n} + \frac{1}{9^n} + \frac{1}{11n} + \cdots = B$$

消去了分母中被 2 除得尽的项. 从 B 减去

$$\frac{1}{3^n}B = \frac{1}{3^n} + \frac{1}{9^n} + \frac{1}{15^n} + \frac{1}{21^n} + \cdots$$

得

$$\left(1 - \frac{1}{3^n}\right)B = 1 + \frac{1}{5^n} + \frac{1}{7^n} + \frac{1}{11^n} + \frac{1}{13^n} + \cdots = C$$

消去了分母被 3 除得尽的项, 从 C 减去

$$\frac{1}{5^n}C = \frac{1}{5^n} + \frac{1}{25^n} + \frac{1}{35^n} + \frac{1}{55^n} + \cdots$$

得

$$\left(1 - \frac{1}{5^n}\right)C = 1 + \frac{1}{7^n} + \frac{1}{11^n} + \frac{1}{13^n} + \frac{1}{17^n} + \cdots$$

消去了分母被 5 除得尽的项. 类似地, 可依次再消去分母被 $7,11,\cdots$ 直至被所有质数除得尽的项, 显然那时得到的是 1. 对 $B,C,D,E,\cdots$ 进行反向回代, 得

$$A\left(1 - \frac{1}{2^n}\right)\left(1 - \frac{1}{3^n}\right)\left(1 - \frac{1}{5^n}\right)\left(1 - \frac{1}{7^n}\right)\left(1 - \frac{1}{11^n}\right)\cdots = 1$$

从而

$$A = \cfrac{1}{\left(1 - \frac{1}{2^n}\right)\left(1 - \frac{1}{3^n}\right)\left(1 - \frac{1}{5^n}\right)\left(1 - \frac{1}{7^n}\right)\left(1 - \frac{1}{11^n}\right)\cdots}$$

或

$$A = \frac{2^n}{2^n - 1} \cdot \frac{3^n}{3^n - 1} \cdot \frac{5^n}{5^n - 1} \cdot \frac{7^n}{7^n - 1} \cdot \frac{11^n}{11^n - 1} \cdot \cdots$$

§284

这种方法也可用于化另外一些和已知的级数为无穷乘积. 例如 §175 我们求出了级数

$$1 - \frac{1}{3^n} + \frac{1}{5^n} - \frac{1}{7^n} + \frac{1}{9^n} - \frac{1}{11^n} + \frac{1}{13^n} - \cdots$$

的和, n 为奇数时和为 $N\pi^n$, 那里给出了 N 的一些值. 我们指出, 该级数分母中只出现奇数, 且奇数为 $4m + 1$ 时, 所在项为正, 奇数为 $4m - 1$ 时, 所在项为负. 记

$$A = 1 - \frac{1}{3^n} + \frac{1}{5^n} - \frac{1}{7^n} + \frac{1}{9^n} - \frac{1}{11^n} + \frac{1}{13^n} - \cdots$$

加上

$$\frac{1}{3^n}A = \frac{1}{3^n} - \frac{1}{9^n} + \frac{1}{15^n} - \frac{1}{21^n} + \frac{1}{27^n} - \cdots$$

得

$$\left(1+\frac{1}{3^n}\right)A = 1 + \frac{1}{5^n} - \frac{1}{7^n} - \frac{1}{11^n} + \frac{1}{13^n} + \frac{1}{17^n} - \cdots = B$$

减去

$$\frac{1}{5^n}B = \frac{1}{5^n} + \frac{1}{25^n} - \frac{1}{35^n} - \frac{1}{55^n} + \cdots$$

得

$$\left(1-\frac{1}{5^n}\right)B = 1 - \frac{1}{7^n} - \frac{1}{11^n} + \frac{1}{13^n} + \frac{1}{17^n} - \cdots = C$$

消去了分母被 3 和 5 除的尽的项,加上

$$\frac{1}{7^n}C = \frac{1}{7^n} - \frac{1}{49^n} - \frac{1}{77^n} + \cdots$$

得

$$\left(1+\frac{1}{7^n}\right)C = 1 - \frac{1}{11^n} + \frac{1}{13^n} + \frac{1}{17^n} - \cdots = D$$

消去了分母被 7 除得尽的项,加上

$$\frac{1}{11^n}D = \frac{1}{11^n} - \frac{1}{121^n} + \cdots$$

得

$$\left(1+\frac{1}{11^n}\right)D = 1 + \frac{1}{13^n} + \frac{1}{17^n} - \cdots = E$$

消去了分母被 11 除得尽的项. 用这样的方法消去分母被一切质数除得尽的项,最后得

$$A\left(1+\frac{1}{3^n}\right)\left(1-\frac{1}{5^n}\right)\left(1+\frac{1}{7^n}\right)\left(1+\frac{1}{11^n}\right)\left(1-\frac{1}{13^n}\right)\cdots = 1$$

或

$$A = \frac{3^n}{3^n+1} \cdot \frac{5^n}{5^n-1} \cdot \frac{7^n}{7^n+1} \cdot \frac{11^n}{11^n+1} \cdot \frac{13^n}{13^n-1} \cdot \frac{17^n}{17^n-1}\cdots$$

质数都在分子中出现. 质数形状为 $4m-1$ 时,分母比分子大 1,为 $4m+1$ 时,分母比分子小 1.

§285

令 $n=1$,那么由 $A = \frac{\pi}{4}$,我们得到

$$\frac{\pi}{4} = \frac{3}{4} \cdot \frac{5}{4} \cdot \frac{7}{8} \cdot \frac{11}{12} \cdot \frac{13}{12} \cdot \frac{17}{16} \cdot \frac{19}{20} \cdot \frac{23}{24}\cdots$$

§277 我们得到

$$\frac{\pi^2}{6} = \frac{4}{3} \cdot \frac{3^2}{2\cdot4} \cdot \frac{5^2}{4\cdot6} \cdot \frac{7^2}{6\cdot8} \cdot \frac{11^2}{10\cdot12} \cdot \frac{13^2}{12\cdot14} \cdot \frac{17^2}{16\cdot18} \cdot \frac{19^2}{18\cdot20}\cdots$$

用第一式除第二式,得

$$\frac{2\pi}{3} = \frac{4}{3} \cdot \frac{3}{2} \cdot \frac{5}{6} \cdot \frac{7}{6} \cdot \frac{11}{10} \cdot \frac{13}{14} \cdot \frac{17}{18} \cdot \frac{19}{18} \cdot \frac{23}{22} \cdots$$

或

$$\frac{\pi}{2} = \frac{3}{2} \cdot \frac{5}{6} \cdot \frac{7}{6} \cdot \frac{11}{10} \cdot \frac{13}{14} \cdot \frac{17}{18} \cdot \frac{19}{18} \cdot \frac{23}{22} \cdots$$

分子是质数,分母是比分子大 1 或小 1 的奇偶数. 用第一式除最后这一式,得

$$2 = \frac{4}{2} \cdot \frac{4}{6} \cdot \frac{8}{6} \cdot \frac{12}{10} \cdot \frac{12}{14} \cdot \frac{16}{18} \cdot \frac{20}{18} \cdot \frac{24}{22} \cdots$$

或

$$2 = \frac{2}{1} \cdot \frac{2}{3} \cdot \frac{4}{3} \cdot \frac{6}{5} \cdot \frac{6}{7} \cdot \frac{8}{9} \cdot \frac{10}{9} \cdot \frac{12}{11} \cdots$$

这里的分数由质数 $2,3,5,7,\cdots$ 产生,方式是把每一个都分成一奇一偶相差为 1 的两个数,偶数作分子,奇数作分母.

§286

Wallis 公式为

$$\frac{\pi}{2} = \frac{2 \cdot 2 \cdot 4 \cdot 4 \cdot 6 \cdot 6 \cdot 8 \cdot 8 \cdot 10 \cdot 10 \cdot 12 \cdots}{1 \cdot 3 \cdot 3 \cdot 5 \cdot 5 \cdot 7 \cdot 7 \cdot 9 \cdot 9 \cdot 11 \cdot 11 \cdots}$$

或

$$\frac{4}{\pi} = \frac{3 \cdot 3}{2 \cdot 4} \cdot \frac{5 \cdot 5}{4 \cdot 6} \cdot \frac{7 \cdot 7}{6 \cdot 8} \cdot \frac{9 \cdot 9}{8 \cdot 10} \cdot \frac{11 \cdot 11}{10 \cdot 12} \cdot \frac{13 \cdot 13}{12 \cdot 14} \cdots$$

由上节得

$$\frac{\pi^2}{8} = \frac{3 \cdot 3}{2 \cdot 4} \cdot \frac{5 \cdot 5}{4 \cdot 6} \cdot \frac{7 \cdot 7}{6 \cdot 8} \cdot \frac{11 \cdot 11}{10 \cdot 12} \cdot \frac{13 \cdot 13}{12 \cdot 14} \cdots$$

用第三式除第二式,得

$$\frac{32}{\pi^3} = \frac{9 \cdot 9}{8 \cdot 10} \cdot \frac{15 \cdot 15}{14 \cdot 16} \cdot \frac{21 \cdot 21}{20 \cdot 22} \cdot \frac{25 \cdot 25}{24 \cdot 26} \cdots$$

奇的合数都在分子中出现.

§287

令 $n = 3$,由 §175 知,此时 $A = \frac{\pi^3}{32}$,即

$$\frac{\pi^3}{32} = \frac{3^3}{3^3+1} \cdot \frac{5^3}{5^3-1} \cdot \frac{7^3}{7^3+1} \cdot \frac{11^3}{11^3+1} \cdot \frac{13^3}{13^3-1} \cdot \frac{17^3}{17^3-1} \cdots$$

由 §167 级数

$$\frac{\pi^6}{945} = 1 + \frac{1}{2^6} + \frac{1}{3^6} + \frac{1}{4^6} + \frac{1}{5^6} + \cdots$$

得

$$\frac{\pi^6}{945} = \frac{2^6}{2^6-1} \cdot \frac{3^6}{3^6-1} \cdot \frac{5^6}{5^6-1} \cdot \frac{7^6}{7^6-1} \cdot \frac{11^6}{11^6-1} \cdot \frac{13^6}{13^6-1} \cdot \ldots$$

或

$$\frac{\pi^6}{960} = \frac{3^6}{3^6-1} \cdot \frac{5^6}{5^6-1} \cdot \frac{7^6}{7^6-1} \cdot \frac{11^6}{11^6-1} \cdot \frac{13^6}{13^6-1} \cdot \ldots$$

用第一式除最后一式,得

$$\frac{\pi^3}{30} = \frac{3^3}{3^3-1} \cdot \frac{5^3}{5^3+1} \cdot \frac{7^3}{7^3-1} \cdot \frac{11^3}{11^3-1} \cdot \frac{13^3}{13^3+1} \cdot \frac{17^3}{17^3+1} \cdot \ldots$$

再用第一式除,得

$$\frac{16}{15} = \frac{3^3+1}{3^3-1} \cdot \frac{5^3-1}{5^3+1} \cdot \frac{7^3+1}{7^3-1} \cdot \frac{11^3+1}{11^3-1} \cdot \frac{13^3-1}{13^3+1} \cdot \frac{17^3-1}{17^3+1} \cdot \ldots$$

或

$$\frac{16}{15} = \frac{14}{13} \cdot \frac{62}{63} \cdot \frac{172}{171} \cdot \frac{666}{665} \cdot \frac{1\,098}{1\,099} \cdot \ldots$$

这里的分数由奇质数的立方构成,方式是分它成相差为 1 的奇偶两数,偶数作分子,奇数作分母.

§288

利用得到的表达式可推出新的、分母包含一切自然数的级数. 从 §285 得

$$\frac{\pi}{4} = \frac{3}{3+1} \cdot \frac{5}{5-1} \cdot \frac{7}{7+1} \cdot \frac{1}{11+1} \cdot \frac{13}{13-1} \cdot \ldots$$

或

$$\frac{\pi}{6} = \cfrac{1}{\left(1+\frac{1}{2}\right)\left(1+\frac{1}{3}\right)\left(1-\frac{1}{5}\right)\left(1+\frac{1}{7}\right)\left(1+\frac{1}{11}\right)\left(1-\frac{1}{13}\right)\cdots}$$

展开得

$$\frac{\pi}{6} = 1 - \frac{1}{2} - \frac{1}{3} + \frac{1}{4} + \frac{1}{5} + \frac{1}{6} - \frac{1}{7} - \frac{1}{8} + \frac{1}{9} - \frac{1}{10} - \ldots$$

这里的符号规律是:2 的符号为负;状如 $4m-1$ 的质数,符号为负;状如 $4m+1$ 的质数,符号为正;合数的符号,等于其质因数符号的积. 例如,分数 $\frac{1}{60}$ 的符号为负,因为

$$-60 = (-2)(-2)(-3)(+5)$$

类似地,我们有

$$\frac{\pi}{2} = \cfrac{1}{\left(1-\frac{1}{2}\right)\left(1+\frac{1}{3}\right)\left(1-\frac{1}{5}\right)\left(1+\frac{1}{7}\right)\left(1+\frac{1}{11}\right)\left(1-\frac{1}{13}\right)\cdots}$$

展开得

$$\frac{\pi}{2} = 1 + \frac{1}{2} - \frac{1}{3} + \frac{1}{4} + \frac{1}{5} - \frac{1}{6} - \frac{1}{7} + \frac{1}{8} + \frac{1}{9} + \frac{1}{10} - \cdots$$

这里 2 的符号为正;状如 $4m-1$ 的质数,符号为负;状如 $4m+1$ 的质数,符号为正;合数的符号等于其质因数符号的积.

§ 289

从 § 285 得

$$\frac{\pi}{2} = \cfrac{1}{\left(1-\frac{1}{3}\right)\left(1+\frac{1}{5}\right)\left(1-\frac{1}{7}\right)\left(1-\frac{1}{11}\right)\left(1+\frac{1}{13}\right)\cdots}$$

展开得

$$\frac{\pi}{2} = 1 + \frac{1}{3} - \frac{1}{5} + \frac{1}{7} + \frac{1}{9} + \frac{1}{11} - \frac{1}{13} - \frac{1}{15} - \cdots$$

这里只出现奇数,符号规律是:状如 $4m-1$ 的质数,符号为正;状如 $4m+1$ 的质数,符号为负;合数的符号等于其质因数符号的积.

由此可以得到自然数都出现的两个级数. 先由

$$\pi = \cfrac{1}{\left(1-\frac{1}{2}\right)\left(1-\frac{1}{3}\right)\left(1+\frac{1}{5}\right)\left(1-\frac{1}{7}\right)\left(1-\frac{1}{11}\right)\left(1+\frac{1}{13}\right)\cdots}$$

展开得

$$\pi = 1 + \frac{1}{2} + \frac{1}{3} + \frac{1}{4} - \frac{1}{5} + \frac{1}{6} + \frac{1}{7} + \frac{1}{8} + \frac{1}{9} - \frac{1}{10} + \cdots$$

这里 2 的符号为正;状如 $4m-1$ 的质数,符号为正;状如 $4m+1$ 的质数,符号为负.

再由

$$\frac{\pi}{3} = \cfrac{1}{\left(1+\frac{1}{2}\right)\left(1-\frac{1}{3}\right)\left(1+\frac{1}{5}\right)\left(1-\frac{1}{7}\right)\left(1-\frac{1}{11}\right)\left(1+\frac{1}{13}\right)\cdots}$$

得

$$\frac{\pi}{3} = 1 - \frac{1}{2} + \frac{1}{3} + \frac{1}{4} - \frac{1}{5} - \frac{1}{6} + \frac{1}{7} - \frac{1}{8} + \frac{1}{9} + \frac{1}{10} + \cdots$$

这里 2 的符号为负;状如 $4m-1$ 的质数,符号为正;状如 $4m+1$ 的质数,符号为负.

§ 290

可以推出无数个以

$$1, \frac{1}{2}, \frac{1}{3}, \frac{1}{4}, \frac{1}{5}, \frac{1}{6}, \frac{1}{7}, \frac{1}{8}, \cdots$$

为项,但符号取法不同的级数. 例如,用 $\dfrac{1+\dfrac{1}{3}}{1-\dfrac{1}{3}}=2$ 乘

$$\frac{\pi}{2}=\cfrac{1}{\left(1-\dfrac{1}{2}\right)\left(1+\dfrac{1}{3}\right)\left(1-\dfrac{1}{5}\right)\left(1+\dfrac{1}{7}\right)\left(1+\dfrac{1}{11}\right)\cdots}$$

得

$$\pi=\cfrac{1}{\left(1-\dfrac{1}{2}\right)\left(1-\dfrac{1}{3}\right)\left(1-\dfrac{1}{5}\right)\left(1+\dfrac{1}{7}\right)\left(1+\dfrac{1}{11}\right)\cdots}$$

展开,得

$$\pi=1+\frac{1}{2}+\frac{1}{3}+\frac{1}{4}+\frac{1}{5}+\frac{1}{6}-\frac{1}{7}+\frac{1}{8}+\frac{1}{9}+\frac{1}{10}-\frac{1}{11}+\cdots$$

2 的符号为正,3 的符号为正;3 以外的状如 $4m-1$ 的质数,符号为负;状如 $4m+1$ 的质数,符号为正;合数的符号由其质因数的符号决定.

又例如,用 $\dfrac{1+\dfrac{1}{5}}{1-\dfrac{1}{5}}=\dfrac{3}{2}$ 乘

$$\pi=\cfrac{1}{\left(1-\dfrac{1}{2}\right)\left(1-\dfrac{1}{3}\right)\left(1+\dfrac{1}{5}\right)\left(1-\dfrac{1}{7}\right)\left(1-\dfrac{1}{11}\right)\cdots}$$

得

$$\frac{3\pi}{2}=\cfrac{1}{\left(1-\dfrac{1}{2}\right)\left(1-\dfrac{1}{3}\right)\left(1-\dfrac{1}{5}\right)\left(1-\dfrac{1}{7}\right)\left(1-\dfrac{1}{11}\right)\left(1+\dfrac{1}{13}\right)\left(1+\dfrac{1}{17}\right)\cdots}$$

展开,得

$$\frac{3\pi}{2}=1+\frac{1}{2}+\frac{1}{3}+\frac{1}{4}+\frac{1}{5}+\frac{1}{6}+\frac{1}{7}+\frac{1}{8}+\frac{1}{9}+\frac{1}{10}+\frac{1}{11}+\frac{1}{12}-\frac{1}{13}+\cdots$$

这里,2 的符号为正;状如 $4m-1$ 的质数,符号为正;5 以外的状如 $4m+1$ 的质数,符号为负.

§291

也可以构造无数个和等于零的级数. 例如,§277 的

$$0=\frac{2}{3}\cdot\frac{3}{4}\cdot\frac{5}{6}\cdot\frac{7}{8}\cdot\frac{11}{12}\cdot\frac{13}{14}\cdot\frac{17}{18}\cdot\cdots$$

可写成

$$0=\cfrac{1}{\left(1+\dfrac{1}{2}\right)\left(1+\dfrac{1}{3}\right)\left(1+\dfrac{1}{5}\right)\left(1+\dfrac{1}{7}\right)\left(1+\dfrac{1}{11}\right)\left(1+\dfrac{1}{13}\right)\cdots}$$

从而

$$0 = 1 - \frac{1}{2} - \frac{1}{3} + \frac{1}{4} - \frac{1}{5} + \frac{1}{6} - \frac{1}{7} - \frac{1}{8} + \frac{1}{9} + \frac{1}{10} - \cdots$$

这里,质数的符号都为负,合数的符号等于其质因数符号的积. 又例如,用 $\dfrac{1 + \frac{1}{2}}{1 - \frac{1}{2}} = 3$ 乘上面的乘积表达式,得

$$0 = \frac{1}{(1 - \frac{1}{2})(1 + \frac{1}{3})(1 + \frac{1}{5})(1 + \frac{1}{7})(1 + \frac{1}{11})(1 + \frac{1}{13}) \cdots}$$

展开,得

$$0 = 1 + \frac{1}{2} - \frac{1}{3} + \frac{1}{4} - \frac{1}{5} - \frac{1}{6} - \frac{1}{7} + \frac{1}{8} + \frac{1}{9} - \frac{1}{10} - \cdots$$

这里,2 的符号为正,其余的质数,符号都为负.

再例如

$$0 = \frac{1}{(1 + \frac{1}{2})(1 - \frac{1}{3})(1 - \frac{1}{5})(1 + \frac{1}{7})(1 + \frac{1}{11})(1 + \frac{1}{13}) \cdots}$$

从而

$$0 = 1 - \frac{1}{2} + \frac{1}{3} + \frac{1}{4} + \frac{1}{5} - \frac{1}{6} - \frac{1}{7} + \frac{1}{8} + \frac{1}{9} - \frac{1}{10} - \cdots$$

这里,3 和 5 以外的质数,符号都为负.

一般地,符号为正的质数,个数有限;其余的质数,符号都为负,这种级数的和为零. 反之,符号为负的质数,个数有限;其余的质数,符号都为正,这种级数的和为无穷大.

§ 292

§176 对奇数 n 我们得到了级数

$$A = 1 - \frac{1}{2^n} + \frac{1}{4^n} - \frac{1}{5^n} + \frac{1}{7^n} - \frac{1}{8^n} + \frac{1}{10^n} - \frac{1}{11^n} + \frac{1}{13^n} - \cdots$$

的和,加上

$$\frac{1}{2^n}A = \frac{1}{2^n} - \frac{1}{4^n} + \frac{1}{8^n} - \frac{1}{10^n} + \frac{1}{14^n} - \cdots$$

得

$$B = (1 + \frac{1}{2^n})A = 1 - \frac{1}{5^n} + \frac{1}{7^n} - \frac{1}{11^n} + \frac{1}{13^n} - \frac{1}{17^n} + \frac{1}{19^n} - \frac{1}{23^n} + \frac{1}{25^n} - \cdots$$

再加上

$$\frac{1}{5^n}B = \frac{1}{5^n} - \frac{1}{25^n} + \frac{1}{35^n} - \frac{1}{55^n} + \cdots$$

得

$$C = \left(1 + \frac{1}{5^n}\right)B = 1 + \frac{1}{7^n} - \frac{1}{11^n} + \frac{1}{13^n} - \frac{1}{17^n} + \frac{1}{19^n} - \frac{1}{23^n} + \cdots$$

减去

$$\frac{1}{7^n}C = \frac{1}{7^n} + \frac{1}{49^n} - \frac{1}{77^n} + \cdots$$

得

$$D = \left(1 - \frac{1}{7^n}\right)C = 1 - \frac{1}{11^n} + \frac{1}{13^n} - \frac{1}{17^n} + \frac{1}{19^n} - \cdots$$

继续下去,最后我们得到

$$A\left(1 + \frac{1}{2^n}\right)\left(1 + \frac{1}{5^n}\right)\left(1 - \frac{1}{7^n}\right)\left(1 + \frac{1}{11^n}\right)\left(1 - \frac{1}{13^n}\right)\cdots = 1$$

这里,比 6 的倍数大 1 的质数,符号为负;比 6 的倍数小 1 的质数,符号为正.

从结果得

$$A = \frac{2^n}{2^n + 1} \cdot \frac{5^n}{5^n + 1} \cdot \frac{7^n}{7^n - 1} \cdot \frac{11^n}{11^n + 1} \cdot \frac{13^n}{13^n - 1}$$

§293

考虑 $n = 1$ 的情形,此时 $A = \dfrac{\pi}{3\sqrt{3}}$,我们得到

$$\frac{\pi}{3\sqrt{3}} = \frac{2}{3} \cdot \frac{5}{6} \cdot \frac{7}{6} \cdot \frac{11}{12} \cdot \frac{13}{12} \cdot \frac{17}{18} \cdot \frac{19}{18} \cdots$$

这里,3 以外的质数都在分子中出现,分子与分母都相差为 1,3 以外的分母都是 6 的倍数. 用此式除 §277 的

$$\frac{\pi^2}{6} = \frac{4}{3} \cdot \frac{9}{8} \cdot \frac{5 \cdot 5}{4 \cdot 6} \cdot \frac{7 \cdot 7}{6 \cdot 8} \cdot \frac{11 \cdot 11}{10 \cdot 12} \cdot \frac{13 \cdot 13}{12 \cdot 14} \cdots$$

得

$$\frac{\pi\sqrt{3}}{2} = \frac{9}{4} \cdot \frac{5}{4} \cdot \frac{7}{8} \cdot \frac{11}{10} \cdot \frac{13}{14} \cdot \frac{17}{16} \cdot \frac{19}{20} \cdots$$

分母都不是 6 的倍数. 第一、三两式可化为

$$\frac{\pi}{2\sqrt{3}} = \frac{5}{6} \cdot \frac{7}{6} \cdot \frac{11}{12} \cdot \frac{13}{12} \cdot \frac{17}{18} \cdot \frac{19}{18} \cdot \frac{23}{24} \cdots$$

$$\frac{2\pi}{3\sqrt{3}} = \frac{5}{4} \cdot \frac{7}{8} \cdot \frac{11}{10} \cdot \frac{13}{14} \cdot \frac{17}{16} \cdot \frac{19}{20} \cdot \frac{23}{22} \cdots$$

用前式除后式,得

$$\frac{4}{3} = \frac{6}{4} \cdot \frac{6}{8} \cdot \frac{12}{10} \cdot \frac{12}{14} \cdot \frac{18}{16} \cdot \frac{18}{20} \cdot \frac{24}{22} \cdots$$

或

$$\frac{4}{3} = \frac{3}{2} \cdot \frac{3}{4} \cdot \frac{6}{5} \cdot \frac{6}{7} \cdot \frac{9}{8} \cdot \frac{9}{10} \cdot \frac{12}{11} \cdot \cdots$$

其中分数都由质数 $5,7,11,\cdots$ 构成,分质数为相差为 1 的两个数,被 3 除得尽的数做分子.

§294

§285 中我们看到

$$\frac{\pi}{4} = \frac{3}{4} \cdot \frac{5}{4} \cdot \frac{7}{8} \cdot \frac{11}{12} \cdot \frac{13}{12} \cdot \frac{17}{16} \cdot \cdots$$

或

$$\frac{\pi}{3} = \frac{5}{4} \cdot \frac{7}{8} \cdot \frac{11}{12} \cdot \frac{13}{12} \cdot \frac{17}{16} \cdot \frac{19}{20} \cdot \cdots$$

用该式去除上节中 $\dfrac{\pi}{2\sqrt{3}}$ 和 $\dfrac{2\pi}{3\sqrt{3}}$ 的表达式,得

$$\frac{\sqrt{3}}{2} = \frac{2}{3} \cdot \frac{4}{3} \cdot \frac{8}{9} \cdot \frac{10}{9} \cdot \frac{14}{15} \cdot \frac{16}{15} \cdot \cdots$$

$$\frac{2}{\sqrt{3}} = \frac{6}{5} \cdot \frac{6}{7} \cdot \frac{12}{11} \cdot \frac{18}{19} \cdot \frac{24}{23} \cdot \frac{30}{29} \cdot \cdots$$

这两式的分数分别由状如 $12m + 6 \pm 1$ 和 $12m \pm 1$ 的质数构成,方式是分质数成相差为 1 的两部分,偶数作分子,奇数作分母.

§295

考察 §179 得到的级数

$$\frac{\pi}{2\sqrt{2}} = 1 + \frac{1}{3} - \frac{1}{5} - \frac{1}{7} + \frac{1}{9} + \frac{1}{11} - \frac{1}{13} - \frac{1}{15} + \cdots = A$$

减去

$$\frac{1}{3}A = \frac{1}{3} + \frac{1}{9} - \frac{1}{15} - \frac{1}{21} + \frac{1}{27} + \frac{1}{33} - \cdots$$

得

$$(1 - \frac{1}{3})A = 1 - \frac{1}{5} - \frac{1}{7} + \frac{1}{11} - \frac{1}{13} + \frac{1}{17} + \frac{1}{19} - \cdots = B$$

加上

$$\frac{1}{5}B = \frac{1}{5} - \frac{1}{25} - \frac{1}{35} + \frac{1}{55} - \cdots$$

得

$$\left(1 + \frac{1}{5}\right)B = 1 - \frac{1}{7} + \frac{1}{11} - \frac{1}{13} + \frac{1}{17} + \cdots = C$$

继续这一过程,最后得等式

$$\frac{\pi}{2\sqrt{2}}\left(1 - \frac{1}{3}\right)\left(1 + \frac{1}{5}\right)\left(1 + \frac{1}{7}\right)\left(1 - \frac{1}{11}\right)\left(1 + \frac{1}{13}\right)\left(1 - \frac{1}{17}\right)\left(1 - \frac{1}{19}\right)\cdots = 1$$

这里,状如 $8m + 3$ 和 $8m + 1$ 的质数前是负号,状如 $8m + 5$ 和 $8m + 7$ 的质数前是正号. 由此式得

$$\frac{\pi}{2\sqrt{2}} = \frac{3}{2} \cdot \frac{5}{6} \cdot \frac{7}{8} \cdot \frac{11}{10} \cdot \frac{13}{14} \cdot \frac{17}{16} \cdot \frac{19}{18} \cdot \frac{23}{24} \cdots$$

分母为 8 的倍数或奇偶数. 将 §285 的

$$\frac{\pi}{4} = \frac{3}{4} \cdot \frac{5}{4} \cdot \frac{7}{8} \cdot \frac{11}{12} \cdot \frac{13}{12} \cdot \frac{17}{16} \cdot \frac{19}{20} \cdot \frac{23}{24} \cdots$$

$$\frac{\pi}{2} = \frac{3}{2} \cdot \frac{5}{6} \cdot \frac{7}{6} \cdot \frac{11}{10} \cdot \frac{13}{14} \cdot \frac{17}{18} \cdot \frac{19}{18} \cdot \frac{23}{22} \cdots$$

相乘,得

$$\frac{\pi^2}{8} = \frac{3 \cdot 3}{2 \cdot 4} \cdot \frac{5 \cdot 5}{4 \cdot 6} \cdot \frac{7 \cdot 7}{6 \cdot 8} \cdot \frac{11 \cdot 11}{10 \cdot 12} \cdot \frac{13 \cdot 13}{12 \cdot 14} \cdots$$

用前面 $\frac{\pi}{2\sqrt{2}}$ 的乘积表达式除该式,得

$$\frac{\pi}{2\sqrt{2}} = \frac{3}{4} \cdot \frac{5}{4} \cdot \frac{7}{6} \cdot \frac{11}{12} \cdot \frac{13}{12} \cdot \frac{17}{18} \cdot \frac{19}{20} \cdot \frac{23}{22} \cdots$$

分母含 4 的倍数,不含 8 的倍数,分子分母相差为 1. 用 $\frac{\pi}{2\sqrt{2}}$ 的后式除前式,得

$$1 = \frac{2}{1} \cdot \frac{2}{3} \cdot \frac{3}{4} \cdot \frac{6}{5} \cdot \frac{6}{7} \cdot \frac{9}{8} \cdot \frac{10}{9} \cdot \frac{11}{12} \cdots$$

这里的分数由质数构成. 方法是,分质数成相差为 1 的两个数,4 除得尽的偶数作分母,4 除不尽的偶数作分子.

§296

§179 及后面的 π 的级数表达式,都可以用类似地方法化为质数的乘积. 这可以导出无穷乘积和无穷级数的许多重要性质,但对其中主要之点,本章已经进行了讨论,所以不再继续. 本章我们讨论相乘积产生的数,下章我们讨论相加和产生的数.

第十六章 拆数为和

§ 297

给定表达式
$$(1 + x^\alpha z)(1 + x^\beta z)(1 + x^\gamma z)(1 + x^\delta z)(1 + x^\varepsilon z)\cdots$$
我们来考察它的展开式. 记展开式为
$$1 + Pz + Qz^2 + Rz^3 + Sz^4 + \cdots$$
显然

$P =$ 原有幂的和 $x^\alpha + x^\beta + x^\gamma + x^\delta + x^\varepsilon + \cdots$

$Q = x$ 的每两个幂之积的和 $=$

$\quad x$ 的以 $\alpha, \beta, \gamma, \delta, \varepsilon, \zeta, \eta, \cdots$ 相异两成员之和为指数的一切幂之和

$R = x$ 的以不同三成员之和为指数的一切幂之和

$S = x$ 的以 $\alpha, \beta, \gamma, \delta, \varepsilon\cdots$ 中不同四成员之和为指数的一切幂之和

类推.

§ 298

$P, Q, R, S, \cdots$ 各表达式里, x 的每一个幂, 其指数都由 $\alpha, \beta, \gamma, \delta, \cdots$ 构成, 其系数都等于这构成方式的种数. 例如, Q 里的 Nx^n 表示 $\alpha, \beta, \gamma, \delta, \cdots$ 中两个之和等于 n 的共有 N 组. 一般地, 展开式中的 $Nx^n z^m$ 表示: $\alpha, \beta, \gamma, \delta, \varepsilon, \zeta, \cdots$ 中, 每组 m 个, 和等于 n 的组, 共有 N 个.

§ 299

从乘积
$$(1 + x^\alpha z)(1 + x^\beta z)(1 + x^\gamma z)(1 + x^\delta z)\cdots$$
的展开式可直接说出: $\alpha, \beta, \gamma, \delta, \varepsilon, \zeta, \cdots$ 中 m 个一组, 和等于 n 的组, 共有多少个. 只需找到含 $x^n z^m$ 的项, 它的系数就是我们所要的组数.

§ 300

为进一步说明,我们考虑无穷乘积
$$(1 + xz)(1 + x^2z)(1 + x^3z)(1 + x^4z)(1 + x^5z)\cdots$$
其展开式为
$$1 + z(x + x^2 + x^3 + x^4 + x^5 + x^6 + x^7 + x^8 + x^9 + \cdots) +$$
$$z^2(x^3 + x^4 + 2x^5 + 2x^6 + 3x^7 + 3x^8 + 4x^9 + 4x^{10} + 5x^{11} + \cdots) +$$
$$z^3(x^6 + x^7 + 2x^8 + 3x^9 + 4x^{10} + 5x^{11} + 7x^{12} + 8x^{13} + 10x^{14} + \cdots) +$$
$$z^4(x^{10} + x^{11} + 2x^{12} + 3x^{13} + 5x^{14} + 6x^{15} + 9x^{16} + 11x^{17} + 15x^{18} + \cdots) +$$
$$z^5(x^{15} + x^{16} + 2x^{17} + 3x^{18} + 5x^{19} + 7x^{20} + 10x^{21} + 13x^{22} + 18x^{23} + \cdots) +$$
$$z^6(x^{21} + x^{22} + 2x^{23} + 3x^{24} + 5x^{25} + 7x^{26} + 11x^{27} + 14x^{28} + 20x^{29} + \cdots) +$$
$$z^7(x^{28} + x^{29} + 2x^{30} + 3x^{31} + 5x^{32} + 7x^{33} + 11x^{34} + 15x^{35} + 21x^{36} + \cdots) +$$
$$z^8(x^{36} + x^{37} + 2x^{38} + 3x^{39} + 5x^{40} + 7x^{41} + 11x^{42} + 15x^{43} + 22x^{44} + \cdots) +$$
$$\vdots$$

从这个级数我们立即就可以说出 $1,2,3,4,5,6,7,8,\cdots$ 中 m 个一组,和等于 n 的组有多少个. 例如 m 为 7,n 为 35 时,我们找到含 z^7 和 x^{35} 的项,系数 15 就是 $1,2,3,4,5,6,7,8,\cdots$ 中 7 个一组,和等于 35 的组的组数.

§ 301

令上节中 $z = 1$,乘积变为
$$(1 + x)(1 + x^2)(1 + x^3)(1 + x^4)(1 + x^5)(1 + x^6)\cdots$$
展开,整理,得
$$1 + x + x^2 + 2x^3 + 2x^4 + 3x^5 + 4x^6 + 5x^7 + 6x^8 + \cdots$$
则项 Nx^n 的指数 n 和系数 N 告诉我们 $1,2,3,4,5,6,7,8,\cdots$ 中和等于 n 的组有 N 个. 例如 $6x^8$ 告诉我们 $1,2,3,4,5,6,7,\cdots$ 中和等于 8 的组有 6 个. 我们指出,它们是
$$8 = 8$$
$$8 = 7 + 1$$
$$8 = 6 + 2$$
$$8 = 5 + 3$$
$$8 = 5 + 2 + 1$$
$$8 = 4 + 3 + 1$$
请注意,这里 8 本身也是一组,即一组可以只是一个数.

§ 302

将一个给定的数,拆成不同数的和,这拆法有多少种,我们已经知道了. 如果把前面

的乘积改作分母,就可以去掉这句话中"不同"两字. 考虑表达式

$$\frac{1}{(1 - x^\alpha z)(1 - x^\beta z)(1 - x^\gamma z)(1 - x^\delta z)(1 - x^\varepsilon z)\cdots}$$

进行除法,记所得无穷级数为

$$1 + Pz + Qz^2 + Rz^3 + Sz^4 + \cdots$$

则

$P = x$ 的以序列 $\alpha, \beta, \gamma, \delta, \varepsilon, \zeta, \cdots$ 各成员为指数之幂的和

$Q = x$ 的以 P 中序列两成员(可以相同)的和为指数之幂的和

$R = x$ 的以 P 中序列三成员(可以相同)的和为指数之幂的和

$S = x$ 的以 P 中序列四成员(可以相同)的和为指数之幂的和

类推.

§303

写出无穷级数,归并同类项之后,我们就可以说出将 n 拆成序列 $\alpha, \beta, \gamma, \delta, \varepsilon, \cdots$ 中 m 个成员(可相同)之和的拆法共有多少种. 只要从级数中找出项 $Nx^n z^m$,这系数 N 就是我们所要的种数. 我们看到这一问题与前一问题解决方法类似.

§304

考虑一个重要的特殊情形:给定的表达式为

$$\frac{1}{(1 - xz)(1 - x^2 z)(1 - x^3 z)(1 - x^4 z)(1 - x^5 z)\cdots}$$

完成除法,得

$$1 + z(x + x^2 + x^3 + x^4 + x^5 + x^6 + x^7 + x^8 + x^9 + \cdots) + $$
$$z^2(x^2 + x^3 + 2x^4 + 2x^5 + 3x^6 + 3x^7 + 4x^8 + 4x^9 + 5x^{10} + \cdots) + $$
$$z^3(x^3 + x^4 + 2x^5 + 3x^6 + 4x^7 + 5x^8 + 7x^9 + 8x^{10} + 10^{11} + \cdots) + $$
$$z^4(x^4 + x^5 + 2x^6 + 3x^7 + 5x^8 + 6x^9 + 9x^{10} + 11x^{11} + 15x^{12} + \cdots) + $$
$$z^5(x^5 + x^6 + 2x^7 + 3x^8 + 5x^9 + 7x^{10} + 10x^{11} + 13x^{12} + 18x^{13} + \cdots) + $$
$$z^6(x^6 + x^7 + 2x^8 + 3x^9 + 5x^{10} + 7x^{11} + 11x^{12} + 14x^{13} + 20x^{14} + \cdots) + $$
$$z^7(x^7 + x^8 + 2x^9 + 3x^{10} + 5x^{11} + 7x^{12} + 11x^{13} + 15x^{14} + 21x^{15} + \cdots) + $$
$$z^8(x^8 + x^9 + 2x^{10} + 3x^{11} + 5x^{12} + 7x^{13} + 11x^{14} + 15x^{15} + 22x^{16} + \cdots) + $$
$$\vdots$$

有了这个展开式,我们就可以说出,将 n 拆成序列

$$1, 2, 3, 4, 5, 6, 7, \cdots$$

中 m 个数的和,拆法有多少种. 例如,将 13 拆成该序列中 5 个数的和. 我们从表达式中找到 $x^{13} z^5$ 所在的项,它的系数 18 就是我们所要的种数. 也即,将 13 拆成 5 个正整数的和,拆

法有 18 种.

§305

如果 $z = 1$,则上节分式成

$$\frac{1}{(1-x)(1-x^2)(1-x^3)(1-x^4)(1-x^5)(1-x^6)\cdots}$$

其展开式,整理后为

$$1 + x + 2x^2 + 3x^3 + 5x^4 + 7x^5 + 11x^6 + 15x^7 + 22x^8 + \cdots$$

式中每一项,系数都是指数能够拆成整数和的种数. 和中整数可以相等,也可以不等. 例如项 $11x^6$ 表示:将 6 拆成整数和,拆法有 11 种. 我们指出,它们是

$$6 = 6$$
$$6 = 5 + 1$$
$$6 = 4 + 2$$
$$6 = 4 + 1 + 1$$
$$6 = 3 + 3$$
$$6 = 3 + 2 + 1$$
$$6 = 3 + 1 + 1 + 1$$
$$6 = 2 + 2 + 2$$
$$6 = 2 + 2 + 1 + 1$$
$$6 = 2 + 1 + 1 + 1 + 1$$
$$6 = 1 + 1 + 1 + 1 + 1 + 1$$

我们再指出,6 是 $1,2,3,4,5,6,\cdots$ 的成员,它也是等于 6 的和中的一种.

§306

上面的讨论告诉我们从展开式所能得到的结果. 下面我探讨展开式的求法. 先求拆成不同数之和时所用的展开式. 为此,我们将

$$Z = (1 + xz)(1 + x^2z)(1 + x^3z)(1 + x^4z)(1 + x^5z)\cdots$$

的展开式按 z 的升幂排列为

$$Z = 1 + Pz + Qz^2 + Rz^3 + Sz^4 + Tz^5 + \cdots$$

我们要讨论的是:x 的函数 $P,Q,R,S,T,\cdots$ 的求法,有了它们,也就有了展开式.

§307

换 z 为 xz,得

$$(1 + x^2z)(1 + x^3z)(1 + x^4z)(1 + x^5z)\cdots = \frac{Z}{1 + xz}$$

也即,将 z 换为 xz 时,乘积的值由 Z 变成 $\dfrac{Z}{1 + xz}$. 由

$$Z = 1 + Pz + Qz^2 + Rz^3 + Sz^4 + \cdots$$

得

$$\frac{Z}{1 + xz} = 1 + Pxz + Qx^2z^2 + Rx^3z^3 + Sx^4z^4 + \cdots$$

两边乘 $1 + xz$,得

$$Z = 1 + Pxz + Qx^2z^2 + Rx^3z^3 + Sx^4z^4 + \cdots +$$
$$xz + Px^2z^2 + Qx^3z^3 + Rx^4z^4 + \cdots$$

两 Z 比较,得

$$P = \frac{x}{1 - x}, Q = \frac{Px^2}{1 - x^2}, R = \frac{Qx^3}{1 - x^3}, S = \frac{Rx^4}{1 - x^4}, \cdots$$

由前向后依次代入,我们得到

$$P = \frac{x}{1 - x}$$

$$Q = \frac{x^3}{(1 - x)(1 - x^2)}$$

$$R = \frac{x^6}{(1 - x)(1 - x^2)(1 - x^3)}$$

$$S = \frac{x^{10}}{(1 - x)(1 - x^2)(1 - x^3)(1 - x^4)}$$

$$T = \frac{x^{15}}{(1 - x)(1 - x^2)(1 - x^3)(1 - x^4)(1 - x^5)}$$

$$\vdots$$

§308

展开所得分数函数为级数,插一句,这级数都是递推的,从展成的级数我们就能说出,一数拆成若干个数之和的种数. 例如,第一个表达式

$$P = \frac{x}{1 - x}$$

展成的是几何级数

$$x + x^2 + x^3 + x^4 + x^5 + x^6 + x^7 + \cdots$$

它告诉我们每个数拆成单个数之和的种数都为 1. 事实上,整数都在这里出现,但只一次.

§309

第二个表达式

$$\frac{x^3}{(1-x)(1-x^2)}$$

给出的级数为

$$x^3 + x^4 + 2x^5 + 2x^6 + 3x^7 + 3x^8 + 4x^9 + 4x^{10} + \cdots$$

该级数的每一项,系数都是指数可以拆成两个不同数之和的种数.例如,$4x^9$ 告诉我们,9 拆成两个不同数的和,拆法有 4 种,用 x^3 除我们的级数,得到的是由分式

$$\frac{1}{(1-x)(1-x^2)}$$

产生的级数

$$1 + x + 2x^2 + 2x^3 + 3x^4 + 3x^5 + 4x^6 + 4x^7 + \cdots$$

记它的通项为 Nx^n,那么从这个级数的产生我们知道,系数 N 是指数 n 可以拆成数 1 与 2 之和的种数.由前一个级数的通项为 Nx^{n+3},我们得到下面的定理:

数 n 拆成数 1 与 2 之和的种数,等于数 $n+3$ 拆成两个不同数之和的种数.

§310

第三个表达式

$$\frac{x^6}{(1-x)(1-x^2)(1-x^3)}$$

展成的级数为

$$x^6 + x^7 + 2x^8 + 3x^9 + 4x^{10} + 5x^{11} + 7x^{12} + 8x^{13} + \cdots$$

它的每一项,系数都是指数能够拆成三个不同数之和的种数.将分式

$$\frac{1}{(1-x)(1-x^2)(1-x^3)}$$

展成级数,得

$$1 + x + 2x^2 + 3x^3 + 4x^4 + 5x^5 + 7x^6 + 8x^7 + \cdots$$

记它的通项为 Nx^n,则系数 N 是指数 n 拆成数 1,2,3 之和的种数.由前一个级数之通项为 Nx^{n+6} 我们得到下面的定理:

数 n 拆成数 1,2,3 之和的种数,等于数 $n+3$ 拆成三个不同数之和的种数.

§311

第四个表达式

$$\frac{x^{10}}{(1-x)(1-x^2)(1-x^3)(1-x^4)}$$

展成的级数为

$$x^{10} + x^{11} + 2x^{12} + 3x^{13} + 5x^{14} + 6x^{15} + 9x^{16} + \cdots$$

它的每一项,系数都是指数能够拆成 4 个不同数之和的种数.表达式

$$\frac{1}{(1-x)(1-x^2)(1-x^3)(1-x^4)}$$

展成的级数为

$$1 + x + 2x^2 + 3x^3 + 5x^4 + 6x^5 + 9x^6 + 11x^7 + \cdots$$

等于前一个级数除上 x^{10}. 记这个级数的通项为 Nx^n, 则系数 N 是指数 n 能够拆成数 $1,2,$ $3,4$ 之和的种数. 由前一个级数的通项为 Nx^{n+10}, 我们得到下面的定理:

数 n 拆成 $1,2,3,4$ 之和的种数, 等于数 $n+10$ 拆成 4 个不同数之和的种数.

§ 312

一般地, 如果表达式

$$\frac{1}{(1-x)(1-x^2)(1-x^3)(1-x^4)(1-x^5)\cdots(1-x^m)}$$

展成的级数, 其通项为 Nx^n, 则系数 N 是指数 n 能够拆成数 $1,2,3,4,\cdots,m$ 之和的种数. 另一方面, 如果表达式

$$\frac{x^{\frac{m(m+1)}{2}}}{(1-x)(1-x^2)(1-x^3)\cdots(1-x^m)}$$

展成的级数, 其通项为 $Nx^{n+\frac{m(m+1)}{2}}$, 则系数 N 是指数 $n + \dfrac{m(m+1)}{2}$ 拆成 m 个不同数之和的种数. 从而我们得到下面的定理:

数 n 拆成数 $1,2,3,4,\cdots,m$ 之和的种数, 等于数 $n + \dfrac{m(m+1)}{2}$ 拆成 m 个不同数之和的种数.

313

前面我们讨论了将一个数拆成若干份的种数, 份与份不相等. 现在我们讨论份与份可以相等的情形. 这种拆法的种数, 从表达式

$$Z = \frac{1}{(1-xz)(1-x^2z)(1-x^3z)(1-x^4z)(1-x^5z)\cdots}$$

得到. 记该式展成的级数为

$$Z = 1 + Pz + Qz^2 + Rz^3 + Sz^4 + Tz^5 + \cdots$$

将表达式中的 z 换成 xz, 得

$$\frac{1}{(1-x^2z)(1-x^3z)(1-x^4z)(1-x^5z)\cdots} = (1-xz)Z$$

对级数作同样的替换, 得

$$(1-xz)Z = 1 + Pxz + Qx^2z^2 + Rx^3z^3 + Sx^4z^4 + \cdots$$

乘原级数以 $1 - xz$, 得

$$(1 - xz)Z = 1 + Pz + Qz^2 + Rz^3 + Sz^4 + \cdots -$$
$$xz - Pxz^2 - Qxz^3 - Rxz^4 - \cdots$$

将这两个表达式相比较,我们得到

$$P = \frac{x}{1-x}, Q = \frac{Px^2}{1-x^2}, R = \frac{Qx}{1-x^3}, S = \frac{Rx}{1-x^4}, \cdots$$

由左向右逐个代入,我们得到

$$P = \frac{x}{1-x}$$

$$Q = \frac{x^2}{(1-x)(1-x^2)}$$

$$R = \frac{x^3}{(1-x)(1-x^2)(1-x^3)}$$

$$S = \frac{x^4}{(1-x)(1-x^2)(1-x^3)(1-x^4)}$$
$$\vdots$$

§314

$P, Q, R, S, \cdots$ 的前后两种表达式,不同的只是分子的指数,前高于后. 因此后面表达式的展开级数及其系数的含义都与前面完全类似. 由此我们得到与前面类似地下列定理:

数 n 拆成数 $1, 2$ 之和的种数,等于数 $n + 2$ 拆成两个数之和的种数.

数 n 拆成数 $1, 2, 3$ 之和的种数,等于数 $n + 3$ 拆成三个数之和的种数.

数 n 拆成数 $1, 2, 3, 4$ 之和的种数,等于数 $n + 4$ 拆成四个数之和的种数.

一般地,数 n 拆成 $1, 2, 3, \cdots, m$ 之和的种数,等于数 $n + m$ 拆成 m 个数之和的种数.

§315

拆数 n 成 m 个相异或不一定相异数之和的种数,这两个问题都可用拆成数 $1, 2, 3, 4, \cdots, m$ 之和的种数,根据从前面定理推出来的下面两个定理来回答:

数 n 拆成 m 个相异数之和的种数,等于数 $n - \dfrac{m(m+1)}{2}$ 拆成数 $1, 2, 3, 4, \cdots, m$ 之和的种数.

数 n 拆成不一定相异的 m 个数之和的种数,等于数 $n - m$ 拆成 $1, 2, 3, 4, \cdots, m$ 之和的种数.

从这两个定理进而得到下面两个定理:

n 拆成 m 个相异数之和的种数,等于 $n - \dfrac{m(m+1)}{2}$ 拆成 m 个不一定相异数之和的种数.

n 拆成 m 个不一定相异的数之和的种数,等于 $n + \dfrac{m(m+1)}{2}$ 拆成 m 个相异数之和的种数.

§316

我们可以利用构成递推级的办法,得到数 n 拆成数 $1,2,3,\cdots,m$ 之和的种数,作法是将分式

$$\frac{1}{(1-x)(1-x^2)(1-x^3)\cdots(1-x^m)}$$

展成递推级数到项 Nx^n. 这系数 N 就是数 n 拆成数 $1,2,3,4,\cdots,m$ 之和的种数. 但是当 m 和 n 比较大时,这个求 N 的方法不好用. 这时分母给出的递推尺度,其项数多,求级数的高次项很麻烦.

§317

我们先弄清几种简单情形,由此出发再去考虑更复杂的情形,这样事情会容易一些. 记分式

$$\frac{1}{(1-x)(1-x^2)(1-x^3)\cdots(1-x^m)}$$

产生的级数的通项为 Nx^n. 记分式

$$\frac{x^m}{(1-x)(1-x^2)(1-x^3)\cdots(1-x^m)}$$

产生的级数的通项为 Mx^n. 这里的数 M 是数 $n-m$ 拆成数 $1,2,3,\cdots,m$ 之和的种数. 从前一个分式减去后一个,得

$$\frac{1}{(1-x)(1-x^2)(1-x^3)\cdots(1-x^{m-1})}$$

显然,它产生的级数,其通项为 $(N-M)x^n$. 这里的 $N-M$ 是 n 拆成 $1,2,3,\cdots,m-1$ 之和的种数.

§318

由此我们得到下面的规则:

记 n 拆成 $1,2,3,\cdots,m-1$ 之和的种数为 L;

记 $n-m$ 拆成 $1,2,3,\cdots,m$ 之和的种数为 M;

记 n 拆成 $1,2,3,\cdots,m$ 之和的种数为 N.

在这样的记号之下我们有

$$L = N - M$$

从而

$$N = L + M$$

这样,知道了 n 拆成 $1,2,3,\cdots,m-1$ 之和的种数,和 $n-m$ 拆成 $1,2,3,\cdots,m$ 之和的种数,进行加法就可得到 n 拆成 $1,2,3,\cdots,n$ 之和的种数. 借助这条规则,可以从比较简单情况下的结果,推出更复杂情况下的结果. 附表就是用这种方法计算出来的.

附表

	I	II	III	IV	V	VI	VII	VIII	IX	X	XI
1	1	1	1	1	1	1	1	1	1	1	1
2	1	2	2	2	2	2	2	2	2	2	2
3	1	2	3	3	3	3	3	3	3	3	3
4	1	3	4	5	5	5	5	5	5	5	5
5	1	3	5	6	7	7	7	7	7	7	7
6	1	4	7	9	10	11	11	11	11	11	11
7	1	4	8	11	13	14	15	15	15	15	15
8	1	5	10	15	18	20	21	22	22	22	22
9	1	5	12	18	23	26	28	29	30	30	30
10	1	6	14	23	30	35	38	40	41	42	42
11	1	6	16	27	37	44	49	52	54	55	46
12	1	7	19	34	47	58	65	70	73	75	76
13	1	7	21	39	57	71	82	89	94	97	99
14	1	8	24	47	70	90	105	116	123	128	131
15	1	8	27	54	84	110	131	146	157	164	169
16	1	9	30	64	101	136	164	186	201	212	219
17	1	9	33	72	119	163	201	230	252	267	278
18	1	10	37	84	141	199	248	288	318	340	355
19	1	10	40	94	164	235	300	352	393	423	445
20	1	11	44	108	192	282	364	434	488	530	560
21	1	11	48	120	221	331	436	525	598	653	695
22	1	12	52	136	255	391	522	638	732	807	863
23	1	12	56	150	291	454	618	764	887	984	1 060
24	1	13	61	169	333	532	733	919	1 076	1 204	1 303
25	1	13	65	185	377	612	860	1 090	1 291	1 455	1 586
26	1	14	70	206	427	709	1 009	1 297	1 549	1 761	1 930
27	1	14	75	225	480	811	1 175	1 527	1 845	2 112	2 331
28	1	15	80	249	540	931	1 367	1 801	2 194	2 534	2 812
29	1	15	85	270	603	1 057	1 579	2 104	2 592	3 015	3 370
30	1	16	91	297	674	1 206	1 824	2 462	3 060	3 590	4 035
31	1	16	96	321	748	1 360	2 093	2 857	3 589	4 242	4 802
32	1	17	102	351	831	1 540	2 400	3 319	4 206	5 013	5 788
33	1	17	108	378	918	1 729	2 738	3 828	4 904	5 888	6 751

34	1	18	114	411	1 014	1 945	3 120	4 417	5 708	6 912	7 972
35	1	18	120	441	1 115	2 172	3 539	5 066	6 615	8 070	9 373
36	1	19	127	478	1 226	2 432	4 011	5 812	7 657	9 418	11 004
37	1	19	133	511	1 342	2 702	4 526	6 630	8 824	10 936	12 866
38	1	20	140	551	1 469	3 009	5 102	7 564	10 156	12 690	15 021
39	1	20	147	588	1 602	3 331	5 731	8 588	11 648	14 663	17 475
40	1	21	154	632	1 747	3 692	6 430	9 749	13 338	16 928	20 298
41	1	21	161	672	1 898	4 070	7 190	11 018	15 224	19 466	23 501
42	1	22	169	720	2 062	4 494	8 033	12 450	17 354	22 367	27 169
43	1	22	176	764	2 233	4 935	8 946	14 012	19 720	25 608	31 316
44	1	23	184	816	2 418	5 427	9 953	15 765	22 380	29 292	36 043
45	1	23	192	864	2 611	5 942	11 044	17 674	25 331	33 401	41 373
46	1	24	200	920	2 818	6 510	12 241	19 805	28 629	38 047	47 420
47	1	24	208	972	3 034	7 104	13 534	22 122	32 278	43 214	54 218
48	1	25	217	1 033	3 266	7 760	14 950	24 699	36 347	49 037	61 903
49	1	25	225	1 089	3 507	8 442	16 475	27 493	40 831	55 494	70 515
50	1	26	234	1 154	3 765	9 192	18 138	30 588	45 812	62 740	80 215
51	1	26	243	1 215	4 033	9 975	19 928	33 940	51 294	70 760	91 058
52	1	27	252	1 285	4 319	10 829	21 873	37 638	57 358	79 725	103 226
53	1	27	261	1 350	4 616	11 720	23 961	41 635	64 015	89 623	116 792
54	1	28	271	1 425	4 932	12 692	26 226	46 031	71 362	100 654	131 970
55	1	28	280	1 495	5 260	13 702	28 652	50 774	79 403	112 804	148 847
56	1	29	290	1 575	5 608	14 800	31 275	55 974	88 252	126 299	167 672
57	1	29	300	1 650	5 969	15 944	34 082	61 575	97 922	141 136	188 556
58	1	30	310	1 735	6 351	17 180	37 108	67 696	108 527	157 564	211 782
59	1	30	320	1 815	6 747	18 467	40 340	74 280	120 092	175 586	237 489
60	1	31	331	1 906	7 166	19 858	43 819	81 457	132 751	195 491	266 006
61	1	31	341	1 991	7 599	21 301	47 527	89 162	146 520	217 280	297 495
62	1	32	352	2 087	8 056	22 856	51 508	97 539	161 554	241 279	332 337
63	1	32	363	2 178	8 529	24 473	55 748	106 522	177 884	267 507	370 733
64	1	33	374	2 280	9 027	26 207	60 289	116 263	195 666	296 320	413 112
65	1	33	385	2 376	9 542	28 009	65 117	126 692	214 944	327 748	459 718
66	1	34	397	2 484	10 083	29 941	70 281	137 977	235 899	362 198	511 045
67	1	34	408	2 586	10 642	31 943	75 762	150 042	258 569	399 705	567 377
68	1	35	420	2 700	11 229	34 085	81 612	163 069	283 161	440 725	629 281
69	1	35	432	2 808	11 835	36 308	87 816	176 978	309 729	485 315	697 097

例如,查 50 拆成 7 个相异数之和的种数. 从最左竖列中查到 $50 - \dfrac{7 \cdot 8}{2} = 22$,从最上横行中查到 Ⅶ,22 所属横行与 Ⅶ 所属竖列交点处的 522 就是答案.

再例如,查 50 拆成 7 个不一定相异数之和的种数. 从最竖列中查到 $50 - 7 = 43$,从最上横行中查到 Ⅶ,43 所属横行与 Ⅶ 所属竖列交点处的 8 946 就是答案.

§319

附表的每一竖列都是一个级数的系数. 虽然这里的级数是递推的, 但其系数却与自然数、三角形数、四面体数等有着密切的关系. 对这种关系我们做些说明. 分式

$$\frac{1}{(1-x)(1-x^2)}$$

产生的级数为

$$1 + x + 2x^2 + 2x^3 + 3x^4 + 3x^5 + \cdots$$

从而

$$\frac{x}{(1-x)(1-x^2)}$$

产生的级数为

$$x + x^2 + 2x^3 + 2x^4 + 3x^5 + 3x^6 + \cdots$$

这两个级数相加, 得级数

$$1 + 2x + 3x^2 + 4x^3 + 5x^4 + 6x^5 + 7x^6 + \cdots$$

实际上它是分式

$$\frac{1+x}{(1-x)(1-x^2)} = \frac{1}{(1-x)^2}$$

产生的级数. 最后这个级数的系数就是自然数. 令第一个级数中的 $x = 1$, 得到的就是表中列 Ⅱ 所成的级数. 取它的每项与前一项相加, 用和作新级数的项. 这新级数的项为自然数

$$1 + 1 + 2 + 2 + 3 + 3 + 4 + 4 + 5 + 5 + 6 + 6 + \cdots$$
$$1 + 2 + 3 + 4 + 5 + 6 + 7 + 8 + 9 + 10 + 11 + 12 + \cdots$$

反之, 从以自然数为项的级数, 也可以得到以表中列 Ⅱ 为项的级数. 方法是: 从前者的对应项减去后者的前一项, 用结果作后者的项.

§320

表中列 Ⅲ 所成级数由分式

$$\frac{1}{(1-x)(1-x^2)(1-x^3)}$$

产生. 但从

$$\frac{1}{(1-x)^3} = \frac{(1+x)(1+x+x^2)}{(1-x)(1-x^2)(1-x^3)}$$

我们看到, 先让列 Ⅲ 所成级数每项与前两项相加, 再让得到的级数每项与前一项相加, 最后得到的就是三角形数所成级数, 下面列的就是这三个级数

$$1 + 1 + 2 + 3 + 4 + 5 + 7 + 8 + 10 + 12 + 14 + 16 + 19 + \cdots$$

$$1 + 2 + 4 + 6 + 9 + 12 + 16 + 20 + 25 + 30 + 36 + 42 + 49 + \cdots$$
$$1 + 3 + 6 + 10 + 15 + 21 + 28 + 36 + 45 + 55 + 66 + 78 + 91 + \cdots$$

反之,如何从三角形数所成级数得到列 Ⅲ 所成级数,这也是明显的.

§ 321

类似地,列 Ⅳ 所成级数,由分式

$$\frac{1}{(1 - x)(1 - x^2)(1 - x^3)(1 - x^4)}$$

产生,且

$$\frac{(1 + x)(1 + x + x^2)(1 + x + x^2 + x^3)}{(1 - x)(1 - x^2)(1 - x^3)(1 - x^4)} = \frac{1}{(1 - x)^4}$$

这里,对列 Ⅳ 所成级数,使每项与前三项相加,得第二个级数,使第二个级数每项与前两项相加,得第三个级数,最后使第三个级数每项与前一项相加,得到的就是四面体数所成级数. 下面是逐次得到的结果

$$1 + 1 + 2 + 3 + 5 + 6 + 9 + 11 + 15 + 18 + 23 + 27 + \cdots$$
$$1 + 2 + 4 + 7 + 11 + 16 + 23 + 31 + 41 + 53 + 67 + 83 + \cdots$$
$$1 + 3 + 7 + 13 + 22 + 34 + 50 + 70 + + 95 + 125 + 161 + 203 + \cdots$$
$$1 + 4 + 10 + 20 + 35 + 56 + 84 + 120 + 165 + 220 + 286 + 264 + \cdots$$

类似地,从列 Ⅴ 所成级数推出二阶四面体数所成级数,从列 Ⅵ 所成级数推出三阶四面体数所成级数.

§ 322

反之,从自然数,三角形数等也可算出表中各列,下面是计算列 Ⅱ,Ⅲ,Ⅳ,Ⅴ 的中间和最后结果

$$1 + 2 + 3 + 4 + 5 + 6 + 7 + 8 + 9 + 10 + \cdots$$
$$1 + 1 + 2 + 2 + 3 + 3 + 4 + 4 + 5 + 5 + \cdots \text{列 Ⅱ}$$
$$1 + 3 + 6 + 10 + 15 + 21 + 28 + 36 + 45 + 55 + \cdots$$
$$1 + 2 + 4 + 6 + 9 + 12 + 16 + 20 + 25 + 30 + \cdots$$
$$1 + 1 + 2 + 3 + 4 + 5 + 7 + 8 + 10 + 12 + \cdots \text{列 Ⅲ}$$
$$1 + 4 + 10 + 20 + 35 + 56 + 84 + 120 + 165 + 220 + \cdots$$
$$1 + 3 + 7 + 13 + 22 + 34 + 50 + 70 + 95 + 125 + \cdots$$
$$1 + 2 + 4 + 7 + 11 + 16 + 23 + 31 + 41 + 53 + \cdots$$
$$1 + 1 + 2 + 3 + 5 + 6 + 9 + 11 + 15 + 18 + \cdots \text{列 Ⅳ}$$
$$1 + 5 + 15 + 35 + 70 + 126 + 210 + 330 + 495 + 715 + \cdots$$
$$1 + 4 + 11 + 24 + 46 + 80 + 130 + 200 + 295 + 420 + \cdots$$

$$1 + 3 + 7 + 14 + 25 + 41 + 64 + 95 + 136 + 189 + \cdots$$
$$1 + 2 + 4 + 7 + 12 + 18 + 27 + 38 + 53 + 71 + \cdots$$
$$1 + 1 + 2 + 3 + 5 + 7 + 10 + 13 + 18 + 23 + \cdots \text{列 V}$$
$$\vdots$$

这是四组级数,其第一行的项,依次是自然数、三角形数、四面体数、二阶四面体数.第二行的项都等于第一行的对应项减去第二行的前一项.第三行的项都等于第二行的对应项减去第三行前两项的和.类推下去,从前一行的对应项减去本行前三项的和,第四项的和等以得到本行,直至得到我们所求的开头几项为 $1 + 1 + 2 + \cdots$ 的级数,即表中的各列.

§323

表中各列开头几项都相同,并且越向右相同的项越多,可见当列无穷时,各列会完全相同,那时的级数是由分式

$$\frac{1}{(1-x)(1-x^2)(1-x^3)(1-x^4)(1-x^5)(1-x^6)(1-x^7)\cdots}$$

产生的. 这个级数是递推的. 为得到递推尺度,展开分母,得

$$1 - x - x^2 + x^5 + x^7 - x^{12} - x^{15} + x^{22} + x^{26} - x^{35} - x^{40} + x^{51} + \cdots$$

仔细观察我们发现,指数为 $\dfrac{3n^2 \pm n}{2}$,n 为奇数的项为负,n 为偶数的项为正.

§324

递推尺度为

$$+1, +1, 0, 0, -1, 0, -1, 0, 0, 0, 0, +1, 0, 0, +1, 0, 0, \cdots$$

因而分式

$$\frac{1}{(1-x)(1-x^2)(1-x^3)(1-x^4)(1-x^5)(1-x^6)(1-x^7)\cdots}$$

产生的递推级数为

$$1 + x + 2x^2 + 3x^3 + 5x^4 + 7x^5 + 11x^6 + 15x^7 + 22x^8 + 30x^9 +$$
$$42x^{10} + 56x^{11} + 77x^{12} + 101x^{13} + 135x^{14} + 176x^{15} + 231x^{16} + 297x^{17} +$$
$$385x^{18} + 490x^{19} + 627x^{20} + 792x^{21} + 1\,002x^{22} + 1\,250x^{23} + 1\,570x^{24} + \cdots$$

这个级数的每一项,系数都等于指数拆为整数之和的种数. 例如,7 拆成整数之和的种数是15,具体拆法为

$$7 = 7$$
$$7 = 6 + 1$$
$$7 = 5 + 2$$
$$7 = 5 + 1 + 1$$

$$7 = 4 + 3$$
$$7 = 4 + 2 + 1$$
$$7 = 4 + 1 + 1 + 1$$
$$7 = 3 + 3 + 1$$
$$7 = 3 + 2 + 2$$
$$7 = 3 + 2 + 1 + 1$$
$$7 = 3 + 1 + 1 + 1 + 1$$
$$7 = 2 + 2 + 2 + 1$$
$$7 = 2 + 2 + 1 + 1 + 1$$
$$7 = 2 + 1 + 1 + 1 + 1 + 1$$
$$7 = 1 + 1 + 1 + 1 + 1 + 1 + 1$$

§ 325

乘积
$$(1 + x)(1 + x^2)(1 + x^3)(1 + x^4)(1 + x^5)(1 + x^6)\cdots$$
展开,得级数
$$1 + x + x^2 + 2x^3 + 2x^4 + 3x^5 + 4x^6 + 5x^7 + 6x^8 + 8x^9 + 10x^{10} + \cdots$$
这里系数等于指数拆成相异数之和的种数. 例如,9拆成相异数之和的种数是8,这8种拆法是

$$9 = 9$$
$$9 = 8 + 1$$
$$9 = 7 + 2$$
$$9 = 6 + 3$$
$$9 = 6 + 2 + 1$$
$$9 = 5 + 4$$
$$9 = 5 + 3 + 1$$
$$9 = 4 + 3 + 2$$

§ 326

为对这两个表达式进行比较,记
$$P = (1 - x)(1 - x^2)(1 - x^3)(1 - x^4)(1 - x^5)(1 - x^6)\cdots$$
$$Q = (1 + x)(1 + x^2)(1 + x^3)(1 + x^4)(1 + x^5)(1 + x^6)\cdots$$
从而
$$PQ = (1 - x^2)(1 - x^4)(1 - x^6)(1 - x^8)(1 - x^{10})(1 - x^{12})\cdots$$
PQ 的因式都含于 P 中,用 PQ 除 P,得

$$\frac{1}{Q} = (1-x)(1-x^3)(1-x^5)(1-x^7)(1-x^9)\cdots$$

从而

$$Q = \frac{1}{(1-x)(1-x^3)(1-x^5)(1-x^7)(1-x^9)\cdots}$$

将该分式展成无穷级数,则所得级数的每一项,系数都等于指数拆成奇数和的种数. Q 是我们上节考察过了的,因此我们得到定理.

一数拆成相异整数之和的种数,等于拆成奇数之和的种数,奇数可以相等.

§327

我们已经看到了
$$P = 1 - x - x^2 + x^5 + x^7 - x^{12} - x^{15} + x^{22} + x^{26} - x^{35} - x^{40} + \cdots$$

将 x 换成 x^2,得
$$PQ = 1 - x^2 - x^4 + x^{10} + x^{14} - x^{24} - x^{30} + x^{44} + x^{52} - \cdots$$

用 P 除 PQ,得
$$Q = \frac{1 - x^2 - x^4 + x^{10} + x^{14} - x^{24} - x^{30} + \cdots}{1 - x - x^2 + x^5 + x^7 - x^{12} - x^{15} + x^{22} + x^{26} - \cdots}$$

可见 Q 也可展成递推级数,而且这个级数可以由 $\frac{1}{P}$ 乘上
$$1 - x^2 - x^4 + x^{10} + x^{14} - x^{24} - \cdots$$

得到. 从 §324 我们知道
$$\frac{1}{P} = 1 + x + 2x^2 + 3x^3 + 5x^4 + 7x^5 + 11x^6 + 15x^7 + 22x^8 + 30x^9 + \cdots$$

乘它以
$$1 - x^2 - x^4 + x^{10} + x^{14} - \cdots$$

得

$$
\begin{aligned}
&1 + x + 2x^2 + 3x^3 + 5x^4 + 7x^5 + 11x^6 + 15x^7 + 22x^8 + 30x^9 + \cdots \\
&\quad - x^2 - x^3 - 2x^4 - 3x^5 - 5x^6 - 7x^7 - 11x^8 - 15x^9 - \cdots \\
&\qquad\qquad - x^4 - x^5 - 2x^6 - 3x^7 - 5x^8 - 7x^9 - \cdots \\
&\qquad\qquad\qquad\qquad\qquad\qquad \vdots
\end{aligned}
$$

或
$$1 + x + x^2 + 2x^3 + 2x^4 + 3x^5 + 4x^6 + 5x^7 + 6x^8 + 8x^9 + \cdots = Q$$

从一个数拆成可以相同的数之和的种数,可以推出拆成相异数之和的种数,进而又可推出拆成奇数之和的种数.

§328

还有几种情形应该注意,它们也对了解数的性质有帮助. 考虑表达式

$$(1 + x)(1 + x^2)(1 + x^4)(1 + x^8)(1 + x^{16})(1 + x^{22})\cdots$$

其中每个指数都是前一个的两倍. 展开式为级数

$$1 + x + x^2 + x^3 + x^4 + x^5 + x^6 + x^7 + x^8 + \cdots$$

可能会问. 这个级数是按几何级数一直延续下去吗? 我们来回答这个问题. 记

$$P = (1 + x)(1 + x^2)(1 + x^4)(1 + x^8)(1 + x^{16})(1 + x^{32})\cdots$$

设其展开式为

$$P = 1 + \alpha x + \beta x^2 + \gamma x^3 + \delta x^4 + \varepsilon x^5 + \zeta x^6 + \eta x^7 + \theta x^8 + \cdots$$

将 x 换为 x^2, 得乘积

$$(1 + x^2)(1 + x^4)(1 + x^8)(1 + x^{16})(1 + x^{32})\cdots = \frac{P}{1 + x}$$

对展开式做同样的代换, 得

$$\frac{P}{1 + x} = 1 + \alpha x^2 + \beta x^4 + \gamma x^6 + \delta x^8 + \varepsilon x^{10} + \zeta x^{12} + \cdots$$

两边乘 $1 + x$, 得

$$P = 1 + x + \alpha x^2 + \alpha x^3 + \beta x^4 + \beta x^5 + \gamma x^6 + \gamma x^7 + \delta x^8 + \delta x^9 + \cdots$$

两个 P 相比较, 得

$$\alpha = 1, \beta = \alpha, \gamma = \alpha, \delta = \beta, \varepsilon = \beta, \zeta = \gamma, \eta = \gamma, \cdots$$

结果是系数都为 1, 即展开式确实是按几何级数一直延续下去, 是几何级数

$$1 + x + x^2 + x^3 + x^4 + x^5 + x^6 + x^7 + \cdots$$

§ 329

x 的各次幂都在上节几何级数中出现, 并且只出现一次. 从这几何级数等于乘积

$$(1 + x)(1 + x^2)(1 + x^4)(1 + x^8)(1 + x^{16})(1 + x^{32})\cdots$$

我们得到: 每个数都可表示成以 2 为公比的几何级数

$$1, 2, 4, 8, 16, 32, \cdots$$

的项的和, 并且表示法是唯一的.

这一性质也可从天平的使用中得到证实. 设砝码的克数为 $1, 2, 4, 8, 16, 32, \cdots$, 用这样的砝码我们可以称重量为任何克数的物体. 注意, 不足 1 克的重量, 这里不计. 用重量为 1, 2, 4, 8, 16, 32, 64, 128, 256, 512 克的这 10 个砝码, 我们可以称 1 克到 1 024 克的所有重量. 如果再加上一个 1 024 克的砝码, 我们就可以称 1 克到 2 048 克的所有重量.

§ 330

用更少的砝码, 即用以 3 为公比的几何级数

$$1, 3, 9, 27, 81, \cdots$$

的项做砝码的克数, 也可以称任何重量. 这里不足一克的重量也不计. 但这里有一点与前节不同. 前节物体、砝码分置两个托盘, 这里放物体的托盘中, 有时也要放砝码. 这是因为

用以 3 为公比的几何级数的不同项形成所有的数时,需要加减法并用. 例如

$$1 = 1$$
$$2 = 3 - 1$$
$$3 = 3$$
$$4 = 3 + 1$$
$$5 = 9 - 3 - 1$$
$$6 = 9 - 3$$
$$7 = 9 - 3 + 1$$
$$8 = 9 - 1$$
$$9 = 9$$
$$10 = 9 + 1$$
$$11 = 9 + 3 - 1$$
$$12 = 9 + 3$$
$$\vdots$$

§331

为证明上节结论,我们考虑无穷乘积

$$(x^{-1} + 1 + x)(x^{-3} + 1 + x^3)(x^{-9} + 1 + x^9)(x^{-27} + 1 + x^{27})\cdots = P$$

其展开式中的指数,全都由数 $1,3,9,27,81,\cdots$ 经过加减两种运算形成. 我们问:是不是每一个数都在展开式的指数中出现. 为回答这个问题,我们令

$$P = \cdots + cx^{-3} + bx^{-2} + ax^{-1} + 1 + ax + \beta x^2 + \gamma x^3 + \delta x^4 + \varepsilon x^5 + \cdots$$

替 x 以 x^3,得

$$\frac{P}{x^{-1} + 1 + x^1} = \cdots + bx^{-6} + ax^{-3} + 1 + ax^3 + \beta x^6 + \gamma x^9 + \cdots$$

由此得

$$P = \cdots + ax^{-4} + ax^{-3} + ax^{-2} + x^{-1} + 1 + x + ax^2 + ax^3 + \alpha x^4 + \beta x^5 + \beta x^6 + \beta x^7 + \cdots$$

两 P 相较,得

$$\alpha = 1, \beta = \alpha, \gamma = \alpha, \delta = \alpha, \varepsilon = \beta, \zeta = \beta, \cdots$$
$$a = 1, b = a, c = a, d = a, e = b, \cdots$$

这样一来,我们看到

$$P = 1 + x + x^2 + x^3 + x^4 + x^5 + x^6 + x^7 + \cdots +$$
$$x^{-1} + x^{-2} + x^{-3} + x^{-4} + x^{-5} + x^{-6} + x^{-7} + \cdots$$

我们看到,正的、负的每一个数都在展开式的指数中出现,也即,每一个数都能够由公比为 3 的几何级数的项通过加减两种运算得到,并且得到的方式只有一种.

第十七章　　应用递推级数求根

§ 332

　　著名数学家丹尼尔·贝努里有一篇研究任意次方程求根的文章,发表在彼得堡科学院通报第三卷上.这篇文章给出了一种用递推级数求代数方程根的近似值的方法,近似程度很高.本章我们详细介绍这一方法,它常常很有用,但对有的方程,这个方法无效,用它求不出根.我们先考虑递推级数与这个方法有密切关系的一些性质,以便能有效地应用这一方法.

§ 333

　　递推级数都由有理分式产生.设分式

$$\frac{a + bz + cz^2 + dz^3 + ez^4 + \cdots}{1 - \alpha z - \beta z^2 - \gamma z^3 - \delta z^4 - \cdots}$$

产生的递推级数为

$$A + Bz + Cz^2 + Dz^3 + Ez^4 + Fz^5 + \cdots$$

则系数

$$A = a$$
$$B = \alpha A + b$$
$$C = \alpha B + \beta A + c$$
$$D = \alpha C + \beta B + \gamma A + d$$
$$E = \alpha D + \beta C + \gamma B + \delta A + e$$
$$\vdots$$

第八章我们讲了,通项,也即 z^n 的系数的求法是:先把有理分式表示成部分分式,部分分式是以分母

$$1 - \alpha z - \beta z^2 - \gamma z^3 - \cdots$$

的因式为分母的公式.

§334

通项主要决定于分母线性因式的性质,决定于线性因式中有无虚的,有无相同的. 我们对不同情形分别进行讨论,先考虑分母的线性因式都是实的,且都不相同的情形. 记此时分母的线性因式为

$$(1 - pz)(1 - qz)(1 - rz)(1 - sz)\cdots$$

记所给分数分解成的部分分式为

$$\frac{\mathfrak{A}}{1 - pz} + \frac{\mathfrak{B}}{1 - qz} + \frac{\mathfrak{C}}{1 - rz} + \frac{\mathfrak{D}}{1 - sz} + \cdots$$

则递推级数的通项为

$$z^n(\mathfrak{A}p^n + \mathfrak{B}q^n + \mathfrak{C}r^n + \mathfrak{D}s^n + \cdots)$$

记它为 Pz^n,也即记 z^n 的系数为 P. 记 Pz^n 后继项的系数为 $Q, R, \cdots$,则递推级数为

$$A + Bz + Cz^2 + Dz^3 + \cdots + Pz^n + Qz^{n+1} + Rz^{n+2} + \cdots$$

§335

我们继续写这递推级数的项到很多,也即让 n 很大. 两数,一大一小,大数的幂比小数的幂更大. 设不相等的 $p, q, r, \cdots$ 中 p 最大,那么 n 很大时,与 $\mathfrak{A}p^n$ 相比较,$\mathfrak{B}q^n, \mathfrak{C}r^n, \cdots$ 都可忽略不计. 因而,n 很大时,我们可以取,或者至少近似地可以取

$$P = \mathfrak{A}p^n$$

类似地,可以取

$$Q = \mathfrak{A}p^{n+1}$$

从而

$$\frac{Q}{P} = p$$

由此可见,级数继续到很多项时,这第很多项与其前一项的比,就是 $p, q, r, \cdots$ 中最大的 p 的近似值.

§336

这样,如果分式

$$\frac{a + bz + cz^2 + dz^3}{1 - \alpha z - \beta z^2 - \gamma z^3 - \delta z^4 - \cdots}$$

分母的线性因式都是实的,且不相同,又如果分母的线性因式中 z 的最大系数为 p,那么,从分式的递推级数,我们就可以求出线性因式 $1 - pz$,在求该因式的过程中,分子的系数 $a, b, c, d, \cdots$ 不起作用. 事实上,不管分子的系数取什么值,求出的最大数 p 的值都是相同的. n 很大时,我们得到 p 的近似值,n 越大近似程度越好,p 比 $q, r, s, \cdots$ 它们大得越多,近

似程度也越好, n 趋向无穷时, 我们得到 p 的真值. 最后, p 为正为负, 我们的方法是一样的, 因为 p 为正为负, 其幂都是增加的.

§337

以上我们讲了应用递推级数求代数方程根的方法. 知道了分母

$$1 - \alpha z - \beta z^2 - \gamma z^3 - \delta z^4 - \cdots$$

的因式, 也就知道了方程

$$1 - \alpha z - \beta z^2 - \gamma z^3 - \delta z^4 - \cdots = 0$$

的根. $1 - pz$ 为因式, 则 $z = \dfrac{1}{p}$ 为根. 用递推级数求得的是最大的数 p, 因而得到的是方程

$$1 - \alpha z - \beta z^2 - \gamma z^3 - \cdots = 0$$

的最小的根. 令 $z = \dfrac{1}{x}$, 方程化为

$$x^m - \alpha x^{m-1} - \beta x^{m-2} - \gamma x^{m-3} - \cdots = 0$$

那么, 我们得到的就是这个方程最大的根 $x = p$.

§338

这样一来, 如果给了方程

$$x^m - \alpha x^{m-1} - \beta x^{m-2} - \gamma x^{m-3} - \cdots = 0$$

并已知其根都为实数, 且不相同, 那么最大根的求法是: 先根据所给方程的系数写出分式

$$\frac{a + bz + cz^2 + dz^3 + \cdots}{1 - \alpha z - \beta z^2 - \gamma z^3 - \cdots}$$

再列出这个分式的递推级数, 分子或者级数前若干项的系数任意. 记列出的递推级数为

$$A + Bz + Cz^2 + Dz^3 + \cdots + Pz^n + Qz^{n+1} + \cdots$$

则分数 $\dfrac{Q}{P}$ 就是所给方程的最大根, n 越大, 近似程度越高.

例 1 求方程

$$x^2 - 3x - 1 = 0$$

的最大根.

先写出分式

$$\frac{a + bz}{1 - 3z - z^2}$$

取该分式递推级数前两项的系数为 1 和 2, 则级数的系数为

$$1, 2, 7, 23, 76, 251, 829, 2\,738, \cdots$$

从而分数

$$\frac{2\,738}{829}$$

就是所给方程最大根的近似值. 化成小数, 为

$$3.302\ 774\ 4$$

最大真根为

$$\frac{3 + \sqrt{13}}{2} = 3.302\ 775\ 6$$

比我们求得的近似值只大百万分之一. 我们指出, 随 n 依次增大, 分数 $\frac{Q}{P}$ 比真根大与比真根小交替.

例2 方程

$$3x - 4x^3 = \frac{1}{2}$$

的根是角的正弦, 这每个角的三倍的正弦都为 $\frac{1}{2}$.

改写方程为

$$1 - 6x + 8x^3 = 0$$

我们求它的最小根, 因而不需换 x 为 $\frac{1}{z}$. 写出分式

$$\frac{a + bx + cx^2}{1 - 6x + 8x^3}$$

为便于递推级数后继系数的列出, 我们取开始三系数为 $0,0,1$. 这样, 递推级数的系数为

$$0,0,1,6,36,208,1\ 200,6\ 912,39\ 808,229\ 248,\cdots$$

最小根的近似值为

$$\frac{39\ 808}{229\ 248} = \frac{311}{1\ 791} = 0.173\ 646\ 0$$

真值为 $\sin 10°$, 从三角函数表中查得 $\sin 10° = 0.173\ 648\ 2$, 比我们算出的值大

$$\frac{22}{10\ 000\ 000}.$$

令 $x = \frac{1}{2}y$, 所给方程化为

$$1 - 3y + y^3 = 0$$

该方程的根求起来更容易. 类似地, 我们得到系数

$$0,0,1,3,9,26,75,216,622,1\ 791,5\ 157,\cdots$$

最小根的近似值为

$$y = \frac{1\ 791}{5\ 157} = \frac{199}{573} = 0.347\ 294\ 9$$

从而

$$x = \frac{y}{2} = 0.173\ 647\ 5$$

这后一个近似值与真值的差是前一个的约三分之一.

例 3 求例 2 中方程

$$0 = 1 - 6x + 8x^3$$

的最大根. 置 $x = \dfrac{y}{2}$, 得

$$y^3 - 3y + 1 = 0$$

由该方程产生的递推级数, 其递推尺度为 $0, 3, -1$, 任意取定开始三个系数, 得到的级数的系数为

$$1, 1, 1, 2, 2, 5, 4, 13, 7, 35, 8, 98, -11, \cdots$$

这系数中有负值, 表明最大根是负的, 实际上, 最大根为

$$x = -\sin 70^\circ = -0.939\ 692\ 6$$

我们让任意的开始三系数中也包含负值, 例如

$$1 - 2 + 4 - 7 + 14 - 25 + 49 - 89 + 172 - 316 + 605 - \cdots$$

由此得

$$y = \frac{-605}{316}, x = -\frac{605}{632} = -0.957$$

偏离真值太大.

§ 339

例 3 所得偏离真值太大, 其主要原因是方程的三个真根

$$-\sin 70^\circ, +\sin 50^\circ, +\sin 10^\circ$$

里面, $\sin 50^\circ$ 比最大根 $-\sin 70^\circ$ 小得太少. 在我们的计算中, $\sin 50^\circ$ 的幂与 $-\sin 70^\circ$ 的幂相比较, 还没有达到可以忽略的程度. 偏离真值太大的另一个原因是, 求到的值随项的推移而太大太小交替. 退一步取

$$y = \frac{-316}{172}$$

则

$$x = \frac{-158}{172} = \frac{-79}{86} = -0.918$$

这是因为最大根的幂正负交替, 因而第二个根的幂交替地与它相加相减. 要第二个根的影响可以忽略, 就需求出级数的很多项.

§ 340

再一种补救的方法是, 作适当的交换, 把根的距离拉开. 例如, 方程

$$0 = 1 - 6x + 8x^3$$

以 $-\sin 70^\circ, \sin 50^\circ, \sin 10^\circ$ 为根, 作代换 $x = y - 1$, 则所得方程

$$0 = 8y^3 - 24y^2 + 18y - 1$$

以 $1 - \sin 70°, 1 + \sin 50°, 1 + \sin 10°$ 为根. 对应于原方程最大根 $-\sin 70°$,新方程中 $1 - \sin 70°$ 是最小根. 原方程中的中间根 $\sin 50°$,对应于新方程的最大根 $1 + \sin 50°$. 用变换的方法,可以把任何一个根变成最大根或最小根. 从而就可以用前面的方法求出它. 由于 $1 - \sin 70°$ 远小于另外两个根,用递推级数可以很容易地算出它.

例 4 求方程

$$0 = 8y^3 - 24y^2 + 18y - 1$$

的最小根. 1 减去这个最小根得 $\sin 70°$.

令 $y = \dfrac{1}{2}z$,得

$$0 = z^3 - 6z^2 + 9z - 1$$

求最小根的递推级数,其递推尺度为 $9, -6, 1$;求最大根的递推级数,其递推尺度为 $6, -9, 1$. 求最小根的递推级数,其系数为

$$1, 1, 1, 4, 31, 256, 2\,122, 17\,593, 145\,861, \cdots$$

z 的近似值为

$$z = \frac{17\,593}{145\,861} = 0.120\,614\,83$$

从而

$$y = 0.060\,307\,41$$

由此得

$$\sin 70° = 1 - y = 0.939\,692\,58$$

甚至最后一位也是真值相同. 从这个例子中我们看到,求根时变量替换的作用是很大的,配合上变量替换,用递推级数法,就不仅可以求出最大和最小根,而且可以求出任何一个根.

§341

给定一个方程,已知它的一个根很靠近数 k. 这时令 $x - K = y$ 或 $x = y + K$,我们得到一个新方程. $x - K$ 是新方程的最小根. 因为它比别的根小很多,所以可从递推级数很容易地求得. 把 K 加到求得的根上去,就得到原方程的根. 这一技巧甚至在方程有复根时也可以使用.

§342

特别地,符号相反数值相等的两个根,不用上节技巧,它们中任何一个都不能从递推级数求出. 比如方程有根 p 和 $-p$,p 为最大根. 此时即使把级数继续到无穷,也求不出 p 来. 我们来看一个具体例子. 方程

$$x^3 - x^2 - 5x + 5 = 0$$

有根 $\sqrt{5}$ 和 $-\sqrt{5}$，且 $\sqrt{5}$ 为最大根. 用来求最大根的级数，其递推尺度为 $1,5,-5$，其系数为

$$1,2,3,8,13,38,63,188,313,938,1\,563,\cdots$$

邻项比不趋向任何常数. 请注意，隔项比趋向最大根的平方，即近似地有

$$5 = \frac{1\,563}{313} = \frac{938}{188} = \frac{313}{63}$$

实际上，只要隔项比趋向常数，这常数必为所求根的平方. 为了求出根 $x = \sqrt{5}$，我们作替换 $x = y + 2$，得方程

$$1 - 3y - 5y^2 - y^3 = 0$$

产生该方程最小根的级数，其系数为

$$1,1,1,9,33,145,609,2\,585,10\,945,\cdots$$

最小根的近似值为

$$\frac{2\,585}{10\,945} = 0.236\,1$$

2.236 1 近似地等于原方程的最大根 $\sqrt{5}$.

§343

产生递推级数的分式，其分子的选取完全随意，但选取适当与否，对计算的难易影响很大. 照 §334 的假定，我们的递推级数，其通项为

$$z^n(\mathfrak{A}p^n + \mathfrak{B}q^n + \mathfrak{C}r^n + \cdots)$$

其中的 $\mathfrak{A},\mathfrak{B},\mathfrak{C},\cdots$ 决定于分式的分子. $\mathfrak{A}$ 的大小决定着计算最大根 p 的速度的快慢. $\mathfrak{A}$ 完全不出现时，即使把级数延长得再远，也求不出最大根. 分子中含有因式 $1 - pz$ 时，就是这种不出现的情形. 此时 $1 - pz$ 将从计算中消失. 例如，方程

$$x^3 - 6x^2 + 10x - 3 = 0$$

的最大根是 3. 取分式

$$\frac{1 - 3z}{1 - 6z + 10z^3 - 3z^3}$$

则递推级数的递推尺度为 $6,-10,3$，系数为

$$1,3,8,21,55,144,377,\cdots$$

邻项比不趋向 $\frac{1}{3}$，实际上，这个级数是由分式

$$\frac{1}{1 - 3z + z^2}$$

展成的，邻项比趋向的是方程

$$x^3 - 3x + 1 = 0$$

的最大根.

§344

可以选取分子,使得通过递推级数,能够求出方程的任何一个根.从分母中分出所求根对应的因式,取其余因式的乘积作分子,就能达到我们的目的.以刚才讨论过的方程为例,如果取 $1 - 3z + z^2$ 作分子,那么分式

$$\frac{1 - 3z + z^2}{1 - 6z + 10z^2 - 3z^3}$$

产生的递推级数,是一个几何级数,其系数为

$$1, 3, 9, 27, 81, 243, \cdots$$

由此立即得到根 $x = 3$. 实际上这分式是

$$\frac{1}{1 - 3z}$$

可见,如果取允许任选的开始几项成几何级数,且等于方程的根的幂,那么整个递推级数将成为几何级数.这个级数就给出方程的根.这个根可以既不是最大根也不是最小根.

§345

为保证从递推级数求得的根一定是最大的或最小的,选取的分子应该与分母没有公因式.取 1 作分子就可以保证这一点.这样,级数的第一项为 1,后续项就完全由递推尺度决定.这样做我们一定可以得到方程的最大根或最小根.

例如,给定方程

$$y^3 - 3y + 1 = 0$$

我们求它的最大根.递推尺度为 $0, 3, -1$,取第一项为 1,我们得到递推级数的系数为

$$1 - 0 + 3 - 1 + 9 - 9 + 28 - 27 + 90 - 109 + 297 -$$
$$517 + 1\,000 - 1\,848 + 3\,517 - 6\,544 + \cdots$$

邻项比为负,收敛于常数,表明最大根是负的.近似地有

$$y = \frac{-6\,544}{3\,517} = -1.651\,741$$

这个根应该等于 $-1.867\,938\,52$. 这里收敛如此之慢的原因,前面讨论过,是因为有另一个数值比最大根小得不多的正根存在.

§346

关于递推级数求根法,我们讲了一般道理,讨论了会引起困难的特殊情况,介绍了提高计算速度的技巧,还举了一些例子,大家已经看清楚了这一方法的作用,剩下要讲的还有两点,即方程有重根和虚根的情形.假定分式

$$\frac{a + bz + cz^2 + dz^3 + \cdots}{1 - \alpha z - \beta z^2 - \gamma z^3 - \delta z^4 - \cdots}$$

的分母含有因式 $(1 - pz)^2$，其余的因式 $1 - qz, 1 - rz, \cdots$ 都是单重的. 该分式递推级数的通项为

$$z^n((n + 1)\mathfrak{A}p^n + \mathfrak{B}p^n + \mathfrak{C}q^n + \cdots)$$

n 增大，我们看看这通项在 p 是和不是最大根时的情形. p 是最大根，由于系数 $n + 1$ 的存在，$\mathfrak{B}p^n + \mathfrak{C}q^n + \cdots$ 消失得不如单根时快；p 不是最大根，比如 $q > p$，此时 $(n + 1)\mathfrak{A}p^n$ 的消失，与 $\mathfrak{C}q^n$ 相比也不快. 总之，有重根时，求最大根的计算量要更大.

例5 方程

$$x^3 - 3x^2 + 4 = 0$$

重根 z 为最大根.

我们用前面的方法来求它的最大根. 考虑分式

$$\frac{1}{1 - 3z + 4z^3}$$

其递推级数的系数为

$$1, 3, 9, 23, 57, 135, 313, 711, 1\,593, \cdots$$

我们看到用前项除后项，商都大于 2. 这原因可从通项中找. 从 z^n 的系数中去掉 $\mathfrak{C}q^n \cdots$，剩下的为

$$(n + 1)\mathfrak{A}p^n + \mathfrak{B}p^n$$

从 z^{n+1} 的系数去掉相应部分，剩下的为

$$(n + 2)\mathfrak{A}p^{n+1} + \mathfrak{B}p^{n+1}$$

后被前除，得

$$\frac{(n + 2)\mathfrak{A} + \mathfrak{B}}{(n + 1)\mathfrak{A} + \mathfrak{B}p}$$

只要 n 不增加到无穷，该式恒大于 p.

例6 方程

$$x^3 - x^2 - 5x - 3 = 0$$

中 -1 为重根，最大根为 3.

我们用递推级数求最大根，递推尺度为 $1, 5, 3$，系数为

$$1, 1, 6, 14, 47, 135, 412, 1\,22\,8, \cdots$$

这个级数很快地就给出 3. 这是因为 -1 的幂即使乘上 $n + 1$，与 3 的幂相比，变小的速度也是快的.

例7 方程

$$x^3 + x^2 - 8x - 12 = 0$$

根为 $3, -2, -2$.

对该方程使用递推级数求根法，最大根的出现要慢得多. 递推级数的系数为

$$1, -1, 9, -5, 65, 3, 457, 347, 3\,345, 4\,915, \cdots$$

要得到根 3，需将这系数继续到很远.

§347

类似地,如果有三个因式相同,即分母的一个因式为 $(1 - pz)^3$,其余的因式为 $1 - qz$,$1 - rz, \cdots$,则递推级数的通项为

$$z^n \left(\frac{(n + 1)(n + 2)}{1 \cdot 2} \mathfrak{A} p^n + (n + 1) \mathfrak{B} p^n + \mathfrak{C} p^n + \mathfrak{D} q^n + \mathfrak{E} r^n + \cdots \right)$$

如果 p 是最大根,又如果 n 够大,使得幂 $q^n, r^n, \cdots$ 与 p^n 相比可以忽略. 那么从递推级数,我们得到根的近似值为

$$\frac{\frac{1}{2}(n + 2)(1 + 3)\mathfrak{A} + (n + 2)\mathfrak{B} + \mathfrak{C}}{\frac{1}{2}(n + 1)(n + 2)\mathfrak{A} + (n + 1)\mathfrak{B} + \mathfrak{C}} p$$

除非 n 极大,即除非 n 为无穷大,这个分数将恒大于 p,事实上,它等于

$$p + \frac{(n + 2)\mathfrak{A} + \mathfrak{B}}{\frac{1}{2}(n + 1)(n + 2)\mathfrak{A} + (n + 1)\mathfrak{B} + \mathfrak{C}} p$$

如果 p 不是最大根,那么它的计算更难. 可见,用递推级数求根,含重根的方程比不含重根的方程要难得多.

§348

现在我们来看看分式分母有虚因式时,递推级数的情形. 设分式

$$\frac{a + bz + cz^2 + dz^3 + \cdots}{1 - \alpha z - \beta z^2 - \gamma z^3 - \delta z^4 - \cdots}$$

在实因式 $1 - qz, 1 - rz, \cdots$ 之外,还有一个三项因式 $1 - 2pz\cos \varphi + p^2 z^2$,它含有两个线性虚因式. 记分式的递推级数为

$$A + Bz + Cz^2 + Dz^3 + \cdots + Pz^n + Qz^{n+1} + \cdots$$

从 §218 我们知道,系数

$$P = \frac{\mathfrak{A}\sin(n + 1)\varphi + \mathfrak{B}\sin n\varphi}{\sin \varphi} p^n + \mathfrak{C} q^n + \mathfrak{D} r^n + \cdots$$

如果 p 小于 $q, r, \cdots$ 中的一个,则方程

$$x^m - \alpha x^{m-1} - \beta x^{m-2} - \gamma x^{m-3} - \cdots = 0$$

的最大根是实的. 用递推级数求这个最大根时,跟方程不含虚根没有什么不同.

§349

只要共轭虚根的积小于最大实根的平方,虚根的存在对最大实根的求法就不产生干扰. 如果共轭虚根的积等于或大于最大实根的平方,那么从递推级数就得不到最大实根,

原因是,在这种情况下,即使级数继续到无穷,幂 p^n 与最大实根的同次幂相比较也不消失.下面举几个例子,证实这里所讲.

例8 求方程

$$x^3 - 2x - 4 = 0$$

的最大实根.

该方程的因式是

$$(x - 2)(x^2 + 2x + 2)$$

我们看到实根为2,虚根积为2,小于实根平方,实根可用递推级数求出.从递推尺度0,2,4 得递推级数的系数为

$$1,0,2,4,4,16,24,48,112,192,416,832,\cdots$$

由此得实根为2.

例9 方程

$$x^3 - 4x^2 + 8x - 8 = 0$$

实根为2,两虚根的积为4,等于实根的平方.

我们用递推级数来求这个实根,看结果怎样.为简化结果,令 $x = 2y$,得

$$y^3 - 2y^2 + 2y - 1 = 0$$

由此得递推级数的系数为

$$1,2,2,1,0,0,1,2,2,1,0,0,1,2,2,1,\cdots$$

是循环的.我们的结论只能是:或者最大根不是实的,或者最大实根的平方不大于虚根的积.

例10 方程

$$x^3 - 3x^2 + 4x - 2 = 0$$

实根为1,虚根的积为2.

从递推尺度3,-4,2 得递推级数的系数

$$1,3,5,5,1,-7,-15,-15,1,33,65,65,1,\cdots$$

有正有负,从它我们得不到实根1.

§350

假定两个虚根的积 p^2 大于任何实根的平方,那么 n 趋向无穷时,与幂 p^n 相比,幂 q^n,r^n,$\cdots$ 都可以忽略.这样我们有

$$P = \frac{\mathfrak{A}\sin(n + 1)\varphi + \mathfrak{B}\sin n\varphi}{\sin \varphi}p^n$$

$$Q = \frac{\mathfrak{A}\sin(n + 2)\varphi + \mathfrak{B}\sin(n + 1)\varphi}{\sin \varphi}p^{n+1}$$

从而

$$\frac{Q}{P} = \frac{\mathfrak{A}\sin(n + 2)\varphi + \mathfrak{B}\sin(n + 1)\varphi}{\mathfrak{A}\sin(n + 1)\varphi + \mathfrak{B}\sin n\varphi}p$$

即使 n 为无穷,这个表达式也不取常值,因为正弦的值时正时负,是摆动的.

§351

类似地,可以得到分式 $\dfrac{R}{Q}$ 和 $\dfrac{S}{R}$,从这两个分式消去 $\mathfrak{A}$ 和 $\mathfrak{B}$,并使数 n 不出现,得

$$Pp^2 + R = 2Qp\cos\varphi$$

由此得

$$\cos\varphi = \frac{Pp^2 + R}{2Qp}$$

类似地,得

$$\cos\varphi = \frac{Qp^2 + S}{2Rp}$$

由这两式得

$$p = \sqrt{\frac{R^2 - QS}{Q^2 - PR}}$$

和

$$\cos\varphi = \frac{QR - PS}{2\sqrt{(Q^2 - PR)(R^2 - QS)}}$$

因此,如果将递推级数延续到,同幂 p^n 相比其他根的幂都可忽略时,那么用这里的方法就可求出三项式因式 $1 - 2pz\cos\varphi + p^2z^2$.

§352

上节结果的推导,经验不够丰富的读者可能感到困难. 这里我们详细做一下,从 $\dfrac{Q}{P}$ 我们得到

$$\mathfrak{A}Pp\sin(n+2)\varphi + \mathfrak{B}Pp\sin(n+1)\varphi = \mathfrak{A}Q\sin(n+1)\varphi + \mathfrak{B}Q\sin n\varphi$$

从而

$$\frac{\mathfrak{A}}{\mathfrak{B}} = \frac{Q\sin n\varphi - Pp\sin(n+1)\varphi}{Pp\sin(n+2)\varphi - Q\sin(n+1)\varphi}$$

类似地,得

$$\frac{\mathfrak{A}}{\mathfrak{B}} = \frac{R\sin(n+1)\varphi - Qp\sin(n+2)\varphi}{Qp\sin(n+3)\varphi - R\sin(n+2)\varphi}$$

由两式右端相等得

$$0 = \begin{cases} Q^2p\sin n\varphi\sin(n+3)\varphi - Q^2p\sin(n+1)\varphi\sin(n+2)\varphi \\ - QR\sin n\varphi\sin(n+2)\varphi + QR\sin(n+1)\varphi\sin(n+1)\varphi \\ - PQp^2\sin(n+1)\varphi\sin(n+3)\varphi + PQp^2\sin(n+2)\varphi\sin(n+2)\varphi \end{cases}$$

利用

$$\sin a \sin b = \frac{1}{2}\cos(a - b) - \frac{1}{2}\cos(a + b)$$

得

$$0 = \frac{1}{2}Q^2 p(\cos 3\varphi - \cos \varphi) + \frac{1}{2}QR(1 - \cos 2\varphi) + \frac{1}{2}PQp^2(1 - \cos 2\varphi)$$

除以 $\frac{1}{2}Q$,得

$$(Pp^2 + R)(1 - \cos 2\varphi) = Qp(\cos \varphi - \cos 3\varphi)$$

由

$$\cos \varphi = \cos 2\varphi \cos \varphi + \sin 2\varphi \sin \varphi$$

和

$$\cos 3\varphi = \cos 2\varphi \cos \varphi - \sin 2\varphi \sin \varphi$$

得

$$\cos \varphi - \cos 3\varphi = 2\sin 2\varphi \sin \varphi = 4\sin^2\varphi \cos \varphi$$

又

$$1 - \cos 2\varphi = 2\sin^2\varphi$$

从而

$$Pp^2 + R = 2Qp\cos \varphi$$

进而

$$\cos \varphi = \frac{Pp^2 + R}{2Qp}$$

类似地,得

$$\cos \varphi = \frac{Qp^2 + S}{2Rp}$$

由这两式得到前节结果

$$p = \sqrt{\frac{R^2 - QS}{Q^2 - PR}}$$

和

$$\cos \varphi = \frac{QR - PS}{2\sqrt{(Q^2 - PR)(R^2 - QS)}}$$

§ 353

如果产生递推级数的分式,其分母含有几个不相等的三项式因式,那么看看从 §219 开始的几节所给出的通项,我们就会明白,这求根会怎样地不准确. 我们指出一点,如果求到了比较靠近一个实真根值,那么通过对方程做变换,可以求出更靠近真根的值. 事实上,置 x 等于比较靠近真根的值与 y 的和,求新方程的最小根 y,求得的这个 y,加上比较靠近真根的值,就是 x 的更靠近真根的值.

例 11 方程

$$x^3 - 3x^2 + 5x - 4 = 0$$

有一个靠近 1 的根,因为 $x = 1$ 时

$$x^3 - 3x^2 + 5x - 4 = -1$$

令 $x = 1 + y$,则

$$1 - 2y - y^3 = 0$$

我们求这个方程的最小根,以 2,0,1 为递推尺度的级数,其系数为

$$1, 2, 4, 9, 20, 44, 97, 214, 472, 1\,041, 2\,296, \cdots$$

由此得最小根 y 近似地等于

$$\frac{1\,041}{2\,296} = 0.453\,397$$

从而

$$x = 1.453\,397$$

这个值与真值靠得很近. 用别的办法很难这么容易地求得这个值.

§354

如果一个级数延续到某项以后,它接近于一个几何级数,这时用一项除后项,商就是对应方程的根. 设

$$P, Q, R, S, T, \cdots$$

是递推级数延续到了极远处的项,已经成几何级数,这时

$$T = \alpha S + \beta R + \gamma Q + \delta P$$

即递推尺度为 $\alpha, +\beta, +\gamma, +\delta$,令 $\dfrac{Q}{P} = x$,则

$$\frac{R}{P} = x^2, \frac{S}{P} = x^3, \frac{T}{P} = x^4$$

代它们入上面的方程,得

$$x^4 = \alpha x^3 + \beta x^2 + \gamma x + \delta$$

可见 $\dfrac{Q}{P}$ 确实是方程的一个根,这一点和前面的方法告诉我们,$\dfrac{Q}{P}$ 是方程的最大根.

§355

这种求根方法常常也可以用于项数无穷的方程. 作为例子,我们考虑方程

$$\frac{1}{2} = z - \frac{z^3}{6} + \frac{z^5}{120} - \frac{z^7}{5\,040} + \cdots$$

其最小根是 $30°$ 或 $\dfrac{1}{6}$ 半圆的弧度数,改写方程为

$$1 - 2z + \frac{z^3}{3} - \frac{z^5}{60} + \frac{z^7}{2\,520} - \cdots = 0$$

递推尺度为

$$2, 0, -\frac{1}{3}, 0, +\frac{1}{60}, 0, -\frac{1}{2\,520}, 0, \cdots$$

级数的系数为

$$1, 2, 4, \frac{23}{3}, \frac{44}{3}, \frac{1\,681}{60}, \frac{2\,408}{45}, \cdots$$

从而我们近似地有

$$z = \frac{1\,681 \cdot 45}{2\,408 \cdot 60} = \frac{1\,681 \cdot 3}{2\,408 \cdot 4} = \frac{5\,043}{9\,632} = 0.523\,56$$

圆周与直径的比我们知道,z 的真值应为 0.523598,我们求得的值的误差为 $\frac{3}{100\,000}$. 我们的方法在这里的情况下是有用的,因为根全是实的,且其余的根都离最小根够远. 在无穷方程中这样的情况不多见,所以我们的方法在求解无穷方程时很少使用.

第十八章　　连分数

§356

我们已经讨论了两类无穷 —— 无穷级数和无穷乘积,现在讨论第三类 —— 连分数. 到目前为止,对于连分数的研究还不多,但它将广泛地应用于无穷分析,这是无疑的. 我们已经举过使这种应用成为可能的例子. 本章所讲,对算术和普通代数都颇为有益.

§357

连分数是这样的分数,分母是整数与分数的和,这分数的分母又是整数与分数的和, 类推下去,这过程可以无穷地向下延续,也可以在某一点停止. 连分数分为两类,一类为

$$a + \cfrac{1}{b + \cfrac{1}{c + \cfrac{1}{d + \cfrac{1}{e + \cfrac{1}{f + \cdots}}}}}$$

另一类为

$$a + \cfrac{\alpha}{b + \cfrac{\beta}{c + \cfrac{\gamma}{d + \cfrac{\delta}{e + \cfrac{\varepsilon}{f + \cdots}}}}}$$

第一类,分子全是 1,我们要考察的主要是这一类. 第二类,分子可以是任何数.

§358

前面给出了连分数的形状,接着要做的第一件事,是怎样把连分数化为分数. 为了能 找出规律,第一步只取一个整数,接下去每步增加一层分数. 这样我们得到

$$a = a$$

$$a + \frac{1}{b} = \frac{ab + 1}{b}$$

$$a + \cfrac{1}{b + \cfrac{1}{c}} = \frac{abc + a + c}{bc + 1}$$

$$a + \cfrac{1}{b + \cfrac{1}{c + \cfrac{1}{d}}} = \frac{abcd + ab + ad + cd + 1}{bcd + b + d}$$

$$a + \cfrac{1}{b + \cfrac{1}{c + \cfrac{1}{d + \cfrac{1}{e}}}} = \frac{abcde + abe + ade + cde + abc + a + c + e}{bcde + be + de + bc + 1}$$

$$\vdots$$

§ 359

从这些分数本身我们看不出,分子分母是依怎样的规律由字母 $a, b, c, d, \cdots$ 形成. 但细心的读者可能已经看出了,一个分数是怎样由前两个分数形成的. 方法是:分子等于前一个分子与新字母的积加上再前一个分子. 分母依同样的规律由前两个分母和新字母形成. 按顺序写出字母 $a, b, c, d, \cdots$,作分数的上标. 在字母下面写出相应的分数,成为

$$
\begin{array}{ccccc}
a, & b, & c, & d, & e \\
\dfrac{1}{0}, & \dfrac{a}{1}, & \dfrac{ab + 1}{b}, & \dfrac{abc + a + c}{bc + 1}, & \dfrac{abcd + ab + ad + cd + 1}{bcd + b + d}, \cdots
\end{array}
$$

从第三个分数开始,每一个分子都等于前一个分子与其上标之积加上再前一个分子. 分母也依同样的规律由前两个分母和上标形成. 为了一开始就能使用我们的规律,我们加上了分数 $\frac{1}{0}$,它不属于连分数. 这每一个分数都给出连分数到前个上标字母处为止的值.

§ 360

对第二类连分数

$$a + \cfrac{\alpha}{b + \cfrac{\beta}{c + \cfrac{\gamma}{d + \cfrac{\delta}{e + \cfrac{\varepsilon}{f + \cdots}}}}}$$

类似地,我们有

$$a = a$$

$$a + \frac{\alpha}{b} = \frac{ab + \alpha}{b}$$

$$a + \cfrac{\alpha}{b + \cfrac{\beta}{c}} = \frac{abc + \beta a + \alpha c}{bc + \beta}$$

$$a + \cfrac{\alpha}{b + \cfrac{\beta}{c + \cfrac{\gamma}{d}}} = \frac{abcd + \beta ad + \alpha cd + \gamma ab + \alpha \gamma}{bcd + \beta d + \gamma b}$$

$$\vdots$$

和

$a,$	$b,$	$c,$	$d,$	e
$\dfrac{1}{0},$	$\dfrac{a}{1},$	$\dfrac{ab + \alpha}{b},$	$\dfrac{abc + \beta a + \alpha c}{bc + \beta},$	$\dfrac{abcd + \beta ad + \alpha cd + \gamma ab + \alpha \gamma}{bcd + \beta d + \gamma b},\cdots$
$\alpha,$	$\beta,$	$\gamma,$	$\delta,$	ε

§361

第二类比第一类,在上标字母 $a,b,c,d,\cdots$ 之外,添上了下标字母 $\alpha,\beta,\gamma,\delta,\cdots$。第一、二两个分数也为 $\dfrac{1}{0}$ 和 $\dfrac{a}{1}$。之后的每一个分数,分子都等于前一个分子与其上标之积,加上再前一个分子与其下标之积,也即新分子是两个积之和;分母的形成规律与分子相同,等于前一个分母与其上标之积,加上再前一个分母与其下标之积。这样得到的每一个分数,给出的都是连分数到前一个分数上标处(含上标)的值。

§362

如果分数继续到用完最后的上下标,那么这最后一个分数给出的,就是连数的真值。前面的分数都是连分数的近似值,离最后一个分数越近的近似程度越高。假定连分数

$$a + \cfrac{\alpha}{b + \cfrac{\beta}{c + \cfrac{\gamma}{d + \cfrac{\varepsilon}{e + \cdots}}}} = x$$

显然第一个分数 $\dfrac{1}{0}$ 比 x 大,第二个分数 $\dfrac{a}{1}$ 比 x 小,第三个分数 $a + \dfrac{a}{b}$ 又比 x 大,第四个又比 x 小,等等。也即,这些分数比 x 大比 x 小交替。显然,每一个分数都比前一个更靠近真值。这样一来,即使连分数继续到无穷,只要分子 $\alpha,\beta,\gamma,\delta,\cdots$ 不是太大,我们都可以迅速简便地得到 x 的近似值,如果分子都是1,那就更不成问题。

为进一步看清算出的分数对真值的逼近,我们考察算出的分数的差. 第一个分数 $\dfrac{1}{0}$ 不考虑. 第三减第二,差为

$$\frac{\alpha}{b}$$

第三减第四,差为

$$\frac{\alpha\beta}{b(bc+\beta)}$$

第五减第四,差为

$$\frac{\alpha\beta\gamma}{(bc+\beta)(bcd+\beta d+\gamma b)}$$

等等. 由此得到连分数的值可以用级数

$$x = a + \frac{a}{b} - \frac{\alpha\beta}{b(bc+\beta)} + \frac{\alpha\beta\gamma}{(bc+\beta)(bcd+\beta d+\gamma b)} - \cdots$$

表示. 如果连分数不继续到无穷,这级数的项数就也是有限的.

这样,我们就找到了一种方法,将去掉了字母 a 的连分数展开成符号交错的级数. 例如

$$x = \cfrac{\alpha}{b + \cfrac{\beta}{c + \cfrac{\gamma}{d + \cfrac{\delta}{e + \cfrac{\varepsilon}{f + \cdots}}}}}$$

从上节结果我们有

$$x = \frac{\alpha}{b} - \frac{\alpha\beta}{b(bc+\beta)} + \frac{\alpha\beta\gamma}{(bc+\beta)(bcd+\beta d+\gamma b)} - \cdots$$

$$\frac{\alpha\beta\gamma\delta}{(bc+\beta)(bcde+\beta de+\gamma be+\delta bc+\beta\delta)} + \cdots$$

如果 $\alpha,\beta,\gamma,\delta,\cdots$ 不是递增的,例如全为1,又如果分母中的 $a,b,c,d,\cdots$ 全为正整数,则连分数可展成一个收敛很快的级数表示.

我们考虑反问题:化交错级数为连分数. 设交错级数为

$$x = A - B + C - D + E - F + \cdots$$

将这里的 $A, B, C, \cdots$ 与连分数化成的级数的项相比较, 那么从得到的下列左式推出对应的右式

$$A = \frac{\alpha}{b} \qquad\qquad \alpha = Ab$$

$$\frac{B}{A} = \frac{\beta}{bc + \beta} \qquad\qquad \beta = \frac{Bbc}{A - B}$$

$$\frac{C}{B} = \frac{\gamma b}{bcd + \beta d + \gamma b} \qquad\qquad \gamma = \frac{Cd(bc + \beta)}{b(B - C)}$$

$$\frac{D}{C} = \frac{\delta(bc + \beta)}{bcde + \beta ae + \gamma be + \delta bc + \beta\delta} \qquad\qquad \delta = \frac{De(bcd + \beta d + \gamma b)}{(bc + \beta)(C - D)}$$

$$\vdots \qquad\qquad\qquad\qquad \vdots$$

由

$$\beta = \frac{Bbc}{A - B}$$

得

$$bc + \beta = \frac{Abc}{A - B}$$

从而

$$\gamma = \frac{ACcd}{(A - B)(B - C)}$$

由

$$bcd + \beta d + \gamma b = (bc + \beta)d + \gamma b = \frac{Abcd}{A - B} + \frac{ACbcd}{(A - B)(B - C)} = \frac{ABbcd}{(A - B)(B - C)}$$

得

$$\frac{bcd + \beta d + \gamma b}{bc + \beta} = \frac{Bd}{B - C}$$

从而

$$\delta = \frac{BDde}{(B - C)(C - D)}$$

类似地, 我们得到

$$\varepsilon = \frac{CEef}{(C - D)(D - E)}$$

等等.

§366

为了更清楚地说明这规律, 我们令

$$P = b$$

$$Q = bc + \beta$$
$$R = bcd + \beta d + \gamma b$$
$$S = bcde + \beta de + \gamma be + \delta bc + \beta\delta$$
$$T = bcdef + \beta def + \gamma bef + \delta bcf + \varepsilon bcd + \varepsilon\beta d + \varepsilon\gamma b + \beta\delta f$$
$$V = bcdefg + \beta defg + \gamma befg + \delta bcfg + \varepsilon bcdg + \varepsilon bcde +$$
$$\varepsilon\beta dg + \varepsilon\beta de + \varepsilon\gamma bg + \varepsilon\gamma be + \beta\delta fg + \varepsilon\delta bc + \varepsilon\beta\delta$$
$$\vdots$$

这些表达式可写成

$$Q = Pc + \beta$$
$$R = Qd + \gamma P$$
$$S = Re + \delta Q$$
$$T = Sf + \varepsilon R$$
$$V = Tg + \zeta S$$
$$\vdots$$

利用字母 $P, Q, R, \cdots$ 我们有

$$x = \frac{\alpha}{P} - \frac{\alpha\beta}{PQ} + \frac{\alpha\beta\gamma}{QR} - \frac{\alpha\beta\gamma\delta}{RS} + \frac{\alpha\beta\gamma\delta\varepsilon}{ST} - \cdots$$

§367

由假设

$$x = A - B + C - D + E - F + \cdots$$

得

$$A = \frac{\alpha}{P}, \alpha = AP$$

$$\frac{B}{A} = \frac{\beta}{Q}, \beta = \frac{BQ}{A}$$

$$\frac{C}{B} = \frac{\gamma P}{R}, \gamma = \frac{CR}{BP}$$

$$\frac{D}{C} = \frac{\delta Q}{S}, \delta = \frac{DS}{CQ}$$

$$\frac{E}{D} = \frac{\varepsilon R}{T}, \varepsilon = \frac{ET}{DR}$$

$$\vdots$$

求差,得

$$A - B = \frac{\alpha(Q - \beta)}{PQ} = \frac{\alpha c}{Q} = \frac{APc}{Q}$$

$$B - C = \frac{\alpha\beta(R - \gamma P)}{PQR} = \frac{\alpha\beta d}{PR} = \frac{BQd}{R}$$

$$C - D = \frac{\alpha\beta\gamma(S - \delta Q)}{QRS} = \frac{\alpha\beta\gamma e}{QS} = \frac{CRe}{S}$$

$$D - E = \frac{\alpha\beta\gamma\delta(T - \varepsilon R)}{RST} = \frac{\alpha\beta\gamma\delta f}{RT} = \frac{DSf}{T}$$

$$\vdots$$

使每个差与它下面的一个相乘,得

$$(A - B)(B - C) = ABcd \cdot \frac{P}{R}, \frac{R}{P} = \frac{ABcd}{(A - B)(B - C)}$$

$$(B - C)(C - D) = BCde \cdot \frac{Q}{S}, \frac{S}{Q} = \frac{BCde}{(B - C)(C - D)}$$

$$(C - D)(D - E) = CDef \cdot \frac{R}{T}, \frac{T}{R} = \frac{CDef}{(C - D)(D - E)}$$

$$\vdots$$

由

$$P = b, Q = \frac{\alpha c}{A - B} = \frac{Abc}{A - B}$$

得

$$\alpha = Ab$$

$$\beta = \frac{Bbc}{A - B}$$

$$\gamma = \frac{ACcd}{(A - B)(B - C)}$$

$$\delta = \frac{BDde}{(B - C)(C - D)}$$

$$\varepsilon = \frac{CEef}{(C - D)(D - E)}$$

$$\vdots$$

§368

上节求出了分子 $\alpha, \beta, \gamma, \delta, \cdots$ 分母 $b, c, d, e, \cdots$ 由我们选定,我们选择整数的 $b, c, d,$ $e, \cdots$,要求使得 $\alpha, \beta, \gamma, \delta, \cdots$ 为整数. 当然这以 $A, B, C, D, \cdots$ 为整数作前提. 假定这前提具备,下面逐行都取左得右

$$b = 1, \alpha = A$$

$$c = A - B, \beta = B$$

$$d = B - C, \gamma = AC$$

$$e = C - D, \delta = BD$$

$$f = D - E, \varepsilon = CE$$

$$\vdots$$

即交错级数

$$x = A - B + C - D + E - F + \cdots$$

可表示成连分数

$$x = \cfrac{A}{1 + \cfrac{B}{A - B + \cfrac{AC}{B - C + \cfrac{BD}{C - D + \cfrac{CE}{D - E + \cdots}}}}}$$

§ 369

如果交错级数的每一项都是分数,例如

$$x = \frac{1}{A} - \frac{1}{B} + \frac{1}{C} - \frac{1}{D} + \frac{1}{E} - \cdots$$

则 $\alpha, \beta, \gamma, \delta, \cdots$ 的值为

$$\alpha = \frac{b}{A}$$

$$\beta = \frac{Abc}{B - A}$$

$$\gamma = \frac{B^2 cd}{(B - A)(C - B)}$$

$$\delta = \frac{C^2 de}{(C - B)(D - C)}$$

$$\varepsilon = \frac{D^2 ef}{(D - C)(E - D)}$$

$$\vdots$$

下面逐行都取左得右

$$b = A, \alpha = 1$$
$$c = B - A, \beta = A^2$$
$$d = C - B, \gamma = B^2$$
$$e = D - C, \delta = C^2$$
$$\vdots$$

从而 x 化成的连分数为

$$x = \cfrac{1}{A + \cfrac{A^2}{B - A + \cfrac{B^2}{C - B + \cfrac{C^2}{D - C + \cdots}}}}$$

例1 化无穷级数

$$1 - \frac{1}{2} + \frac{1}{3} - \frac{1}{4} + \frac{1}{5} - \cdots$$

为连分数.

这里

$$A = 1, B = 2, C = 3, D = 4, \cdots$$

所给级数的值为 $\log 2$,我们得到

$$\log 2 = \cfrac{1}{1 + \cfrac{1}{1 + \cfrac{4}{1 + \cfrac{9}{1 + \cfrac{16}{1 + \cfrac{25}{1 + \cdots}}}}}}$$

例2 化无穷级数

$$\frac{\pi}{4} = 1 - \frac{1}{3} + \frac{1}{5} - \frac{1}{7} + \frac{1}{9} - \cdots$$

为连分数. π 表示直径为 1 的圆的周长.

依次取

$$A, B, C, D, \cdots$$

为

$$1, 3, 5, 7, \cdots$$

我们得到

$$\frac{\pi}{4} = \cfrac{1}{1 + \cfrac{1}{2 + \cfrac{9}{2 + \cfrac{25}{2 + \cfrac{49}{2 + \cdots}}}}}$$

取倒数,得

$$\frac{4}{\pi} = 1 + \cfrac{1}{2 + \cfrac{9}{2 + \cfrac{25}{2 + \cfrac{49}{2 + \cdots}}}}$$

这是 Lord Brouncker 给出的圆周率,π 的表达式.

例3 设给定的无穷级数为

$$x = \frac{1}{m} - \frac{1}{m+n} + \frac{1}{m+2n} - \frac{1}{m+3n} + \cdots$$

那么由

$$A = m, B = m + n, C = m + 2n, \cdots$$

我们得到该级数化成的连分数为

$$x = \cfrac{1}{m + \cfrac{m^2}{n + \cfrac{(m+n)^2}{n + \cfrac{(n+2n)^2}{n + \cfrac{(m+3n)^2}{n + \cdots}}}}}$$

取倒数,得

$$\frac{1}{x} - m = \cfrac{m^2}{n + \cfrac{(m+n)^2}{n + \cfrac{(m+2n)^2}{n + \cfrac{(m+3n)^2}{n + \cdots}}}}$$

例 4 §178 我们得到

$$\frac{\pi\cos\dfrac{m\pi}{n}}{n\sin\dfrac{m\pi}{n}} = \frac{1}{m} - \frac{1}{n-m} + \frac{1}{n+m} - \frac{1}{2n-m} + \frac{1}{2n+m} - \cdots$$

这里

$$A = m, B = n - m, C = n + m, D = 2n - m, \cdots$$

从而

$$\frac{\pi\cos\dfrac{m\pi}{n}}{n\sin\dfrac{m\pi}{n}} = \cfrac{1}{m + \cfrac{m^2}{n - 2m + \cfrac{(n-m)^2}{2m + \cfrac{(n+m)^2}{n - 2m + \cfrac{(2n-m)^2}{2m + \cfrac{(2n+m)^2}{n - 2m + \cdots}}}}}}$$

§370

如果级数的项由逐项添加因式的乘积构成,即

$$x = \frac{1}{A} - \frac{1}{AB} + \frac{1}{ABC} - \frac{1}{ABCD} + \frac{1}{ABCDE} - \cdots$$

则

$$\alpha = \frac{b}{A}$$

$$\beta = \frac{bc}{B-1}$$

$$\gamma = \frac{Bcd}{(B-1)(C-1)}$$

$$\delta = \frac{Cde}{(C-1)(D-1)}$$

$$\varepsilon = \frac{Def}{(D-1)(E-1)}$$

$$\vdots$$

令

$$b = A, 则\ \alpha = 1$$

$$c = B - 1, 则\ \beta = A$$

$$d = C - 1, 则\ \gamma = B$$

$$e = D - 1, 则\ \delta = C$$

$$f = E - 1, 则\ \varepsilon = D$$

$$\vdots$$

我们得到

$$x = \cfrac{1}{A + \cfrac{A}{B - 1 + \cfrac{B}{C - 1 + \cfrac{C}{D - 1 + \cfrac{D}{E - 1 + \cdots}}}}}$$

例5 化 §123 求得的级数

$$\frac{1}{e} = 1 - \frac{1}{1} + \frac{1}{1\cdot2} - \frac{1}{1\cdot2\cdot3} + \frac{1}{1\cdot2\cdot3\cdot4} - \cdots$$

或

$$1 - \frac{1}{e} = \frac{1}{1} - \frac{1}{1\cdot2} + \frac{1}{1\cdot2\cdot3} - \frac{1}{1\cdot2\cdot3\cdot4} + \cdots$$

为连分数.

这里

$$A = 1, B = 2, C = 3, D = 4, \cdots$$

我们得到

$$1 - \frac{1}{e} = \cfrac{1}{1 + \cfrac{1}{1 + \cfrac{2}{2 + \cfrac{3}{3 + \cfrac{4}{4 + \cfrac{5}{5 + \cdots}}}}}}$$

为摆脱开始部分的不规律,我们求得

$$\frac{1}{e-1} = \cfrac{1}{1+\cfrac{2}{2+\cfrac{3}{3+\cfrac{4}{4+\cfrac{5}{5+\cdots}}}}}$$

例6 §134 得到,等于半径的弧,其余弦等于

$$1 - \frac{1}{2} + \frac{1}{2 \cdot 12} - \frac{1}{2 \cdot 12 \cdot 30} + \frac{1}{2 \cdot 12 \cdot 30 \cdot 56} - \cdots$$

我们化它为连分数.

这里

$$A = , B = 2, C = 12, D = 30, E = 56, \cdots$$

记所给级数为 x,则

$$x = \cfrac{1}{1+\cfrac{1}{1+\cfrac{2}{11+\cfrac{12}{29+\cfrac{30}{55+\cdots}}}}}$$

或

$$\frac{1}{x} - 1 = \cfrac{1}{1+\cfrac{2}{11+\cfrac{12}{29+\cfrac{30}{55+\cdots}}}}$$

§371

设级数的形状为

$$x = A - Bz + Cz^2 - Dz^3 + Ez^4 - Fz^5 + \cdots$$

则

$$\alpha = Ab$$

$$\beta = \frac{Bbcz}{A - Bz}$$

$$\gamma = \frac{ACcdz}{(A - Bz)(B - Cz)}$$

$$\delta = \frac{BDdez}{(B - Cz)(C - Dz)}$$

$$\varepsilon = \frac{CEefz}{(C - Dz)(D - Ez)}$$

$$\vdots$$

令

$$b = 1，则 \ \alpha = A$$
$$c = A - Bz，则 \ \beta = Bz$$
$$d = B - Cz，则 \ \gamma = ACz$$
$$e = C - Dz，则 \ \delta = BDz$$
$$\vdots$$

从而

$$x = \cfrac{A}{1 + \cfrac{Bz}{A - Bz + \cfrac{Acz}{B - Cz + \cfrac{BDz}{C - Dz + \cdots}}}}$$

§372

为得到更一般些的结果，我们取

$$x = \frac{A}{L} - \frac{By}{Mz} + \frac{Cy^2}{Nz^2} - \frac{Dy^3}{Oz^3} + \frac{Ey^4}{Pz^4} - \cdots$$

与前面比较，得

$$\alpha = \frac{Ab}{L}$$

$$\beta = \frac{BLbcy}{AMz - BLy}$$

$$\gamma = \frac{ACM^2 cdyz}{(AMz - BLy)(BNz - CMy)}$$

$$\delta = \frac{BDN^2 deyz}{(BNz - CMy)(COz - DNy)}$$

$$\vdots$$

令

$$b = L，则 \ \alpha = A$$
$$c = AMz - BLy，则 \ \beta = BL^2 y$$
$$d = BNz - CMy，则 \ \gamma = ACM^2 yz$$
$$e = COz - DNy，则 \ \delta = BDN^2 yz$$
$$f = DPz - EOy，则 \ \varepsilon = CEO^2 yz$$
$$\vdots$$

所给级数化为连分数

$$x = \cfrac{A}{L + \cfrac{BL^2 y}{AMz - BLy + \cfrac{ACM^2 yz}{BNz - CMy + \cfrac{BDN^2 yz}{COz - DNy + \cdots}}}}$$

<h2 style="text-align:center">§ 373</h2>

最后取级数的形状为

$$x = \frac{A}{L} - \frac{ABy}{LMz} + \frac{ABCy^2}{LMNz^2} - \frac{ABCDy^3}{LMNOz^3} + \cdots$$

这时我们得到

$$\alpha = \frac{Ab}{L}$$

$$\beta = \frac{Bbcy}{Mz - By}$$

$$\gamma = \frac{CMcdyz}{(Mz - By)(Nz - Cy)}$$

$$\delta = \frac{DNdeyz}{(Nz - Cy)(Oz - Dy)}$$

$$\varepsilon = \frac{EOefyz}{(Oz - Dy)(Pz - Ey)}$$

$$\vdots$$

为得到整数值，我们取

$$b = Lz, \text{从而} \ \alpha = Az$$
$$d = Nz - Cy, \text{从而} \ \gamma = CMyz$$
$$e = Oz - Dy, \text{从而} \ \delta = DNyz$$
$$f = Pz - Ey, \text{从而} \ \varepsilon = EOyz$$
$$\vdots$$

我们得到连分数

$$x = \cfrac{Az}{Lz + \cfrac{BLyz}{Mz - By + \cfrac{CMyz}{Nz - Cy + \cfrac{DNyz}{Oz - Dy + \cdots}}}}$$

或

$$\frac{Az}{z} - Ay = Lz - Ay + \cfrac{BLyz}{Mz - By + \cfrac{CMyz}{Nz - Cy + \cfrac{DNyz}{Oz - Dy + \cdots}}}$$

§374

用化级数为连分数的方法,可以得到无数个连分数,项数无穷,值已知. 前几章讨论过的级数,其中一些就可以化为连分数,我们已经举了不少化级数为连分数的例子. 反过来,连分数也可化为级数,级数的和,当然就是连分数的值. 但我们还是需要一种方法,能直接算出连分数的值. 因为很多级数,甚至是简单的级数,它们的和根本求不出,或者虽能求出,但太麻烦.

§375

值用别的方法易求,化成的级数,其和根本求不出,连分数

$$x = \cfrac{1}{2 + \cfrac{1}{2 + \cfrac{1}{2 + \cfrac{1}{2 + \cdots}}}}$$

就是这样的. 这个连分数分母都相等. 用前面给出的化连分数为级数的方法,得分数序列

$$0, 2, 2, 2, 2, 2, 2, \cdots$$

$$\frac{1}{0}, \frac{0}{1}, \frac{1}{2}, \frac{2}{5}, \frac{5}{12}, \frac{12}{29}, \frac{29}{70}, \cdots$$

从该序列得级数

$$x = 0 + \frac{1}{2} - \frac{1}{2 \cdot 5} + \frac{1}{5 \cdot 12} - \frac{1}{12 \cdot 29} + \frac{1}{29 \cdot 70} - \cdots$$

两项两项合并,得

$$x = \frac{2}{1 \cdot 5} + \frac{2}{5 \cdot 29} + \frac{2}{29 \cdot 169} + \cdots$$

或

$$x = \frac{1}{2} - \frac{2}{2 \cdot 12} - \frac{2}{12 \cdot 70} - \cdots$$

又由

$$x = \frac{1}{4} - \frac{1}{2 \cdot 2 \cdot 5} + \frac{1}{2 \cdot 5 \cdot 12} - \frac{1}{2 \cdot 12 \cdot 29} + \cdots +$$

$$\frac{1}{4} - \frac{1}{2 \cdot 2 \cdot 5} + \frac{1}{2 \cdot 5 \cdot 12} - \frac{1}{2 \cdot 12 \cdot 29} + \cdots$$

我们有

$$x = \frac{1}{4} + \frac{1}{1 \cdot 5} - \frac{1}{2 \cdot 12} + \frac{1}{5 \cdot 29} - \frac{1}{12 \cdot 70} + \cdots$$

虽然这个级数强收敛,但关于它的和,我们一无所知.

§376

我们考虑分母都相等或分母循环的连分数. 这种连分数, 按循环节去掉开头若干项, 其值不变. 例如上一节的连分数

$$x = \cfrac{1}{2 + \cfrac{1}{2 + \cfrac{1}{2 + \cfrac{1}{2 + \cdots}}}}$$

我们有

$$x = \frac{1}{2 + x}$$

或

$$x^2 + 2x = 1$$

从而

$$x + 1 = \sqrt{2}$$

我们得到这个连分数的值为

$$\sqrt{2} - 1$$

上节化这个连分数为级数的那个序列, 它的分数越来越靠近本节得到的这个值, 而且速度很快. 用有理数逼近这个无理数, 恐怕很难找到更快的方法. $\sqrt{2} - 1$ 与 $\frac{29}{70}$ 是很靠近的

$$\sqrt{2} - 1 = 0.414\ 213\ 562\ 36$$

而

$$\frac{29}{70} = 0.414\ 285\ 714\ 28$$

误差是在十万分位上.

§377

连分数逼近 2 的方根 $\sqrt{2}$, 这速度之快我们看到了. 下面我们看看它对另外一些数的方根的逼近, 同样是很快的.

令

$$x = \cfrac{1}{a + \cfrac{1}{a + \cfrac{1}{a + \cfrac{1}{a + \cfrac{1}{a + \cdots}}}}}$$

我们有

$$x = \frac{1}{a + x}$$

或

$$x^2 + ax = 1$$

从而

$$x = -\frac{1}{2}a + \sqrt{1 + \frac{a^2}{4}} = \frac{\sqrt{a^2 + 4} - a}{2}$$

根据这一结果,就可以用连分数化成的分数去逼近方根$\sqrt{a^2 + 4}$,令 a 取 $1, 2, 3, 4, \cdots$,我们就可以逼近方根$\sqrt{5}$,$\sqrt{2}$,$\sqrt{13}$,$\sqrt{5}$,$\sqrt{29}$,$\sqrt{10}$,$\sqrt{53}$,$\cdots$. 即

$$1, 1, 1, 1, 1, 1, \cdots$$

$$\frac{0}{1}, \frac{1}{1}, \frac{1}{2}, \frac{2}{3}, \frac{3}{5}, \frac{5}{8}, \cdots = \frac{\sqrt{5} - 1}{2}$$

$$2, 2, 2, 2, 2, 2, \cdots$$

$$\frac{0}{1}, \frac{1}{2}, \frac{2}{5}, \frac{5}{12}, \frac{12}{29}, \frac{29}{70}, \cdots = \sqrt{2} - 1$$

$$3, 3, 3, 3, 3, 3, \cdots$$

$$\frac{0}{1}, \frac{1}{3}, \frac{3}{10}, \frac{10}{33}, \frac{33}{109}, \frac{109}{360}, \cdots = \frac{\sqrt{13} - 3}{2}$$

$$4, 4, 4, 4, 4, 4, \cdots$$

$$\frac{0}{1}, \frac{1}{4}, \frac{4}{17}, \frac{17}{72}, \frac{72}{305}, \frac{305}{1292}, \cdots = \sqrt{5} - 2$$

$$\vdots$$

需要指出,a 的值越大逼近的速度越快. 例如在我们列出的这最后一行中

$$\sqrt{5} = 2 + \frac{305}{1\,292}$$

误差小于$\dfrac{1}{1\,292 \cdot 5\,473}$,$5\,473$ 是下一个分数$\dfrac{1\,292}{5\,473}$的分母.

§378

上节方法只能求两平方之和的平方根,为推广到其他数,我们取

$$x = \cfrac{1}{a + \cfrac{1}{b + \cfrac{1}{a + \cfrac{1}{b + \cfrac{1}{a + \cfrac{1}{b + \cdots}}}}}}$$

这时

$$x = \cfrac{1}{a + \cfrac{1}{b + x}} = \frac{b + x}{ab + 1 + ax}$$

或

$$ax^2 + abx = b$$

从而

$$x = -\frac{1}{2}b \pm \sqrt{\frac{1}{4}b^2 + \frac{b}{a}} = \frac{-ab + \sqrt{a^2b^2 + 4ab}}{2a}$$

有了该式,我们就可以求所有数的平方根. 例如,令 $a = 2, b = 7$,则

$$x = \frac{-14 + \sqrt{14 \cdot 18}}{4} = \frac{-7 + 3\sqrt{7}}{2}$$

逼近这个 x 的分数序列为

$$2, 7, 2, 7, 2, 7, \cdots$$

$$\frac{0}{1}, \frac{1}{2}, \frac{7}{15}, \frac{15}{32}, \frac{112}{239}, \frac{239}{510}, \cdots$$

从而近似地有

$$\frac{-7 + 3\sqrt{7}}{2} = \frac{239}{510}$$

或

$$\sqrt{7} = \frac{2\,024}{765} = 2.645\,751\,6$$

实际上

$$\sqrt{7} = 2.645\,751\,31$$

误差是 $\dfrac{3}{10\,000\,000}$.

§379

我们把循环节进一步扩大成三个数,取

$$x = \cfrac{1}{a + \cfrac{1}{b + \cfrac{1}{c + \cfrac{1}{a + \cfrac{1}{b + \cfrac{1}{c + \cfrac{1}{a + \cdots}}}}}}}$$

则

$$x = \cfrac{1}{a + \cfrac{1}{b + \cfrac{1}{c + x}}} = \cfrac{1}{a + \cfrac{c + x}{bc + 1 + bx}} = \frac{bx + bc + 1}{(ab + 1)x + abc + a + c}$$

或

$$(ab + 1)x^2 + (abc + a - b + c)x = bc + 1$$

从而

$$x = \frac{-abc - a + b - c + \sqrt{(abc + a + b + c)^2 + 4}}{2(ab + 1)}$$

根号下又是两平方之和,同于第一种情形. 类似地,扩大循环节成四字母 a,b,c,d,效果同于含两字母的第二种情形. 类推.

§380

连分数既然可以用来求平方根,事实上就是它可以用来解二次方程. 我们进行的几个开平方运算,那里的 x 就都是一个二次方程的根. 反过来,我们也可以把二次方程的根表示成连分数. 设二次方程为

$$x^2 = ax + b$$

则

$$x = a + \frac{b}{x}$$

把分母 x 换成我们求得的 x,得

$$x = a + \cfrac{b}{a + \cfrac{b}{x}}$$

再换,继续下去,就得到 x 的无穷连分数表达式

$$x = a + \cfrac{b}{a + \cfrac{b}{a + \cfrac{b}{a + \cdots}}}$$

但是这个连分式用起来不方便,因为分子不是1.

§381

连分数在算术中有着应用. 首先分数都可以化成连分数. 设分数为

$$x = \frac{A}{B}$$

这里 $A > B$. 用 B 除 A,记商为 a,记余数为 C;再用余数 C 除除数 B,记商为 b,记余数为 D;接下去,用余数 D 除除数 C;将这用余数除除数的过程继续下去,到余数为零停止. 事实

上这是计算 A,B 最大公因数的算法,可以写成

$$B \mid \underline{A} = a$$
$$C \mid \underline{B} = b$$
$$D \mid \underline{C} = c$$
$$E \mid \underline{D} = d$$
$$F \cdots$$

根据除法性质我们有

$$A = aB + C, 从而 \frac{A}{B} = a + \frac{C}{B}$$

$$B = bC + D, 从而 \frac{B}{C} = b + \frac{D}{C}, \frac{C}{B} = \frac{1}{b + \frac{D}{C}}$$

$$C = cD + E, 从而 \frac{C}{D} = c + \frac{E}{D}, \frac{D}{C} = \frac{1}{c + \frac{E}{D}}$$

$$D = dE + F, 从而 \frac{D}{E} = d + \frac{F}{E}, \frac{E}{D} = \frac{1}{d + \frac{F}{E}}$$

$$\vdots$$

自上而下逐级代入,得

$$x = \frac{A}{B} = a + \frac{C}{B} = a + \frac{1}{b + \frac{D}{C}} = a + \frac{1}{b + \frac{1}{c + \frac{E}{D}}}$$

最后 x 可用求得的商 $a,b,c,d,\cdots$ 表示成

$$x = a + \cfrac{1}{b + \cfrac{1}{c + \cfrac{1}{d + \cfrac{1}{e + \cfrac{1}{f + \cdots}}}}}$$

例 7 化分数 $\frac{1\,461}{59}$ 成分子都为 1 的连分数. 先进行求 1 461 和 59 的最大公约数的运算

$$59 \mid 1\,461 = 24$$
$$\mid \underline{1\,18}$$
$$281$$
$$\underline{2\,36}$$
$$45 \mid 59 = 1$$
$$\mid \underline{45}$$
$$14 \mid 45 = 3$$

$$\begin{array}{r} |4\ \underline{2} \\ 3\ |\ 14 = 4 \\ |\ 1\ \underline{2} \\ 2\ |\ 3 = 1 \\ |\ \underline{2} \\ 1\ |\ 2 = 2 \\ |\ \underline{2} \\ 0 \end{array}$$

由此我们得到

$$\frac{1461}{59} = 24 + \cfrac{1}{1 + \cfrac{1}{3 + \cfrac{1}{4 + \cfrac{1}{1 + \cfrac{1}{2}}}}}$$

例8 小数可以化成分数,因而也可以化成连分数. 我们化

$$\sqrt{2} = 1.414\ 213\ 56 = \frac{141\ 421\ 356}{100\ 000\ 000}$$

为连分数,先进行求最大公约数运算

100 000 000	141 421 356	1
82 842 712	100 000 000	2
17 157 288	41 421 356	2
14 213 560	34 314 576	2
2 943 728	7 106 780	2
2 438 648	5 887 456	2
505 080	1 219 324	2
418 328	1 010 160	2
86 752	209 164	

$$\vdots$$

我们看到,化成的连分数,分母将都是 2,即

$$\sqrt{2} = 1 + \cfrac{1}{2 + \cfrac{1}{2 + \cfrac{1}{2 + \cfrac{1}{2 + \cfrac{1}{\cdots}}}}}$$

这是我们已经知道了的.

例9 数 e 是一个特别值得注意的数,它的自然对数为 1,它的值为

$$e = 2.718\ 281\ 828\ 459$$

我们化

$$\frac{e-1}{2} = 0.859\ 140\ 914\ 229\ 5$$

为连分数. 先进行求最大公约数运算

8 591 409 142 295	10 000 000 000 000	1
8 451 545 146 224	8 591 409 142 295	6
139 863 996 071	1 408 590 857 704	10
139 312 557 916	1 398 639 960 710	14
551 438 155	9 950 896 994	18
550 224 488	9 925 886 790	22
1 213 667	25 010 204	

$$\vdots$$

继续下去,我们得到商

$$1,6,10,14,18,22,26,30,34,\cdots$$

从第二个开始,这商构成算术级数. 由此我们得到

$$\frac{e-1}{2} = \cfrac{1}{1 + \cfrac{1}{6 + \cfrac{1}{10 + \cfrac{1}{14 + \cfrac{1}{18 + \cfrac{1}{22 + \cfrac{1}{\cdots}}}}}}}$$

这一结果可由无穷分析给以证实.

§382

小数可写为分数,分数可化为连分数,从连分数我们可以得到一个分数序列,序列中分数近似于这连分数,当然也近似于这小数. *J. Wallis* 讨论过用分子分母更小的分数去近似给定的分数. 我们的方法得到的结果最好,最好的含意是,分子分母如不加大,这结果最接近给定分数.

例 10 求直径与圆周之比,求得的比,如果分子分母不加大,应该是最精确的. 从小数 3.141 592 653 5⋯ 用辗转相除法得到的商所成序列为

$$3,7,15,1,292,1,1,\cdots$$

由该序列构成的分数为

$$\frac{1}{0},\frac{3}{1},\frac{22}{7},\frac{333}{106},\frac{355}{113},\frac{103\ 993}{33\ 102},\cdots$$

第二个分数给出直径与圆之比为 1∶3,如果分子分母不加大,这当然是最精确的近似;第

三个分数给出阿基米德比 7 : 22;第五个分数给出的是 Adrianus Metius 比,其误差比

$$\frac{1}{113 \cdot 33\ 102}$$ 还小. 提一句,序列中的分数比真值大比真值小是交替的.

例 11　用最小的数表示一天与一个平均太阳年的比. 一年是 365 天 5 小时 48 分 55 秒. 写成分数,一年是

$$365 \frac{20\ 935}{86\ 400}$$

天. 我们关心的只是这分数,它给出的商序列为

$$4, 7, 1, 6, 1, 2, 2, 4$$

由此得到的分数序列是

$$\frac{0}{1}, \frac{1}{4}, \frac{7}{29}, \frac{8}{33}, \frac{55}{227}, \frac{63}{260}, \frac{181}{747}, \cdots$$

每年比 365 天多出 5 小时 48 分 55 秒,第二个分数告诉我们,每 4 年多出约一天,儒略历就是这样的,4 年一闰,400 年 100 闰. 精确些取第四个分数,是每 33 年多出 8 天. 再精确些,取第七个分数,是每 747 年多出 181 天,照此计算,每 400 年多出 97 天,格列历(即公历)就是这样的,它把儒略历 400 年中的 3 个闰年改成了平年,即 400 年 97 闰.

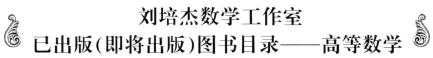
书　名	出版时间	定　价	编号
距离几何分析导引	2015—02	68.00	446
大学几何学	2017—01	78.00	688
关于曲面的一般研究	2016—11	48.00	690
近世纯粹几何学初论	2017—01	58.00	711
拓扑学与几何学基础讲义	2017—04	58.00	756
物理学中的几何方法	2017—06	88.00	767
几何学简史	2017—08	28.00	833
微分几何学历史概要	2020—07	58.00	1194
解析几何学史	2022—03	58.00	1490
曲面的数学	2024—01	98.00	1699
复变函数引论	2013—10	68.00	269
伸缩变换与抛物旋转	2015—01	38.00	449
无穷分析引论(上)	2013—04	88.00	247
无穷分析引论(下)	2013—04	98.00	245
数学分析	2014—04	28.00	338
数学分析中的一个新方法及其应用	2013—01	38.00	231
数学分析例选:通过范例学技巧	2013—01	88.00	243
高等代数例选:通过范例学技巧	2015—06	88.00	475
基础数论例选:通过范例学技巧	2018—09	58.00	978
三角级数论(上册)(陈建功)	2013—01	38.00	232
三角级数论(下册)(陈建功)	2013—01	48.00	233
三角级数论(哈代)	2013—06	48.00	254
三角级数	2015—07	28.00	263
超越数	2011—03	18.00	109
三角和方法	2011—03	18.00	112
随机过程(Ⅰ)	2014—01	78.00	224
随机过程(Ⅱ)	2014—01	68.00	235
算术探索	2011—12	158.00	148
组合数学	2012—04	28.00	178
组合数学浅谈	2012—03	28.00	159
分析组合学	2021—09	88.00	1389
丢番图方程引论	2012—03	48.00	172
拉普拉斯变换及其应用	2015—02	38.00	447
高等代数.上	2016—01	38.00	548
高等代数.下	2016—01	38.00	549
高等代数教程	2016—01	58.00	579
高等代数引论	2020—07	48.00	1174
数学解析教程.上卷.1	2016—01	58.00	546
数学解析教程.上卷.2	2016—01	38.00	553
数学解析教程.下卷.1	2017—04	48.00	781
数学解析教程.下卷.2	2017—06	48.00	782
数学分析.第1册	2021—03	48.00	1281
数学分析.第2册	2021—03	48.00	1282
数学分析.第3册	2021—03	28.00	1283
数学分析精选习题全解.上册	2021—03	38.00	1284
数学分析精选习题全解.下册	2021—03	38.00	1285
数学分析专题研究	2021—11	68.00	1574
函数构造论.上	2016—01	38.00	554
函数构造论.中	2017—06	48.00	555
函数构造论.下	2016—09	48.00	680
函数逼近论(上)	2019—02	98.00	1014
概周期函数	2016—01	48.00	572
变叙的项的极限分布律	2016—01	18.00	573
整函数	2012—08	18.00	161
近代拓扑学研究	2013—04	38.00	239
多项式和无理数	2008—01	68.00	22
密码学与数论基础	2021—01	28.00	1254

刘培杰数学工作室
已出版(即将出版)图书目录——高等数学

书　名	出版时间	定价	编号
模糊数据统计学	2008－03	48.00	31
模糊分析学与特殊泛函空间	2013－01	68.00	241
常微分方程	2016－01	58.00	586
平稳随机函数导论	2016－03	48.00	587
量子力学原理.上	2016－01	38.00	588
图与矩阵	2014－08	40.00	644
钢丝绳原理:第二版	2017－01	78.00	745
代数拓扑和微分拓扑简史	2017－06	68.00	791
半序空间泛函分析.上	2018－06	48.00	924
半序空间泛函分析.下	2018－06	68.00	925
概率分布的部分识别	2018－07	68.00	929
Cartan 型单模李超代数的上同调及极大子代数	2018－07	38.00	932
纯数学与应用数学若干问题研究	2019－03	98.00	1017
数理金融学与数理经济学若干问题研究	2020－07	98.00	1180
清华大学"工农兵学员"微积分课本	2020－09	48.00	1228
力学若干基本问题的发展概论	2023－04	58.00	1262
Banach 空间中前后分离算法及其收敛率	2023－06	98.00	1670
基于广义加法的数学体系	2024－03	168.00	1710
向量微积分、线性代数和微分形式:统一方法:第 5 版	2024－03	78.00	1707
向量微积分、线性代数和微分形式:统一方法:第 5 版:习题解答	2024－03	48.00	1708
受控理论与解析不等式	2012－05	78.00	165
不等式的分拆降维降幂方法与可读证明(第 2 版)	2020－07	78.00	1184
石焕南文集:受控理论与不等式研究	2020－09	198.00	1198
实变函数论	2012－06	78.00	181
复变函数论	2015－08	38.00	504
非光滑优化及其变分分析	2014－01	48.00	230
疏散的马尔科夫链	2014－01	58.00	266
马尔科夫过程论基础	2015－01	28.00	433
初等微分拓扑学	2012－07	18.00	182
方程式论	2011－03	38.00	105
Galois 理论	2011－03	18.00	107
古典数学难题与伽罗瓦理论	2012－11	58.00	223
伽罗华与群论	2014－01	28.00	290
代数方程的根式解及伽罗瓦理论	2011－03	28.00	108
代数方程的根式解及伽罗瓦理论(第二版)	2015－01	28.00	423
线性偏微分方程讲义	2011－03	18.00	110
几类微分方程数值方法的研究	2015－05	38.00	485
分数阶微分方程理论与应用	2020－05	95.00	1182
N 体问题的周期解	2011－03	28.00	111
代数方程式论	2011－05	18.00	121
线性代数与几何:英文	2016－06	58.00	578
动力系统的不变量与函数方程	2011－07	48.00	137
基于短语评价的翻译知识获取	2012－02	48.00	168
应用随机过程	2012－04	48.00	187
概率论导引	2012－04	18.00	179
矩阵论(上)	2013－06	58.00	250
矩阵论(下)	2013－06	48.00	251
对称锥互补问题的内点法:理论分析与算法实现	2014－08	68.00	368
抽象代数:方法导引	2013－06	38.00	257
集论	2016－01	48.00	576
多项式理论研究综述	2016－01	38.00	577
函数论	2014－11	78.00	395
反问题的计算方法及应用	2011－11	28.00	147
数阵及其应用	2012－02	28.00	164
绝对值方程—折边与组合图形的解析研究	2012－07	48.00	186
代数函数论(上)	2015－07	38.00	494
代数函数论(下)	2015－07	38.00	495

刘培杰数学工作室
已出版(即将出版)图书目录——高等数学

书 名	出版时间	定 价	编号
偏微分方程论:法文	2015—10	48.00	533
时标动力学方程的指数型二分性与周期解	2016—04	48.00	606
重刚体绕不动点运动方程的积分法	2016—05	68.00	608
水轮机水力稳定性	2016—05	48.00	620
Lévy 噪音驱动的传染病模型的动力学行为	2016—05	48.00	667
时滞系统:Lyapunov 泛函和矩阵	2017—05	68.00	784
粒子图像测速仪实用指南:第二版	2017—08	78.00	790
数域的上同调	2017—08	98.00	799
图的正交因子分解(英文)	2018—01	38.00	881
图的度因子和分支因子:英文	2019—09	88.00	1108
点云模型的优化配准方法研究	2018—07	58.00	927
锥形波入射粗糙表面反散射问题理论与算法	2018—03	68.00	936
广义逆的理论与计算	2018—07	58.00	973
不定方程及其应用	2018—12	58.00	998
几类椭圆型偏微分方程高效数值算法研究	2018—08	48.00	1025
现代密码算法概论	2019—05	98.00	1061
模形式的 p 一进性质	2019—06	78.00	1088
混沌动力学:分形、平铺、代换	2019—09	48.00	1109
微分方程,动力系统与混沌引论:第 3 版	2020—05	65.00	1144
分数阶微分方程理论与应用	2020—05	95.00	1187
应用非线性动力系统与混沌导论:第 2 版	2021—05	58.00	1368
非线性振动,动力系统与向量场的分支	2021—06	55.00	1369
遍历理论引论	2021—11	46.00	1441
动力系统与混沌	2022—05	48.00	1485
Galois 上同调	2020—04	138.00	1131
毕达哥拉斯定理:英文	2020—03	38.00	1133
模糊可拓多属性决策理论与方法	2021—06	98.00	1357
统计方法和科学推断	2021—10	48.00	1428
有关几类种群生态学模型的研究	2022—04	98.00	1486
加性数论:典型基	2022—05	48.00	1491
加性数论:反问题与和集的几何	2023—08	58.00	1672
乘性数论:第三版	2022—07	38.00	1528
交替方向乘子法及其应用	2022—08	98.00	1553
结构元理论及模糊决策应用	2022—09	98.00	1573
随机微分方程和应用:第二版	2022—12	48.00	1580
吴振奎高等数学解题真经(概率统计卷)	2012—01	38.00	149
吴振奎高等数学解题真经(微积分卷)	2012—01	68.00	150
吴振奎高等数学解题真经(线性代数卷)	2012—01	58.00	151
高等数学解题全攻略(上卷)	2013—06	58.00	252
高等数学解题全攻略(下卷)	2013—06	58.00	253
高等数学复习纲要	2014—01	18.00	384
数学分析历年考研真题解析.第一卷	2021—04	38.00	1288
数学分析历年考研真题解析.第二卷	2021—04	38.00	1289
数学分析历年考研真题解析.第三卷	2021—04	38.00	1290
数学分析历年考研真题解析.第四卷	2022—09	68.00	1560
硕士研究生入学考试数学试题及解答.第 1 卷	2024—01	58.00	1703
硕士研究生入学考试数学试题及解答.第 2 卷	2024—04	68.00	1704
硕士研究生入学考试数学试题及解答.第 3 卷	即将出版		1705
超越吉米多维奇.数列的极限	2009—11	48.00	58
超越普里瓦洛夫.留数卷	2015—01	48.00	437
超越普里瓦洛夫.无穷乘积与它对解析函数的应用卷	2015—05	28.00	477
超越普里瓦洛夫.积分卷	2015—06	18.00	481
超越普里瓦洛夫.基础知识卷	2015—06	28.00	482
超越普里瓦洛夫.数项级数卷	2015—07	38.00	489
超越普里瓦洛夫.微分、解析函数、导数卷	2018—01	48.00	852
统计学专业英语(第三版)	2015—04	68.00	465
代换分析:英文	2015—07	38.00	499

书　　名	出版时间	定　价	编号
历届美国大学生数学竞赛试题集.第一卷(1938—1949)	2015—01	28.00	397
历届美国大学生数学竞赛试题集.第二卷(1950—1959)	2015—01	28.00	398
历届美国大学生数学竞赛试题集.第三卷(1960—1969)	2015—01	28.00	399
历届美国大学生数学竞赛试题集.第四卷(1970—1979)	2015—01	18.00	400
历届美国大学生数学竞赛试题集.第五卷(1980—1989)	2015—01	28.00	401
历届美国大学生数学竞赛试题集.第六卷(1990—1999)	2015—01	28.00	402
历届美国大学生数学竞赛试题集.第七卷(2000—2009)	2015—08	18.00	403
历届美国大学生数学竞赛试题集.第八卷(2010—2012)	2015—01	18.00	404
超越普特南试题:大学数学竞赛中的方法与技巧	2017—04	98.00	758
历届国际大学生数学竞赛试题集(1994—2020)	2021—01	58.00	1252
历届美国大学生数学竞赛试题集(全 3 册)	2023—10	168.00	1693
全国大学生数学夏令营数学竞赛试题及解答	2007—03	28.00	15
全国大学生数学竞赛辅导教程	2012—07	28.00	189
全国大学生数学竞赛复习全书(第 2 版)	2017—05	58.00	787
历届美国大学生数学竞赛试题集	2009—03	88.00	43
前苏联大学生数学奥林匹克竞赛题解(上编)	2012—04	28.00	169
前苏联大学生数学奥林匹克竞赛题解(下编)	2012—04	38.00	170
大学生数学竞赛讲义	2014—09	28.00	371
大学生数学竞赛教程——高等数学(基础篇、提高篇)	2018—09	128.00	968
普林斯顿大学数学竞赛	2016—06	38.00	669
考研高等数学高分之路	2020—10	45.00	1203
考研高等数学基础必刷	2021—01	45.00	1251
考研概率论与数理统计	2022—06	58.00	1522
越过 211,刷到 985:考研数学二	2019—10	68.00	1115
初等数论难题集(第一卷)	2009—05	68.00	44
初等数论难题集(第二卷)(上、下)	2011—02	128.00	82,83
数论概貌	2011—03	18.00	93
代数数论(第二版)	2013—08	58.00	94
代数多项式	2014—06	38.00	289
初等数论的知识与问题	2011—02	28.00	95
超越数论基础	2011—03	28.00	96
数论初等教程	2011—03	28.00	97
数论基础	2011—03	18.00	98
数论基础与维诺格拉多夫	2014—03	18.00	292
解析数论基础	2012—08	28.00	216
解析数论基础(第二版)	2014—01	48.00	287
解析数论问题集(第二版)(原版引进)	2014—05	88.00	343
解析数论问题集(第二版)(中译本)	2016—04	88.00	607
解析数论基础(潘承洞,潘承彪著)	2016—07	98.00	673
解析数论导引	2016—07	58.00	674
数论入门	2011—03	38.00	99
代数数论入门	2015—03	38.00	448
数论开篇	2012—07	28.00	194
解析数论引论	2011—03	48.00	100
Barban Davenport Halberstam 均值和	2009—01	40.00	33
基础数论	2011—03	28.00	101
初等数论 100 例	2011—05	18.00	122
初等数论经典例题	2012—07	18.00	204
最新世界各国数学奥林匹克中的初等数论试题(上、下)	2012—01	138.00	144,145
初等数论(Ⅰ)	2012—01	18.00	156
初等数论(Ⅱ)	2012—01	18.00	157
初等数论(Ⅲ)	2012—01	28.00	158

刘培杰数学工作室
已出版(即将出版)图书目录——高等数学

书 名	出版时间	定 价	编号
Gauss,Euler,Lagrange 和 Legendre 的遗产:把整数表示成平方和	2022—06	78.00	1540
平面几何与数论中未解决的新老问题	2013—01	68.00	229
代数数论简史	2014—11	28.00	408
代数数论	2015—09	88.00	532
代数、数论及分析习题集	2016—11	98.00	695
数论导引提要及习题解答	2016—01	48.00	559
素数定理的初等证明.第2版	2016—09	48.00	686
数论中的模函数与狄利克雷级数(第二版)	2017—11	78.00	837
数论:数学导引	2018—01	68.00	849
域论	2018—04	68.00	884
代数数论(冯克勤 编著)	2018—04	68.00	885
范氏大代数	2019—02	98.00	1016
高等算术:数论导引:第八版	2023—04	78.00	1689
新编640个世界著名数学智力趣题	2014—01	88.00	242
500个最新世界著名数学智力趣题	2008—06	48.00	3
400个最新世界著名数学最值问题	2008—09	48.00	36
500个世界著名数学征解问题	2009—06	48.00	52
400个中国最佳初等数学征解老问题	2010—01	48.00	60
500个俄罗斯数学经典老题	2011—01	28.00	81
1000个国外中学物理好题	2012—04	48.00	174
300个日本高考数学题	2012—05	38.00	142
700个早期日本高考数学试题	2017—02	88.00	752
500个前苏联早期高考数学试题及解答	2012—05	28.00	185
546个早期俄罗斯大学生数学竞赛题	2014—03	38.00	285
548个来自美苏的数学好问题	2014—11	28.00	396
20所苏联著名大学早期入学试题	2015—02	18.00	452
161道德国工科大学生必做的微分方程习题	2015—05	28.00	469
500个德国工科大学生必做的高数习题	2015—06	28.00	478
360个数学竞赛问题	2016—08	58.00	677
德国讲义日本考题.微积分卷	2015—04	48.00	456
德国讲义日本考题.微分方程卷	2015—04	38.00	457
二十世纪中叶中、英、美、日、法、俄高考数学试题精选	2017—06	38.00	783
博弈论精粹	2008—03	58.00	30
博弈论精粹.第二版(精装)	2015—01	88.00	461
数学 我爱你	2008—01	28.00	20
精神的圣徒 别样的人生——60位中国数学家成长的历程	2008—09	48.00	39
数学史概论	2009—06	78.00	50
数学史概论(精装)	2013—03	158.00	272
数学史选讲	2016—01	48.00	544
斐波那契数列	2010—02	28.00	65
数学拼盘和斐波那契魔方	2010—07	38.00	72
斐波那契数列欣赏	2011—01	28.00	160
数学的创造	2011—02	48.00	85
数学美与创造力	2016—01	48.00	595
数海拾贝	2016—01	48.00	590
数学中的美	2011—02	38.00	84
数论中的美学	2014—12	38.00	351
数学王者 科学巨人——高斯	2015—01	28.00	428
振兴祖国数学的圆梦之旅:中国初等数学研究史话	2015—06	98.00	490
二十世纪中国数学史料研究	2015—10	48.00	536
数字谜、数阵图与棋盘覆盖	2016—01	58.00	298
时间的形状	2016—01	38.00	556
数学发现的艺术:数学探索中的合情推理	2016—07	58.00	671
活跃在数学中的参数	2016—07	48.00	675

书　名	出版时间	定　价	编号
格点和面积	2012—07	18.00	191
射影几何趣谈	2012—04	28.00	175
斯潘纳尔引理——从一道加拿大数学奥林匹克试题谈起	2014—01	28.00	228
李普希兹条件——从几道近年高考数学试题谈起	2012—10	18.00	221
拉格朗日中值定理——从一道北京高考试题的解法谈起	2015—10	18.00	197
闵科夫斯基定理——从一道清华大学自主招生试题谈起	2014—01	28.00	198
哈尔测度——从一道冬令营试题的背景谈起	2012—08	28.00	202
切比雪夫逼近问题——从一道中国台北数学奥林匹克试题谈起	2013—04	38.00	238
伯恩斯坦多项式与贝齐尔曲面——从一道全国高中数学联赛试题谈起	2013—03	38.00	236
卡塔兰猜想——从一道普特南竞赛试题谈起	2013—06	18.00	256
麦卡锡函数和阿克曼函数——从一道前南斯拉夫数学奥林匹克试题谈起	2012—08	18.00	201
贝蒂定理与拉姆贝克莫斯尔定理——从一个拣石子游戏谈起	2012—08	18.00	217
皮亚诺曲线和豪斯道夫分球定理——从无限集谈起	2012—08	18.00	211
平面凸图形与凸多面体	2012—10	28.00	218
斯坦因豪斯问题——从一道二十五省市自治区中学数学竞赛试题谈起	2012—07	18.00	196
纽结理论中的亚历山大多项式与琼斯多项式——从一道北京市高一数学竞赛试题谈起	2012—07	28.00	195
原则与策略——从波利亚"解题表"谈起	2013—04	38.00	244
转化与化归——从三大尺规作图不能问题谈起	2012—08	28.00	214
代数几何中的贝祖定理(第一版)——从一道IMO试题的解法谈起	2013—08	18.00	193
成功连贯理论与约当块理论——从一道比利时数学竞赛试题谈起	2012—04	18.00	180
素数判定与大数分解	2014—08	18.00	199
置换多项式及其应用	2012—10	18.00	220
椭圆函数与模函数——从一道美国加州大学洛杉矶分校(UCLA)博士资格考题谈起	2012—10	28.00	219
差分方程的拉格朗日方法——从一道2011年全国高考理科试题的解法谈起	2012—08	28.00	200
力学在几何中的一些应用	2013—01	38.00	240
高斯散度定理、斯托克斯定理和平面格林定理——从一道国际大学生数学竞赛试题谈起	即将出版		
康托洛维奇不等式——从一道全国高中联赛试题谈起	2013—03	28.00	337
西格尔引理——从一道第18届IMO试题的解法谈起	即将出版		
罗斯定理——从一道前苏联数学竞赛试题谈起	即将出版		
拉克斯定理和阿廷定理——从一道IMO试题的解法谈起	2014—01	58.00	246
毕卡大定理——从一道美国大学数学竞赛试题谈起	2014—07	18.00	350
贝齐尔曲线——从一道全国高中联赛试题谈起	即将出版		
拉格朗日乘子定理——从一道2005年全国高中联赛试题的高等数学解法谈起	2015—05	28.00	480
雅可比定理——从一道日本数学奥林匹克试题谈起	2013—04	48.00	249
李天岩—约克定理——从一道波兰数学竞赛试题谈起	2014—06	28.00	349
受控理论与初等不等式:从一道IMO试题的解法谈起	2023—03	48.00	1601

刘培杰数学工作室
已出版(即将出版)图书目录——高等数学

书　　名	出版时间	定　价	编号
布劳维不动点定理——从一道前苏联数学奥林匹克试题谈起	2014－01	38.00	273
伯恩赛德定理——从一道英国数学奥林匹克试题谈起	即将出版		
布查特－莫斯特定理——从一道上海市初中竞赛试题谈起	即将出版		
数论中的同余数问题——从一道普特南竞赛试题谈起	即将出版		
范·德蒙行列式——从一道美国数学奥林匹克试题谈起	即将出版		
中国剩余定理:总数法构建中国历史年表	2015－01	28.00	430
牛顿程序与方程求根——从一道全国高考试题解法谈起	即将出版		
库默尔定理——从一道IMO预选试题谈起	即将出版		
卢丁定理——从一道冬令营试题的解法谈起	即将出版		
沃斯滕霍姆定理——从一道IMO预选试题谈起	即将出版		
卡尔松不等式——从一道莫斯科数学奥林匹克试题谈起	即将出版		
信息论中的香农熵——从一道近年高考压轴题谈起	即将出版		
约当不等式——从一道希望杯竞赛试题谈起	即将出版		
拉比诺维奇定理			
刘维尔定理——从一道《美国数学月刊》征解问题的解法谈起	即将出版		
卡塔兰恒等式与级数求和——从一道IMO试题的解法谈起	即将出版		
勒让德猜想与素数分布——从一道爱尔兰竞赛试题谈起	即将出版		
天平称重与信息论——从一道基辅市数学奥林匹克试题谈起	即将出版		
哈密尔顿－凯莱定理:从一道高中数学联赛试题的解法谈起	2014－09	18.00	376
艾思特曼定理——从一道CMO试题的解法谈起	即将出版		
一个爱尔特希问题——从一道西德数学奥林匹克试题谈起	即将出版		
有限群中的爱丁格尔问题——从一道北京市初中二年级数学竞赛试题谈起	即将出版		
糖水中的不等式——从初等数学到高等数学	2019－07	48.00	1093
帕斯卡三角形	2014－03	18.00	294
蒲丰投针问题——从2009年清华大学的一道自主招生试题谈起	2014－01	38.00	295
斯图姆定理——从一道"华约"自主招生试题的解法谈起	2014－01	18.00	296
许瓦兹引理——从一道加利福尼亚大学伯克利分校数学系博士生试题谈起	2014－08	18.00	297
拉姆塞定理——从王诗宬院士的一个问题谈起	2016－04	48.00	299
坐标法	2013－12	28.00	332
数论三角形	2014－04	38.00	341
毕克定理	2014－07	18.00	352
数林掠影	2014－09	48.00	389
我们周围的概率	2014－10	38.00	390
凸函数最值定理:从一道华约自主招生题的解法谈起	2014－10	28.00	391
易学与数学奥林匹克	2014－10	38.00	392
生物数学趣谈	2015－01	18.00	409
反演	2015－01	28.00	420
因式分解与圆锥曲线	2015－01	18.00	426
轨迹	2015－01	28.00	427
面积原理:从常庚哲命的一道CMO试题的积分解法谈起	2015－01	48.00	431
形形色色的不动点定理——从一道28届IMO试题谈起	2015－01	38.00	439
柯西函数方程:从一道上海交大自主招生的试题谈起	2015－02	28.00	440

刘培杰数学工作室
已出版(即将出版)图书目录——高等数学

书　　名	出版时间	定　价	编号
三角恒等式	2015—02	28.00	442
无理性判定:从一道2014年"北约"自主招生试题谈起	2015—01	38.00	443
数学归纳法	2015—03	18.00	451
极端原理与解题	2015—04	28.00	464
法雷级数	2014—08	18.00	367
摆线族	2015—01	38.00	438
函数方程及其解法	2015—05	38.00	470
含参数的方程和不等式	2012—09	28.00	213
希尔伯特第十问题	2016—01	38.00	543
无穷小量的求和	2016—01	28.00	545
切比雪夫多项式:从一道清华大学金秋营试题谈起	2016—01	38.00	583
泽肯多夫定理	2016—03	38.00	599
代数等式证题法	2016—01	28.00	600
三角等式证题法	2016—01	28.00	601
吴大任教授藏书中的一个因式分解公式:从一道美国数学邀请赛试题的解法谈起	2016—06	28.00	656
易卦——类万物的数学模型	2017—08	68.00	838
"不可思议"的数与数系可持续发展	2018—01	38.00	878
最短线	2018—01	38.00	879
从毕达哥拉斯到怀尔斯	2007—10	48.00	9
从迪利克雷到维斯卡尔迪	2008—01	48.00	21
从哥德巴赫到陈景润	2008—05	98.00	35
从庞加莱到佩雷尔曼	2011—08	138.00	136
从费马到怀尔斯——费马大定理的历史	2013—10	198.00	I
从庞加莱到佩雷尔曼——庞加莱猜想的历史	2013—10	298.00	II
从切比雪夫到爱尔特希(上)——素数定理的初等证明	2013—07	48.00	III
从切比雪夫到爱尔特希(下)——素数定理100年	2012—12	98.00	III
从高斯到盖尔方特——二次域的高斯猜想	2013—10	198.00	IV
从库默尔到朗兰兹——朗兰兹猜想的历史	2014—01	98.00	V
从比勃巴赫到德布朗斯——比勃巴赫猜想的历史	2014—02	298.00	VI
从麦比乌斯到陈省身——麦比乌斯变换与麦比乌斯带	2014—02	298.00	VII
从布尔到豪斯道夫——布尔方程与格论漫谈	2013—10	198.00	VIII
从开普勒到阿诺德——三体问题的历史	2014—05	298.00	IX
从华林到华罗庚——华林问题的历史	2013—10	298.00	X
数学物理大百科全书.第1卷	2016—01	418.00	508
数学物理大百科全书.第2卷	2016—01	408.00	509
数学物理大百科全书.第3卷	2016—01	396.00	510
数学物理大百科全书.第4卷	2016—01	408.00	511
数学物理大百科全书.第5卷	2016—01	368.00	512
朱德祥代数与几何讲义.第1卷	2017—01	38.00	697
朱德祥代数与几何讲义.第2卷	2017—01	28.00	698
朱德祥代数与几何讲义.第3卷	2017—01	28.00	699

刘培杰数学工作室
已出版(即将出版)图书目录——高等数学

书　　名	出版时间	定　价	编号
闵嗣鹤文集	2011—03	98.00	102
吴从炘数学活动三十年(1951~1980)	2010—07	99.00	32
吴从炘数学活动又三十年(1981~2010)	2015—07	98.00	491
斯米尔诺夫高等数学.第一卷	2018—03	88.00	770
斯米尔诺夫高等数学.第二卷.第一分册	2018—03	68.00	771
斯米尔诺夫高等数学.第二卷.第二分册	2018—03	68.00	772
斯米尔诺夫高等数学.第二卷.第三分册	2018—03	48.00	773
斯米尔诺夫高等数学.第三卷.第一分册	2018—03	58.00	774
斯米尔诺夫高等数学.第三卷.第二分册	2018—03	58.00	775
斯米尔诺夫高等数学.第三卷.第三分册	2018—03	68.00	776
斯米尔诺夫高等数学.第四卷.第一分册	2018—03	48.00	777
斯米尔诺夫高等数学.第四卷.第二分册	2018—03	88.00	778
斯米尔诺夫高等数学.第五卷.第一分册	2018—03	58.00	779
斯米尔诺夫高等数学.第五卷.第二分册	2018—03	68.00	780
zeta 函数,q-zeta 函数,相伴级数与积分(英文)	2015—08	88.00	513
微分形式:理论与练习(英文)	2015—08	58.00	514
离散与微分包含的逼近和优化(英文)	2015—08	58.00	515
艾伦·图灵:他的工作与影响(英文)	2016—01	98.00	560
测度理论概率导论,第 2 版(英文)	2016—01	88.00	561
带有潜在故障恢复系统的半马尔柯夫模型控制(英文)	2016—01	98.00	562
数学分析原理(英文)	2016—01	88.00	563
随机偏微分方程的有效动力学(英文)	2016—01	88.00	564
图的谱半径(英文)	2016—01	58.00	565
量子机器学习中数据挖掘的量子计算方法(英文)	2016—01	98.00	566
量子物理的非常规方法(英文)	2016—01	118.00	567
运输过程的统一非局部理论:广义波尔兹曼物理动力学,第 2 版(英文)	2016—01	198.00	568
量子力学与经典力学之间的联系在原子、分子及电动力学系统建模中的应用(英文)	2016—01	58.00	569
算术域(英文)	2018—01	158.00	821
高等数学竞赛:1962—1991 年的米洛克斯·史怀哲竞赛(英文)	2018—01	128.00	822
用数学奥林匹克精神解决数论问题(英文)	2018—01	108.00	823
代数几何(德文)	2018—04	68.00	824
丢番图逼近论(英文)	2018—01	78.00	825
代数几何学基础教程(英文)	2018—01	98.00	826
解析数论入门课程(英文)	2018—01	78.00	827
数论中的丢番图问题(英文)	2018—01	78.00	829
数论(梦幻之旅):第五届中日数论研讨会演讲集(英文)	2018—01	68.00	830
数论新应用(英文)	2018—01	68.00	831
数论(英文)	2018—01	78.00	832
测度与积分(英文)	2019—04	68.00	1059
卡塔兰数入门(英文)	2019—05	68.00	1060
多变量数学入门(英文)	2021—05	68.00	1317
偏微分方程入门(英文)	2021—05	88.00	1318
若尔当典范性:理论与实践(英文)	2021—07	68.00	1366
R 统计学概论(英文)	2023—03	88.00	1614
基于不确定静态和动态问题解的仿射算术(英文)	2023—03	38.00	1618

刘培杰数学工作室

已出版(即将出版)图书目录——高等数学

书　名	出版时间	定　价	编号
湍流十讲(英文)	2018—04	108.00	886
无穷维李代数:第3版(英文)	2018—04	98.00	887
等值、不变量和对称性(英文)	2018—04	78.00	888
解析数论(英文)	2018—09	78.00	889
《数学原理》的演化:伯特兰·罗素撰写第二版时的手稿与笔记(英文)	2018—04	108.00	890
哈密尔顿数学论文集(第4卷):几何学、分析学、天文学、概率和有限差分等(英文)	2019—05	108.00	891
数学王子——高斯	2018—01	48.00	858
坎坷奇星——阿贝尔	2018—01	48.00	859
闪烁奇星——伽罗瓦	2018—01	58.00	860
无穷统帅——康托尔	2018—01	48.00	861
科学公主——柯瓦列夫斯卡娅	2018—01	48.00	862
抽象代数之母——埃米·诺特	2018—01	48.00	863
电脑先驱——图灵	2018—01	58.00	864
昔日神童——维纳	2018—01	48.00	865
数坛怪侠——爱尔特希	2018—01	68.00	866
当代世界中的数学.数学思想与数学基础	2019—01	38.00	892
当代世界中的数学.数学问题	2019—01	38.00	893
当代世界中的数学.应用数学与数学应用	2019—01	38.00	894
当代世界中的数学.数学王国的新疆域(一)	2019—01	38.00	895
当代世界中的数学.数学王国的新疆域(二)	2019—01	38.00	896
当代世界中的数学.数林撷英(一)	2019—01	38.00	897
当代世界中的数学.数林撷英(二)	2019—01	48.00	898
当代世界中的数学.数学之路	2019—01	38.00	899
偏微分方程全局吸引子的特性(英文)	2018—09	108.00	979
整函数与下调和函数(英文)	2018—09	118.00	980
幂等分析(英文)	2018—09	118.00	981
李群,离散子群与不变量理论(英文)	2018—09	108.00	982
动力系统与统计力学(英文)	2018—09	118.00	983
表示论与动力系统(英文)	2018—09	118.00	984
分析学练习.第1部分(英文)	2021—01	88.00	1247
分析学练习.第2部分.非线性分析(英文)	2021—01	88.00	1248
初级统计学:循序渐进的方法:第10版(英文)	2019—05	68.00	1067
工程师与科学家微分方程用书:第4版(英文)	2019—07	58.00	1068
大学代数与三角学(英文)	2019—06	78.00	1069
培养数学能力的途径(英文)	2019—07	38.00	1070
工程师与科学家统计学:第4版(英文)	2019—06	58.00	1071
贸易与经济中的应用统计学:第6版(英文)	2019—06	58.00	1072
傅立叶级数和边值问题:第8版(英文)	2019—05	48.00	1073
通往天文学的途径:第5版(英文)	2019—05	58.00	1074

刘培杰数学工作室
已出版(即将出版)图书目录——高等数学

书　名	出版时间	定　价	编号
拉马努金笔记.第1卷(英文)	2019—06	165.00	1078
拉马努金笔记.第2卷(英文)	2019—06	165.00	1079
拉马努金笔记.第3卷(英文)	2019—06	165.00	1080
拉马努金笔记.第4卷(英文)	2019—06	165.00	1081
拉马努金笔记.第5卷(英文)	2019—06	165.00	1082
拉马努金遗失笔记.第1卷(英文)	2019—06	109.00	1083
拉马努金遗失笔记.第2卷(英文)	2019—06	109.00	1084
拉马努金遗失笔记.第3卷(英文)	2019—06	109.00	1085
拉马努金遗失笔记.第4卷(英文)	2019—06	109.00	1086
数论:1976年纽约洛克菲勒大学数论会议记录(英文)	2020—06	68.00	1145
数论:卡本代尔1979:1979年在南伊利诺伊卡本代尔大学举行的数论会议记录(英文)	2020—06	78.00	1146
数论:诺德韦克豪特1983:1983年在诺德韦克豪特举行的Journees Arithmetiques数论大会会议记录(英文)	2020—06	68.00	1147
数论:1985—1988年在纽约城市大学研究生院和大学中心举办的研讨会(英文)	2020—06	68.00	1148
数论:1987年在乌尔姆举行的Journees Arithmetiques数论大会会议记录(英文)	2020—06	68.00	1149
数论:马德拉斯1987:1987年在马德拉斯安娜大学举行的国际拉马努金百年纪念大会会议记录(英文)	2020—06	68.00	1150
解析数论:1988年在东京举行的日法研讨会会议记录(英文)	2020—06	68.00	1151
解析数论:2002年在意大利切特拉罗举行的C.I.M.E.暑期班演讲集(英文)	2020—06	68.00	1152
量子世界中的蝴蝶:最迷人的量子分形故事(英文)	2020—06	118.00	1157
走进量子力学(英文)	2020—06	118.00	1158
计算物理学概论(英文)	2020—06	48.00	1159
物质,空间和时间的理论:量子理论(英文)	即将出版		1160
物质,空间和时间的理论:经典理论(英文)	即将出版		1161
量子场理论:解释世界的神秘背景(英文)	2020—07	38.00	1162
计算物理学概论(英文)	即将出版		1163
行星状星云(英文)	即将出版		1164
基本宇宙学:从亚里士多德的宇宙到大爆炸(英文)	2020—08	58.00	1165
数学磁流体力学(英文)	2020—07	58.00	1166
计算科学:第1卷,计算的科学(日文)	2020—07	88.00	1167
计算科学:第2卷,计算与宇宙(日文)	2020—07	88.00	1168
计算科学:第3卷,计算与物质(日文)	2020—07	88.00	1169
计算科学:第4卷,计算与生命(日文)	2020—07	88.00	1170
计算科学:第5卷,计算与地球环境(日文)	2020—07	88.00	1171
计算科学:第6卷,计算与社会(日文)	2020—07	88.00	1172
计算科学.别卷,超级计算机(日文)	2020—07	88.00	1173
多复变函数论(日文)	2022—06	78.00	1518
复变函数入门(日文)	2022—06	78.00	1523

刘培杰数学工作室
已出版(即将出版)图书目录——高等数学

书　　名	出 版 时 间	定 价	编号
代数与数论:综合方法(英文)	2020—10	78.00	1185
复分析:现代函数理论第一课(英文)	2020—07	58.00	1186
斐波那契数列和卡特兰数:导论(英文)	2020—10	68.00	1187
组合推理:计数艺术介绍(英文)	2020—07	88.00	1188
二次互反律的傅里叶分析证明(英文)	2020—07	48.00	1189
旋瓦兹分布的希尔伯特变换与应用(英文)	2020—07	58.00	1190
泛函分析:巴拿赫空间理论入门(英文)	2020—07	48.00	1191
典型群,错排与素数(英文)	2020—11	58.00	1204
李代数的表示:通过 gln 进行介绍(英文)	2020—10	38.00	1205
实分析演讲集(英文)	2020—10	38.00	1206
现代分析及其应用的课程(英文)	2020—10	58.00	1207
运动中的抛射物数学(英文)	2020—10	38.00	1208
2—扭结与它们的群(英文)	2020—10	38.00	1209
概率,策略和选择:博弈与选举中的数学(英文)	2020—11	58.00	1210
分析学引论(英文)	2020—11	58.00	1211
量子群:通往流代数的路径(英文)	2020—11	38.00	1212
集合论入门(英文)	2020—10	48.00	1213
酉反射群(英文)	2020—11	58.00	1214
探索数学:吸引人的证明方式(英文)	2020—11	58.00	1215
微分拓扑短期课程(英文)	2020—10	48.00	1216
抽象凸分析(英文)	2020—11	68.00	1222
费马大定理笔记(英文)	2021—03	48.00	1223
高斯与雅可比和(英文)	2021—03	78.00	1224
π 与算术几何平均:关于解析数论和计算复杂性的研究(英文)	2021—01	58.00	1225
复分析入门(英文)	2021—03	48.00	1226
爱德华·卢卡斯与素性测定(英文)	2021—03	78.00	1227
通往凸分析及其应用的简单路径(英文)	2021—01	68.00	1229
微分几何的各个方面.第一卷(英文)	2021—01	58.00	1230
微分几何的各个方面.第二卷(英文)	2020—12	58.00	1231
微分几何的各个方面.第三卷(英文)	2020—12	58.00	1232
沃克流形几何学(英文)	2020—11	58.00	1233
仿射和韦尔几何应用(英文)	2020—12	58.00	1234
双曲几何学的旋转向量空间方法(英文)	2021—02	58.00	1235
积分:分析学的关键(英文)	2020—12	48.00	1236
为有天分的新生准备的分析学基础教材(英文)	2020—11	48.00	1237

书　名	出版时间	定　价	编号
数学不等式.第一卷.对称多项式不等式(英文)	2021－03	108.00	1273
数学不等式.第二卷.对称有理不等式与对称无理不等式(英文)	2021－03	108.00	1274
数学不等式.第三卷.循环不等式与非循环不等式(英文)	2021－03	108.00	1275
数学不等式.第四卷.Jensen不等式的扩展与加细(英文)	2021－03	108.00	1276
数学不等式.第五卷.创建不等式与解不等式的其他方法(英文)	2021－04	108.00	1277
冯·诺依曼代数中的谱位移函数:半有限冯·诺依曼代数中的谱位移函数与谱流(英文)	2021－06	98.00	1308
链接结构:关于嵌入完全图的直线中链接单形的组合结构(英文)	2021－05	58.00	1309
代数几何方法.第1卷(英文)	2021－06	68.00	1310
代数几何方法.第2卷(英文)	2021－06	68.00	1311
代数几何方法.第3卷(英文)	2021－06	58.00	1312
代数、生物信息和机器人技术的算法问题.第四卷,独立恒等式系统(俄文)	2020－08	118.00	1119
代数、生物信息和机器人技术的算法问题.第五卷,相对覆盖性和独立可拆分恒等式系统(俄文)	2020－08	118.00	1200
代数、生物信息和机器人技术的算法问题.第六卷,恒等式和准恒等式的相等 问题、可推导性和可实现性(俄文)	2020－08	128.00	1201
分数阶微积分的应用:非局部动态过程,分数阶导热系数(俄文)	2021－01	68.00	1241
泛函分析问题与练习:第2版(俄文)	2021－01	98.00	1242
集合论、数学逻辑和算法论问题:第5版(俄文)	2021－01	98.00	1243
微分几何和拓扑短期课程(俄文)	2021－01	98.00	1244
素数规律(俄文)	2021－01	88.00	1245
无穷边值问题解的递减:无界域中的拟线性椭圆和抛物方程(俄文)	2021－01	48.00	1246
微分几何讲义(俄文)	2020－12	98.00	1253
二次型和矩阵(俄文)	2021－01	98.00	1255
积分和级数.第2卷,特殊函数(俄文)	2021－01	168.00	1258
积分和级数.第3卷,特殊函数补充:第2版(俄文)	2021－01	178.00	1264
几何图上的微分方程(俄文)	2021－01	138.00	1259
数论教程:第2版(俄文)	2021－01	98.00	1260
非阿基米德分析及其应用(俄文)	2021－03	98.00	1261

刘培杰数学工作室
已出版(即将出版)图书目录——高等数学

书　　名	出版时间	定　价	编号
古典群和量子群的压缩(俄文)	2021—03	98.00	1263
数学分析习题集.第3卷,多元函数:第3版(俄文)	2021—03	98.00	1266
数学习题:乌拉尔国立大学数学力学系大学生奥林匹克(俄文)	2021—03	98.00	1267
柯西定理和微分方程的特解(俄文)	2021—03	98.00	1268
组合极值问题及其应用:第3版(俄文)	2021—03	98.00	1269
数学词典(俄文)	2021—01	98.00	1271
确定性混沌分析模型(俄文)	2021—06	168.00	1307
精选初等数学习题和定理.立体几何.第3版(俄文)	2021—03	68.00	1316
微分几何习题:第3版(俄文)	2021—05	98.00	1336
精选初等数学习题和定理.平面几何.第4版(俄文)	2021—05	68.00	1335
曲面理论在欧氏空间 E_n 中的直接表示	2022—01	68.00	1444
维纳—霍普夫离散算子和托普利兹算子:某些可数赋范空间中的诺特性和可逆性(俄文)	2022—03	108.00	1496
Maple 中的数论:数论中的计算机计算(俄文)	2022—03	88.00	1497
贝尔曼和克努特问题及其概括:加法运算的复杂性(俄文)	2022—03	138.00	1498
复分析:共形映射(俄文)	2022—07	48.00	1542
微积分代数样条和多项式及其在数值方法中的应用(俄文)	2022—08	128.00	1543
蒙特卡罗方法中的随机过程和场模型:算法和应用(俄文)	2022—08	88.00	1544
线性椭圆型方程组:论二阶椭圆型方程的迪克雷问题(俄文)	2022—08	98.00	1561
动态系统解的增长特性:估值、稳定性、应用(俄文)	2022—08	118.00	1565
群的自由积分解:建立和应用(俄文)	2022—08	78.00	1570
混合方程和偏差自变数方程问题:解的存在和唯一性(俄文)	2023—01	78.00	1582
拟度量空间分析:存在和逼近定理(俄文)	2023—01	108.00	1583
二维和三维流形上函数的拓扑性质:函数的拓扑分类(俄文)	2023—03	68.00	1584
齐次马尔科夫过程建模的矩阵方法:此类方法能够用于不同目的的复杂系统研究、设计和完善(俄文)	2023—03	68.00	1594
周期函数的近似方法和特性:特殊课程(俄文)	2023—04	158.00	1622
扩散方程解的矩函数:变分法(俄文)	2023—03	58.00	1623
多赋范空间和广义函数:理论及应用(俄文)	2023—03	98.00	1632
分析中的多值映射:部分应用(俄文)	2023—06	98.00	1634
数学物理问题(俄文)	2023—03	78.00	1636
函数的幂级数与三角级数分解(俄文)	2024—01	58.00	1695
星体理论的数学基础:原子三元组(俄文)	2024—01	98.00	1696
素数规律:专著(俄文)	2024—01	118.00	1697
狭义相对论与广义相对论:时空与引力导论(英文)	2021—07	88.00	1319
束流物理学和粒子加速器的实践介绍:第2版(英文)	2021—07	88.00	1320
凝聚态物理中的拓扑和微分几何简介(英文)	2021—05	88.00	1321
混沌映射:动力学、分形学和快速涨落(英文)	2021—05	128.00	1322
广义相对论:黑洞、引力波和宇宙学介绍(英文)	2021—06	68.00	1323
现代分析电磁均质化(英文)	2021—06	68.00	1324
为科学家提供的基本流体动力学(英文)	2021—06	88.00	1325
视觉天文学:理解夜空的指南(英文)	2021—06	68.00	1326

刘培杰数学工作室
已出版(即将出版)图书目录——高等数学

书　名	出版时间	定　价	编号
物理学中的计算方法(英文)	2021—06	68.00	1327
单星的结构与演化:导论(英文)	2021—06	108.00	1328
超越居里:1903年至1963年物理界四位女性及其著名发现(英文)	2021—06	68.00	1329
范德瓦斯流体热力学的进展(英文)	2021—06	68.00	1330
先进的托卡马克稳定性理论(英文)	2021—06	88.00	1331
经典场论导论:基本相互作用的过程(英文)	2021—07	88.00	1332
光致电离量子动力学方法原理(英文)	2021—07	108.00	1333
经典域论和应力:能量张量(英文)	2021—05	88.00	1334
非线性太赫兹光谱的概念与应用(英文)	2021—06	68.00	1337
电磁学中的无穷空间并矢格林函数(英文)	2021—06	88.00	1338
物理科学基础数学.第1卷,齐次边值问题、傅里叶方法和特殊函数(英文)	2021—07	108.00	1339
离散量子力学(英文)	2021—07	68.00	1340
核磁共振的物理学和数学(英文)	2021—07	108.00	1341
分子水平的静电学(英文)	2021—08	68.00	1342
非线性波:理论、计算机模拟、实验(英文)	2021—06	108.00	1343
石墨烯光学:经典问题的电解解决方案(英文)	2021—06	68.00	1344
超材料多元宇宙(英文)	2021—07	68.00	1345
银河系外的天体物理学(英文)	2021—07	68.00	1346
原子物理学(英文)	2021—07	68.00	1347
将光打结:将拓扑学应用于光学(英文)	2021—07	68.00	1348
电磁学:问题与解法(英文)	2021—07	88.00	1364
海浪的原理:介绍量子力学的技巧与应用(英文)	2021—07	108.00	1365
多孔介质中的流体:输运与相变(英文)	2021—07	68.00	1372
洛伦兹群的物理学(英文)	2021—08	68.00	1373
物理导论的数学方法和解决方法手册(英文)	2021—08	68.00	1374
非线性波数学物理学入门(英文)	2021—08	88.00	1376
波:基本原理和动力学(英文)	2021—07	68.00	1377
光电子量子计量学.第1卷,基础(英文)	2021—07	88.00	1383
光电子量子计量学.第2卷,应用与进展(英文)	2021—07	68.00	1384
复杂流的格子玻尔兹曼建模的工程应用(英文)	2021—08	68.00	1393
电偶极矩挑战(英文)	2021—08	108.00	1394
电动力学:问题与解法(英文)	2021—09	68.00	1395
自由电子激光的经典理论(英文)	2021—08	68.00	1397
曼哈顿计划——核武器物理学简介(英文)	2021—09	68.00	1401

刘培杰数学工作室
已出版(即将出版)图书目录——高等数学

书　名	出版时间	定　价	编号
粒子物理学(英文)	2021—09	68.00	1402
引力场中的量子信息(英文)	2021—09	128.00	1403
器件物理学的基本经典力学(英文)	2021—09	68.00	1404
等离子体物理及其空间应用导论.第1卷,基本原理和初步过程(英文)	2021—09	68.00	1405
伽利略理论力学:连续力学基础(英文)	2021—10	48.00	1416
磁约束聚变等离子体物理:理想MHD理论(英文)	2023—03	68.00	1613
相对论量子场论.第1卷,典范形式体系(英文)	2023—03	38.00	1615
相对论量子场论.第2卷,路径积分形式(英文)	2023—06	38.00	1616
相对论量子场论.第3卷,量子场论的应用(英文)	2023—06	38.00	1617
涌现的物理学(英文)	2023—05	58.00	1619
量子化旋涡:一本拓扑激发手册(英文)	2023—04	68.00	1620
非线性动力学:实践的介绍性调查(英文)	2023—05	68.00	1621
静电加速器:一个多功能工具(英文)	2023—06	58.00	1625
相对论多体理论与统计力学(英文)	2023—06	58.00	1626
经典力学.第1卷,工具与向量(英文)	2023—04	38.00	1627
经典力学.第2卷,运动学和匀加速运动(英文)	2023—04	58.00	1628
经典力学.第3卷,牛顿定律和匀速圆周运动(英文)	2023—04	58.00	1629
经典力学.第4卷,万有引力定律(英文)	2023—04	38.00	1630
经典力学.第5卷,守恒定律与旋转运动(英文)	2023—04	38.00	1631
对称问题:纳维尔-斯托克斯问题(英文)	2023—04	38.00	1638
摄影的物理和艺术.第1卷,几何与光的本质(英文)	2023—04	78.00	1639
摄影的物理和艺术.第2卷,能量与色彩(英文)	2023—04	78.00	1640
摄影的物理和艺术.第3卷,探测器与数码的意义(英文)	2023—04	78.00	1641
拓扑与超弦理论焦点问题(英文)	2021—07	58.00	1349
应用数学:理论、方法与实践(英文)	2021—07	78.00	1350
非线性特征值问题:牛顿型方法与非线性瑞利函数(英文)	2021—07	58.00	1351
广义膨胀和齐性:利用齐性构造齐次系统的李雅普诺夫函数和控制律(英文)	2021—06	48.00	1352
解析数论焦点问题(英文)	2021—07	58.00	1353
随机微分方程:动态系统方法(英文)	2021—07	58.00	1354
经典力学与微分几何(英文)	2021—07	58.00	1355
负定相交形式流形上的瞬子模空间几何(英文)	2021—07	68.00	1356
广义卡塔兰轨道分析:广义卡塔兰轨道计算数字的方法(英文)	2021—07	48.00	1367
洛伦兹方法的变分:二维与三维洛伦兹方法(英文)	2021—08	38.00	1378
几何、分析和数论精编(英文)	2021—08	68.00	1380
从一个新角度看数论:通过遗传方法引入现实的概念(英文)	2021—07	58.00	1387
动力系统:短期课程(英文)	2021—08	68.00	1382

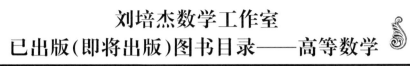

刘培杰数学工作室
已出版(即将出版)图书目录——高等数学

书 名	出版时间	定 价	编号
几何路径:理论与实践(英文)	2021—08	48.00	1385
广义斐波那契数列及其性质(英文)	2021—08	38.00	1386
论天体力学中某些问题的不可积性(英文)	2021—07	88.00	1396
对称函数和麦克唐纳多项式:余代数结构与 Kawanaka 恒等式	2021—09	38.00	1400
杰弗里·英格拉姆·泰勒科学论文集:第 1 卷.固体力学(英文)	2021—05	78.00	1360
杰弗里·英格拉姆·泰勒科学论文集:第 2 卷.气象学、海洋学和湍流(英文)	2021—05	68.00	1361
杰弗里·英格拉姆·泰勒科学论文集:第 3 卷.空气动力学以及落弹数和爆炸的力学(英文)	2021—05	68.00	1362
杰弗里·英格拉姆·泰勒科学论文集:第 4 卷.有关流体力学(英文)	2021—05	58.00	1363
非局域泛函演化方程:积分与分数阶(英文)	2021—08	48.00	1390
理论工作者的高等微分几何:纤维丛、射流流形和拉格朗日理论(英文)	2021—08	68.00	1391
半线性退化椭圆微分方程:局部定理与整体定理(英文)	2021—07	48.00	1392
非交换几何、规范理论和重整化:一般简介与非交换量子场论的重整化(英文)	2021—09	78.00	1406
数论论文集:拉普拉斯变换和带有数论系数的幂级数(俄文)	2021—09	48.00	1407
挠理论专题:相对极大值,单射与扩充模(英文)	2021—09	88.00	1410
强正则图与欧几里得若尔当代数:非通常关系中的启示(英文)	2021—10	48.00	1411
拉格朗日几何和哈密顿几何:力学的应用(英文)	2021—10	48.00	1412
时滞微分方程与差分方程的振动理论:二阶与三阶(英文)	2021—10	98.00	1417
卷积结构与几何函数理论:用以研究特定几何函数理论方向的分数阶微积分算子与卷积结构(英文)	2021—10	48.00	1418
经典数学物理的历史发展(英文)	2021—10	78.00	1419
扩展线性丢番图问题(英文)	2021—10	38.00	1420
一类混沌动力系统的分歧分析与控制:分歧分析与控制(英文)	2021—11	38.00	1421
伽利略空间和伪伽利略空间中一些特殊曲线的几何性质(英文)	2022—01	48.00	1422
一阶偏微分方程:哈密尔顿—雅可比理论(英文)	2021—11	48.00	1424
各向异性黎曼多面体的反问题:分段光滑的各向异性黎曼多面体反边界谱问题:唯一性(英文)	2021—11	38.00	1425

刘培杰数学工作室
已出版(即将出版)图书目录——高等数学

书　　名	出版时间	定　价	编号
项目反应理论手册.第一卷,模型(英文)	2021—11	138.00	1431
项目反应理论手册.第二卷,统计工具(英文)	2021—11	118.00	1432
项目反应理论手册.第三卷,应用(英文)	2021—11	138.00	1433
二次无理数:经典数论入门(英文)	2022—05	138.00	1434
数,形与对称性:数论,几何和群论导论(英文)	2022—05	128.00	1435
有限域手册(英文)	2021—11	178.00	1436
计算数论(英文)	2021—11	148.00	1437
拟群与其表示简介(英文)	2021—11	88.00	1438
数论与密码学导论:第二版(英文)	2022—01	148.00	1423
几何分析中的柯西变换与黎兹变换:解析调和容量和李普希兹调和容量、变化和振荡以及一致可求长性(英文)	2021—12	38.00	1465
近似不动点定理及其应用(英文)	2022—05	28.00	1466
局部域的相关内容解析:对局部域的扩展及其伽罗瓦群的研究(英文)	2022—01	38.00	1467
反问题的二进制恢复方法(英文)	2022—03	28.00	1468
对几何函数中某些类的各个方面的研究:复变量理论(英文)	2022—01	38.00	1469
覆盖、对应和非交换几何(英文)	2022—01	28.00	1470
最优控制理论中的随机线性调节器问题:随机最优线性调节器问题(英文)	2022—01	38.00	1473
正交分解法:涡流流体动力学应用的正交分解法(英文)	2022—01	38.00	1475
芬斯勒几何的某些问题(英文)	2022—03	38.00	1476
受限三体问题(英文)	2022—05	38.00	1477
利用马利亚万微积分进行 Greeks 的计算:连续过程、跳跃过程中的马利亚万微积分和金融领域中的 Greeks(英文)	2022—05	48.00	1478
经典分析和泛函分析的应用:分析学的应用(英文)	2022—05	38.00	1479
特殊芬斯勒空间的探究(英文)	2022—03	48.00	1480
某些图形的施泰纳距离的细谷多项式:细谷多项式与图的维纳指数(英文)	2022—05	38.00	1481
图论问题的遗传算法:在新鲜与模糊的环境中(英文)	2022—05	48.00	1482
多项式映射的渐近簇(英文)	2022—05	38.00	1483
一维系统中的混沌:符号动力学,映射序列,一致收敛和沙可夫斯基定理(英文)	2022—05	38.00	1509
多维边界层流动与传热分析:粘性流体流动的数学建模与分析(英文)	2022—05	38.00	1510

刘培杰数学工作室
已出版(即将出版)图书目录——高等数学

书　　名	出 版 时 间	定　价	编号
演绎理论物理学的原理:一种基于量子力学波函数的逐次置信估计的一般理论的提议(英文)	2022—05	38.00	1511
R^2 和 R^3 中的仿射弹性曲线:概念和方法(英文)	2022—08	38.00	1512
算术数列中除数函数的分布:基本内容、调查、方法、第二矩、新结果(英文)	2022—05	28.00	1513
抛物型狄拉克算子和薛定谔方程:不定常薛定谔方程的抛物型狄拉克算子及其应用(英文)	2022—07	28.00	1514
黎曼–希尔伯特问题与量子场论:可积重正化、戴森–施温格方程(英文)	2022—08	38.00	1515
代数结构和几何结构的形变理论(英文)	2022—08	48.00	1516
概率结构和模糊结构上的不动点:概率结构和直觉模糊度量空间的不动点定理(英文)	2022—08	38.00	1517
反若尔当对:简单反若尔当对的自同构(英文)	2022—07	28.00	1533
对某些黎曼—芬斯勒空间变换的研究:芬斯勒几何中的某些变换(英文)	2022—07	38.00	1534
内诣零流形映射的尼尔森数的阿诺索夫关系(英文)	2023—01	38.00	1535
与广义积分变换有关的分数次演算:对分数次演算的研究(英文)	2023—01	48.00	1536
强子的芬斯勒几何和吕拉几何(宇宙学方面):强子结构的芬斯勒几何和吕拉几何(拓扑缺陷)(英文)	2022—08	38.00	1537
一种基于混沌的非线性最优化问题:作业调度问题(英文)	即将出版		1538
广义概率论发展前景:关于趣味数学与置信函数实际应用的一些原创观点(英文)	即将出版		1539

书　　名	出 版 时 间	定　价	编号
纽结与物理学:第二版(英文)	2022—09	118.00	1547
正交多项和q—级数的前沿(英文)	2022—09	98.00	1548
算子理论问题集(英文)	2022—03	108.00	1549
抽象代数:群、环与域的应用导论:第二版(英文)	2023—01	98.00	1550
菲尔兹奖得主演讲集:第三版(英文)	2023—01	138.00	1551
多元实函数教程(英文)	2022—09	118.00	1552
球面空间形式群的几何学:第二版(英文)	2022—09	98.00	1566

书　　名	出 版 时 间	定　价	编号
对称群的表示论(英文)	2023—01	98.00	1585
纽结理论:第二版(英文)	2023—01	88.00	1586
拟群理论的基础与应用(英文)	2023—01	88.00	1587
组合学:第二版(英文)	2023—01	98.00	1588
加性组合学:研究问题手册(英文)	2023—01	68.00	1589
扭曲、平铺与镶嵌:几何折纸中的数学方法(英文)	2023—01	98.00	1590
离散与计算几何手册:第三版(英文)	2023—01	248.00	1591
离散与组合数学手册:第二版(英文)	2023—01	248.00	1592

书　名	出版时间	定　价	编号
分析学教程.第1卷,一元实变量函数的微积分分析学介绍(英文)	2023—01	118.00	1595
分析学教程.第2卷,多元函数的微分和积分,向量微积分(英文)	2023—01	118.00	1596
分析学教程.第3卷,测度与积分理论,复变量的复值函数(英文)	2023—01	118.00	1597
分析学教程.第4卷,傅里叶分析,常微分方程,变分法(英文)	2023—01	118.00	1598
共形映射及其应用手册(英文)	2024—01	158.00	1674
广义三角函数与双曲函数(英文)	2024—01	78.00	1675
振动与波:概论:第二版(英文)	2024—01	88.00	1676
几何约束系统原理手册(英文)	2024—01	120.00	1677
微分方程与包含的拓扑方法(英文)	2024—01	98.00	1678
数学分析中的前沿话题(英文)	2024—01	198.00	1679
流体力学建模:不稳定性与湍流(英文)	2024—03	88.00	1680
动力系统:理论与应用(英文)	2024—03	108.00	1711
空间统计学理论:概述(英文)	2024—03	68.00	1712
梅林变换手册(英文)	2024—03	128.00	1713
非线性系统及其绝妙的数学结构.第1卷(英文)	2024—03	88.00	1714
非线性系统及其绝妙的数学结构.第2卷(英文)	2024—03	108.00	1715
Chip-firing 中的数学(英文)	2024—04	88.00	1716

联系地址:哈尔滨市南岗区复华四道街 10 号　哈尔滨工业大学出版社刘培杰数学工作室
邮　　编:150006
联系电话:0451—86281378　　13904613167
E-mail:lpj1378@163.com